[美] 阿尔弗雷德·S.波萨门蒂　[德] 英格玛·莱曼　著

涂泓　冯承天　译

斐波那契数列

定义自然法则的数学

U0397739

上海科技教育出版社

图书在版编目(CIP)数据

斐波那契数列：定义自然法则的数学／（美）阿尔弗雷德·S.波萨门蒂,（德）英格玛·莱曼著；涂泓,冯承天译. -- 上海：上海科技教育出版社,2024. 12.（数学桥丛书）. -- ISBN 978－7－5428－8345－2

Ⅰ. O156－49

中国国家版本馆 CIP 数据核字第 2024B3A174 号

责任编辑　郑丁葳
封面设计　符劼

数学桥丛书

斐波那契数列——定义自然法则的数学
[美]阿尔弗雷德·S.波萨门蒂　　　　著
[德]英格玛·莱曼
涂泓　冯承天　译

出版发行　上海科技教育出版社有限公司
　　　　　（上海市闵行区号景路 159 弄 A 座 8 楼　邮政编码 201101）
网　　址　www.sste.com　www.ewen.co
经　　销　各地新华书店
印　　刷　上海颛辉印刷厂有限公司
开　　本　720×1000　1/16
印　　张　22
版　　次　2024 年 12 月第 1 版
印　　次　2024 年 12 月第 1 次印刷
书　　号　ISBN 978－7－5428－8345－2/N·1241
图　　字　09－2021－1120 号
定　　价　88.00 元

感谢芭芭拉(Barbara)的支持、鼓励和耐心!

致我的子女和孙辈——戴维(David)、丽莎(Lisa)、丹尼(Danny)、麦克斯(Max)和萨姆(Sam),他们拥有无限的未来。

纪念我深爱的父母——爱丽丝(Alice)和欧内斯特(Ernest),他们从未对我失去过信心。

——波萨门蒂

献给我的妻子——人生伴侣萨宾(Sabine),如果没有她的支持和耐心,我就不可能完成此书。

也献给我的子女和孙辈——马伦(Maren)、克劳迪亚(Claudia)、西蒙(Simon)和米丽亚姆(Miriam)。

——莱曼

致　谢

　　我们要感谢纽约市立大学(City University of New York,CUNY)城市学院(City College)的贾布隆斯基(Stephen Jablonsky)教授,他利用自己的多方面才能展示了斐波那契数不同寻常地出现在音乐领域之中,从作曲构思到乐器设计。

　　迪亚斯(Ana Lucia B. Dias)教授广泛地讨论了斐波那契数在分形领域中的出现,值得我们衷心感谢。

　　我们亲爱的朋友豪普特曼(Herbert A. Hauptman)博士是公认的第一位获得诺贝尔奖(1985年的诺贝尔化学奖)的数学家,他为本书撰写了一篇振奋人心的跋。这篇巅峰之作将给读者带来一个挑战,甚至可能带来一些以前从未发现过的要素。

　　在与我们的朋友——洛斯公司(Loews Corporation)总裁兼首席执行蒂施(James S. Tisch)的一次谈话中,他提到了斐波那契数列在经济学领域中的许多应用。对此,他提供了很多信息,于是我们在此基础上将这一主题完善后也写入了本书。为此,我们要感谢他。

　　作者莱曼博士感谢文森特(TristanVincent)间或提供的支持,正是文森特帮助他找到最能表达自己想法的正确英语单词。

　　我们还要感谢(德国)海德堡教育大学(Pädagogische Hochschule)的菲勒(Andreas Filler)教授、柏林洪堡大学(Humboldt University)的赫尔维

希(Heino Hellwig)，以及柏林海因里希–赫兹高中(Heinrich-Hertz Gymnasium)的勒德克(Hans-Peter Ludtke)，感谢他们在本书撰写过程中给我们的一些宝贵意见。

一本书的成功通常得益于多方面的支持。本项目开发过程中，我们得到了可信赖的指导，为此我们要感谢里根(Linda Greenspan Regan)，她不断地给我们建议，使这本书尽可能地吸引广大读者；还要感谢内容编辑迪默(Peggy Deemer)，她一如既往地出色编辑了手稿。考虑到本书内容错综复杂，这绝非易事。

当然，我们要分别感谢芭芭拉和萨宾，感谢她们在我们撰写此书过程中所给予的鼓励、支持和耐心。

引　言

神奇的斐波那契数

在奥地利阿尔卑斯山的一个偏远地区,有一座废弃已久的盐矿,其入口处的一块碑石上刻着"*anno* 1180",意思是这座盐矿建立于 1180 年。然而这个铭文显然有问题。据专家考证,西方国家首次在出版物中采用印度数字(如今被称为阿拉伯数字)是在 1202 年。正是在这一年,比萨的莱昂纳多(Leonardo Pisano)即人们所熟知的斐波那契(Fibonacci)出版了一部影响巨大的作品——《计算之书》(*Liber Abaci*)。这本书的第 1 章开篇写道:

这 9 个印度数字是:9,8,7,6,5,4,3,2,1。

有了这 9 个数字,再加上阿拉伯人称之为"zephyr"的符号 0,就可以写出任何数。

这是西方世界首次正式提到十进制数。不过,有人猜测,阿拉伯人在 10 世纪下半叶已经在西班牙非正式地引入了这些数字。

与过去那些因一部成名作而名垂青史的杰出人物[如歌剧《卡门》(*Carmen*)的作者比才(Georges Bizet),歌剧《糖果屋》(*Hänsel und Gretel*)的作者洪佩尔丁克(Engelbert Humperdinck),小说《麦田里的守望者》(*The Catcher in the Rye*)的作者塞林格(J. D. Salinger)]不同的是,斐波那契这位数学家的贡献可不只是那串以他的名字命名的数列而已。他是西方最伟大的数学家之一，并且毫无疑问是那个时代的数学思想引领者。而如今人们对他印象最深的，则是那个源于兔子繁殖问题的数列。

斐波那契是一位严谨的数学家，他年轻时在布吉亚学习数学。布吉亚是非洲巴巴拉海岸的一个小镇，由来自比萨的商人建立。斐波那契在往返中东各地经商的途中遇见了一些数学家，并与他们进行了认真的探讨。他熟悉欧几里得（Euclid）①的方法，并利用这些技能将数学以非常实用的形式带给了欧洲人。他的贡献包括引入了实用的记数系统、计算算法和代数方法，以及对分数的新处理方式等。结果，托斯卡纳的学校很快就开始教授斐波那契的计算方法，放弃使用算盘（算盘是将珠子串在绳上计数，然后用罗马数字记录所得的结果）。这种计算方法推动了数学学科迅速向前发展，因为使用烦琐的符号是不可能实现复杂运算的。他的著作和一些后续出版物极具创新价值，在西欧引发了数学应用和思维的巨大变革。

遗憾的是，斐波那契如今的高知名度并不是因为这些最重要的创新。在《计算之书》的第 12 章，斐波那契提到了一个关于兔子繁殖的问题。虽然这个问题有点烦琐，但它为大量不朽的思想铺平了道路，使斐波那契声名远播。本书第 1 章的表 1.1 列出兔子的数量逐月变化的数列：1，1，2，3，5，8，13，21，34，55，89，144，233，377，…。这个数列如今被称为斐波

① 欧几里得，古希腊数学家，被称为"几何之父"。他所著的《几何原本》（*Elements*）是世界上最早公理化的数学著作，为欧洲数学的发展奠定了基础。——译注

那契数列。起初,你可能会奇怪:这个数列为何如此引人注目?再仔细看,你就会发现:这个数列是可以无限延续下去的,因为它从两个 1 开始,然后每次将最后两个数相加得到下一个数(即 $1+1=2, 1+2=3, 2+3=5$,以此类推),从而获得后续各项。单独地看这个数列,它并不算特别有吸引力。不过,正如你将看到的,在整个数学领域中,没有任何数像斐波那契数那样无处不在。它们出现在几何学、代数学、数论和许多其他数学分支中。更令人惊叹的是,它们还出现在自然界中。例如,松果表面螺旋排列的鳞片的数量是斐波那契数,同样,菠萝表面螺旋排列的果眼的数量也是斐波那契数。在自然界中,斐波那契数似乎无处不在。各种树木的枝条排列,蜜蜂家族中每一代雄性蜜蜂的繁殖数量,都包含着斐波那契数。关于斐波那契数的例子不胜枚举。

在本书中,我们将探讨斐波那契数的许多表现形式,以便激励你到自然界中去寻找斐波那契数的其他实例。本书还将对这些数的不寻常性质进行深入浅出、富含启发性地讨论。它们将与数学中一些看似完全不相关的其他各方面进行关联,打开通往一系列其他应用领域的大门,甚至如股票市场这般遥远的领域。

我们希望本书能成为你了解这些神奇数的导引。首先,我们将为你提供斐波那契数的发展之路,也可以说是一段历史。然后,我们将按主题领域来"目击"这些数。例如,在几何学中,我们将探索它们与最美丽的比例即黄金分割比①之间的关系。如果对斐波那契数的各组相继数求商，其结果就会逼近黄金分割比：

$$\phi = 1.618\ 033\ 988\ 749\ 894\ 848\ 204\ 586\ 834\ 365\ 6\cdots$$

数值越大的两个相继的斐波那契数，其商越接近黄金分割比。

例如，考虑相对较小的一对相继斐波那契数的商：

$$\frac{13}{8} = 1.625$$

然后考虑较大的一对相继斐波那契数的商：

$$\frac{55}{34} = 1.617\ \dot{6}47\ 058\ 823\ 529\ 411\ \dot{7}\ ②$$

再考虑更大的一对相继斐波那契数的商：

$$\frac{144}{89} = 1.\dot{6}17\ 977\ 528\ 089\ 887\ 640\ 449\ 438\ 202\ 247\ 191\ 011\ 235\ 955\ 0\dot{5}$$

注意到这些越来越大的商似乎围绕着黄金分割比 φ，并且当我们取越大的相继斐波那契数时，它们的商就会越接近黄金分割比 φ。例如：

$$\frac{4181}{2584} = 1.618\ 034\ 055\ 727\ 554\ 179\ 566\ 563\ 467\ 492\ 3\cdots$$

---

① 本书将对黄金分割比进行深入探讨（包括其在几何学和艺术领域的应用），以便读者能够真正欣赏它，进而了解黄金分割比与斐波那契数列的关系。黄金分割比通常用希腊字母 φ 来表示。——原注

② 最后 16 位数字中，首末两个数字上方的圆点表示这 16 位数字是无限循环的。——原注

$$\frac{165\,580\,141}{102\,334\,155} = 1.\,618\,033\,988\,749\,894\,890\,909\,100\,680\,999\,418\,033\,988\cdots①$$

请将最后一个商与黄金分割比进行比较：

$$\phi = 1.\,618\,033\,988\,749\,894\,848\,204\,586\,834\,365\,6\cdots$$

最后，我们还将讨论黄金分割比本身的性质和荣耀。它在建筑和艺术中的出现绝非偶然。如果你画一个矩形，用它把希腊雅典的帕台农神庙的主视图围起来，你就会得到一个黄金矩形，即它的长宽比等于黄金分割比。许多艺术家都在他们的艺术作品中运用了黄金矩形。例如，中世纪著名的德国画家丢勒（Albrecht Dürer）②的画作《亚当与夏娃》（*Adam and Eve*），就把画中的人物框在一个黄金矩形之中。

有趣的是，直到法国数学家卢卡斯（Edouard Lucas）在 19 世纪下半叶研究了斐波那契数列之后，斐波那契数列才得到人们的关注并得以命名。卢卡斯聚焦于这个数列的初始数，如果初始数是 1 和 3，而不是 1 和 1，结果会怎么样？他遵循斐波那契数列的叠加规则生成一个新数列，然后将其与斐波那契数列进行比较。卢卡斯的数列是：1, 3, 4, 7, 11, 18, 29, 47, 76, 123, …，它与斐波那契数列之间有着密切的联系，我们稍后将对其进行探讨。

斐波那契数列几乎无处不在，应用广泛。我们将展示一些关于斐波那契数列的趣味数学，以及一些意义非凡的性质。无论是非数学专业的

---

① 第 40 个斐波那契数是 102 334 155，第 41 个斐波那契数是 165 580 141。——原注
② 丢勒，文艺复兴时期德国油画家、版画家、雕塑家及艺术理论家。——译注

读者,还是精通数学的读者,都将为之着迷。你将会被这些美妙的数折服,并且很可能会不断地在意识中寻找你自己"目击"过的斐波那契数。在本书中,我们希望能吸引不同层面的读者,但始终以普通读者为主要考虑对象。对于那些比较精通数学的读者,我们提供了一个附录,其中包含了本书提到的各种命题的证明。我们的目标是唤起所有读者对数学的力量和数学之美的兴趣。

我们最近发现,斐波那契数列在早期印度数学著作中曾经被描述过①,它们最早出现在梵文语法学家平加拉(Pingala)的《韵律的艺术》(Chandahsūtras)一书中,被称为"大量节奏"(mātrāmeru)。较为完整的论述记载于维拉汗卡(Virahānka)和月天阿阇黎(Ācārya Hemacandra)的著作中。据推测,斐波那契可能是从他的阿拉伯资源中得知这些数,这些资源使他接触到了那些印度著作。

1564年去世的德国计算大师雅各布(Simon Jacob)②在去世前不久,首次发表了黄金分割比与斐波那契数列之间的关联,但这似乎只是一个

---

① Parmanand Singh, "Ācārya Hemacandra and the (so-called) Fibonacci Numbers," *Mathematics Education* 20, no. 1 (1986): 28-30. ——原注

② 雅各布是德国最著名的计算大师之一。1557年,他出版了一本关于算术计算的练习册,其中对计算的技巧提出了深刻的见解(*Rechenbuch auf den Linien und mit Ziffern*, 1557; *Ein New und Wolgegriindt Rechenbuch*, 1612)。——原注

次要的注释。① 雅各布发表了黄金分割比的数值解。他在讨论欧几里得的《几何原本》第七卷的命题2的欧几里得算法时,在页边空白处写下了斐波那契数列的前28项,并指出:

> 遵循这个数列,我们会越来越接近《几何原本》第二卷的命题11和第六卷的命题30所描述的那个比例,虽然我们会越来越接近这个比例,但不可能达到或超过它。

① Peter Schreiber, "A Supplement to J. Shallit's Paper ' Origins of the Analysis of the Euclidean Algorithm, ' " *Historia Mathematica* 22 (1995) :422-424. ——原注

目　　录

斐波那契数列

定义自然法则的数学

第1章 斐波那契数的历史

随着 13 世纪的到来,欧洲开始从中世纪的长眠中醒来,看到了文艺复兴的微弱曙光。变革的力量促使学者、改革者、艺术家和商人尝试着迈出走向未来的步伐,迷雾渐渐散去。这些萌动在意大利的商业贸易大城市中表现得尤为明显。到 13 世纪末,马可·波罗(Marco Polo)沿着伟大的丝绸之路到达中国;邦多纳(Giotto di Bondone)革新了绘画的技法,使其摆脱了拜占庭的传统;数学家比萨的莱昂纳多(他广为人知的名字是斐波那契)彻底改变了西方的计算方法,从而促进了货币和贸易的发展。斐波那契还提出了一些至今尚未解决的数学难题。成立于 1963 年的斐波那契协会就是为了向这位大师的不朽贡献致敬。

比萨的莱昂纳多(图 1.1)①在历史上被记载的名字是斐波那契,这个名字可能来源于拉丁语 filius Bonacci,意思是“波那契的儿子”,但来源于 de filis Bonacci 的可能性更大,它指的是波那契家族。斐波那契的父亲是意大利港口城市比萨(Pisa)的富商波那契[Guilielmo(William)Bonacci]。斐波那契大约出生于 1175 年,当时著名的钟楼(如今被称为比萨斜塔)刚刚

① 目前尚不清楚是谁首先使用了斐波那契这个名字,可能是格里马尔迪(Giovanni Gabriello Grimaldi)在 1790 年左右首次使用,也可能是科萨利(Pietro Cossali)最先使用。——原注

开始建造,欧洲正处于动荡时期。比萨、热那亚、威尼斯和阿马尔菲等城市彼此之间虽然战争频仍,但它们都是海上共和国,拥有通往地中海各个国家甚至更远地区的特殊贸易路线。从罗马时代甚至更早之前开始,比萨就是希腊商人的重要港口,在商业贸易中扮演着重要角色。在此之前,比萨已经在殖民地和贸易路线上建立了商业前哨站。

图 1.1　比萨的莱昂纳多(斐波那契)

　　1192 年,波那契成为比萨共和国海关的一名公职人员,被派遣到在非洲巴巴里海岸的比萨殖民地布吉亚(今阿尔及利亚首都贝贾亚)任职。上任后不久,他就把儿子莱昂纳多接到身边,让这个男孩学习计算的技巧,以便将来成为一名商人。计算能力是非常重要的,因为每个共和国都有自己的货币单位,商人必须会记账,这就意味着每天需要进行汇率换算。正是在布吉亚,斐波那契第一次知道了那 9 个“印度人的数字”,他称之为“印度数字”(Hindu numerals),还认识了“被阿拉伯人称为 zephyr 的符号 0”。他的代表作是《计算之书》,这是人们了解他生平经历的重要渠道。在这本书的序言中,他坦言自己对使用数字进行计算的方法非常着迷。在他离开比萨的那段时间里,他的老师向他推荐了一本名为《还原与对消计算概要》(Hisâb al-jabr w'almuqabâlah)①的代数书,作者是波斯数学家花拉子米(al-Khowarizmi),这本书对他产生了很大的影响。

---

① “代数”这个名字就来自这本书的书名。——原注

斐波那契一生中游历过埃及、叙利亚、希腊、西西里岛和普罗旺斯等地，他不仅在那些地方经商，还与当地的数学家交流，学习他们的数学方法。事实上，斐波那契有时称自己为"Bigollo"，这个词的第一个意思是"懒散无用的人"，另一个比较正面的含义是旅行者，他应该是喜欢这个词的双重含义。斐波那契大约在 12 世纪末，13 世纪初回到比萨，并开始撰写《计算之书》①，书中介绍了用印度数字进行商务计算的方法。这本书主要讨论了代数问题，以及一系列需要用抽象数学解决的"现实世界"的各种问题。斐波那契想把这些新技术传授给他的同胞们。

请记住，斐波那契所处的时代还没有印刷机，因此书籍都需要手工书写，如果要复制，也必须手写。幸运的是，我们现在还能看到《计算之书》的复本，该书于 1202 年首次面世，后来于 1228 年进行了修订。② 斐波那契还写过其他著作，比如《实用几何学》(*Practica Geometriae*)，这是一本关于几何学应用的书。它涵盖了几何学和三角学，严谨程度堪比欧几里得的著作，其中的思想以证明形式和数字形式呈现，而其数字形式就采用了这些非常简便的数字。在这本书中，斐波那契不仅用代数方法解决几何问题，也用几何方法解决代数问题。1225 年，斐波那契写了《花朵》(*Flos*)和《平方数之书》(*Liber quadratorum*)，后者真正展现了斐波那契过人的数学天赋，并使他在数论领域获得了很高的声誉。斐波那契很可能还写了其他著作，但如今都已经失传了。关于商业算术的《小方法》(*Di minor guisa*)一书，以及对欧几里得的《几何原本》第 10 卷的评注，都已经失传了。他对《几何原本》第 10 卷的评注中包含了无理数③的数字表达，这与欧几里得对无理数的几何表达形成了对照。

在 13 世纪 20 年代，政治和学术的融合使斐波那契与神圣罗马帝国皇帝腓特烈二世(Holy Roman Emperor Frederick Ⅱ)有了交集。腓特烈二

---

① 书名的意思是"计算之书"，与算盘(abacus)无关。——原注
② 1228 年的修订版《计算之书》由邦孔帕尼(Baldassarre Boncompagni)在 1857 年翻译成拉丁语并出版。西格勒(Laurence E. Sigler)出版了它的英文版(New York：Springer-Verlag，2002)，这是第一个现代语言的版本。——原注
③ 无理数是指不能表示为两整数之比的那些实数。——原注

世在 1198 年加冕为西西里国王,随后于 1212 年加冕为德国国王,在 1220 年又由教皇在罗马圣彼得大教堂加冕为神圣罗马帝国皇帝。直到 1227 年,腓特烈二世一直在意大利巩固自己的权力。在比萨与热那亚发生海上冲突,与卢卡和佛罗伦萨发生陆上冲突时,腓特烈二世总是支持当时约有 1 万人口的比萨。作为科学和艺术的坚定拥护者,腓特烈二世通过宫廷里的学者了解到了斐波那契的著作。自 1200 年斐波那契回到比萨以后,这些学者就开始与他通信。这些学者中有宫廷占星师斯科特斯(Michael Scotus),斐波那契的著作《计算之书》就题献给他;宫廷哲学家菲塞克斯(Theodorus Physicus);希斯帕努斯(Dominicus Hispanus),他建议腓特烈二世在 1225 年访问比萨时与斐波那契会面,会面在当年如期实现。

巴勒莫的约翰内斯(Johannes of Palermo)是腓特烈二世宫廷的另一位官员,他向斐波那契提出了许多问题作为挑战。斐波那契解决了其中的 3 个问题,他在《花朵》一书中给出了相关解答,并将该书寄给了腓特烈二世。其中一个问题是解方程 $x^3+2x^2+10x=20$,这个问题来自波斯数学家哈耶姆(Omar Khayyam)的一本代数著作。斐波那契知道,这道题用当时使用的罗马数字系统无法解决,于是他给出了一个近似的答案,指出答案既不是整数,也不是分数,也不是分数的平方根。他跳过求解过程,直接给出一个六十进制数①的形式的近似解:1. 22. 7. 42. 33. 4. 40,即

$$1+\frac{22}{60}+\frac{7}{60^2}+\frac{42}{60^3}+\frac{33}{60^4}+\frac{4}{60^5}+\frac{40}{60^6}$$

用现在的计算机进行代数计算,我们可以得出其正常(实数)解——这绝非一件易事!这个解是

$$x=-\sqrt[3]{\frac{2\sqrt{3930}}{9}-\frac{352}{27}}+\sqrt[3]{\frac{2\sqrt{3930}}{9}+\frac{352}{27}}-\frac{2}{3}\approx1.368\ 808\ 107\ 8$$

在这里,我们可以探讨一下挑战他的另一个问题,因为解决这个问题只需要掌握一些基本的代数知识。请记住,尽管这些方法在我们看来很普通,但在斐波那契那个时代却鲜为人知,因此这在当时被认为是一个真

4

---

① 即以 60 为基数的数。——原注

正的挑战。这个问题是要找到一个完全平方数①,在增加 5 或减少 5 后,它仍然是一个完全平方数。

斐波那契发现,这个问题的解是 $\left(\dfrac{41}{12}\right)^2$。为了检验这个解,我们必须分别将这个数字加上 5 和减去 5,然后看看所得的结果是否仍然是一个完全平方数:

$$\left(\frac{41}{12}\right)^2 + 5 = \frac{1681}{144} + \frac{720}{144} = \frac{2401}{144} = \left(\frac{49}{12}\right)^2$$

$$\left(\frac{41}{12}\right)^2 - 5 = \frac{1681}{144} - \frac{720}{144} = \frac{961}{144} = \left(\frac{31}{12}\right)^2$$

于是我们就证明了 $\dfrac{41}{12}$ 符合问题中所设定的条件。幸运的是,这道题要求将一个完全平方数加上 5 和减去 5,如果当时要求他加上或减去 1、2、3 或 4,而不是 5,那么这个问题就不可能解决了。

《花朵》中给出了第三个问题,如下:

> 3 个人按照以下比例分一笔钱:$\dfrac{1}{2}$、$\dfrac{1}{3}$ 和 $\dfrac{1}{6}$。每个人从总金额中拿走一些钱,直到全部拿光为止。然后第一个人归还他拿走的 $\dfrac{1}{2}$,第二个人归还他拿走的 $\dfrac{1}{3}$,第三个人归还他拿走的 $\dfrac{1}{6}$。把这 3 个人所归还的总额平均分成 3 份,再分配给这 3 个人,最终每个人都得到正确的份额,即 $\dfrac{1}{2}$、$\dfrac{1}{3}$ 和 $\dfrac{1}{6}$。试问最初的金额是多少?每个人最终各分到了多少?

以上 3 个问题中的任何一个,斐波那契的所有竞争者都无法解答,而他则对最后一个问题给出了最小值 47 的解答,并指出这个问题的答案不唯一。

1240 年,比萨共和国授予斐波那契终身薪金,以表彰他无偿为平民提供财务结算方面的咨询。这是斐波那契的最后一个荣誉。

---

① 一个完全平方数指的是一个数的平方,如 16、36 或 81。——原注

《计算之书》

尽管斐波那契撰写了很多本著作,但本书主要探讨《计算之书》。这部巨著包含大量非常有趣的问题。《计算之书》是以斐波那契在旅行途中积累的算术和代数知识为基础的。它被广泛地复制和模仿。正如我们上文所述,它不仅将阿拉伯数字引入欧洲,还引入了印度-阿拉伯的十进制位值系统。在随后的两个世纪里,这本书广为流传——它成了一本畅销书!

斐波那契的《计算之书》开篇如下:

这 9 个印度数字是:9,8,7,6,5,4,3,2,1。①

有了这 9 个数字,再加上阿拉伯人称之为"*zephyr*"的符号 0,就可以写出任何数,方法如下:一个数是若干单位之和,将单位逐一累加,所得的数一步步增长,没有尽头。首先,写出从一到十的数字,满十进位。然后,引入十位数,写出从十直到一百的数字,满百进位。再者,引入百位数,写出从一百到一千的数字,满千进位……以此类推,经过一系列无限的步骤,不断引入更多数位,便可构造出任意数。写数字时第一位在最右边,第二位在紧挨着第一位的左边。

尽管这些数字便于使用,但是并没有被商人广泛接受。商人们对任何知道如何使用这些数字的人都心存疑虑,其实他们只是害怕被骗而已。我们可以有把握地说,这些数字在 300 年后才流行起来,跟建成比萨斜塔所需的时间一样长。

有趣的是,《计算之书》还包含了如何解联立线性方程组的内容。虽然斐波那契思考的很多问题都与阿拉伯文献中出现的那些问题相似,但是这本书的价值并未因此而降低,因为《计算之书》对数学发展所作出的

---

① 据推测,斐波那契是按照从右到左的顺序书写这些数字的,因为他是从阿拉伯人那里学到这些数字的,而阿拉伯人就是从右向左书写的。——原注

最主要贡献就在于将这些问题的解答方法进行归纳整理。事实上，今天常见的一些数学术语，如因子（*factors of a number*）和乘法因子（*factors of a multiplication*）都源于斐波那契在书中提到的"*factus ex multiplicatione*"① 这个词。此外，"分子"（*numerator*）和"分母"（*denominator*）这两个词似乎也源于这本著作。

《计算之书》的第二部分包括大量与商业有关的问题。其中涉及商品的价格，如何对地中海各国使用的各种货币进行兑换，如何计算交易利润，以及一些很可能起源于中国的问题。

斐波那契意识到，商人希望规避教会对贷款收取利息的法令。因此，他想出了一种方法，将利息隐藏在高于实际贷款的初始金额中，然后按照复利计算。

这本书的第三部分包括了许多问题，例如：

一只速度按等差数列增加的猎犬追逐一只速度也按等差数列增加的兔子，在猎犬追到兔子之前，它们跑了多远？

一只蜘蛛每天白天沿着墙向上爬若干英尺，每天晚上又会向下滑固定的距离，它需要花多少天才能爬上这堵墙？

计算出两个人在交易一定次数后各自拥有的金额，增减比例是给定的。

书中还包含一些涉及完全数②的问题、一些涉及中国剩余定理③的问题，以及一些涉及算术级数、几何级数求和的问题。斐波那契在第四部分处理诸如 $\sqrt{10}$ 之类的数时，既用到了有理数④逼近，又用到了几何构造。

今天被当成趣味数学的一些经典问题，最早就是因《计算之书》而出

① David Eugene Smith, *History of Mathematics*, vol. 2 (New York：Dover, 1958), p105. ——原注
② 完全数的真因数之和等于这个数本身。例如，6 的真因数是 1、2、3。这些因数之和是 1+2+3＝6，因此 6 是一个完全数。下一个更大的完全数是 28。——原注
③ 中国剩余定理，又称孙子剩余定理、大衍求一术。该定理是中国古代求解一次同余式组的方法，是数论中一个重要定理。——译注
④ 有理数是可以用整数构成的那些普通分数。——原注

现在西方世界。不过,解题技巧始终是引入问题的主要考虑因素。人们对这本书特别感兴趣,不仅因为它是西方文化中第一本用印度数字代替笨拙的罗马数字的出版物,也不仅因为斐波那契最早使用水平线来表示分数,更因为该书第 12 章中不经意包含了一道趣味数学问题,这道题使斐波那契青史留名。这是一道关于兔子繁殖的问题。

兔子问题

表 1.1 是对这个问题的原始表述(包括页边空白处的注释):

表 1.1

开始	1 对
1 个月后	2 对
2 个月后	3 对
3 个月后	5 对
4 个月后	8 对
5 个月后	13 对
6 个月后	21 对
7 个月后	34 对
8 个月后	55 对
9 个月后	89 对
10 个月后	144 对
11 个月后	233 对
12 个月后	377 对

"某人在一个封闭的地方养了 1 对兔子,人们想知道一年之内由这对兔子会繁殖出多少对兔子。兔子的天性是:1 对成年兔子每个月会生出另 1 对兔子,再过 2 个月,第 1 个月生出来的那对兔子也会生出另一对兔子。由于第 1 对兔子在第 1 个月生育,因此你会将其数量加倍,即 1 个月后会有 2 对兔子。其中一对,即第 1 对,在第 2 个月又会生育,因此在第 2 个月就会有 3 对兔子。接下来的 1 个月,有 2 对兔子怀孕,于是第 3 个月有 2 对兔子出生,因此这个月末有 5 对兔子。第 4 个月有 3 对兔子怀孕,因此这个月末就有 8 对兔子。第 5 个月,有 5 对兔子再生育 5 对,加上原来的 8 对,共 13 对。本月出生的那 5 对兔子当月不交配,所以第 6 个月有 8 对兔子出生,因此本月有 21 对兔子。第 7 个月出生 13 对,加上原来的兔子,共 34 对。第 8 个月出生 21 对,加上原来的兔子,共 55 对。第 9 个月出生 34 对,加上原来的兔子,共 89 对。第 10 个月出生 55 对,加上原来的兔子,共 144 对。第 11 个月出生 89 对,加上原来的兔子,共 233 对。除此之外,最后一个月还会出生 144 对兔子,加上原来的兔子,共 377 对。这就是本题所讨论的一对兔子一年之内在封闭的地方所繁殖的兔子的总数。

你可以从左侧表格看到我们是如何计算的,也就是说:我们把第 1 个数与第 2 个数相加,即把 1 与 2 相加,得到第 3 个数;把第 2 个数与第 3 个数相加,得到第 4 个数;把第 3 个数与第 4 个数相加,得到第 5 个数;把第 4 个数与第 5 个数相加,得到第 6 个数⋯⋯以此类推,直到把第 10 个数与第 11 个数相加,即把 144 与 233 相加,我们就得到了一年后的兔子总数,即 377 对。因此,不论多少个月,你都可以按这个规律求出兔子的总数。"

表 1.2 展示了兔子数量逐月变化的情况。如果我们假设一对幼兔 (B) 在 1 个月后长大,成为能生育后代的成年兔 (A),那么我们可以建立

以下图表：

表 1. 2

日期	兔子繁殖图	成年兔（A）对数	幼兔（B）对数	兔子对数
1月1日		1	0	1
2月1日		1	1	2
3月1日		2	1	3
4月1日		3	2	5
5月1日	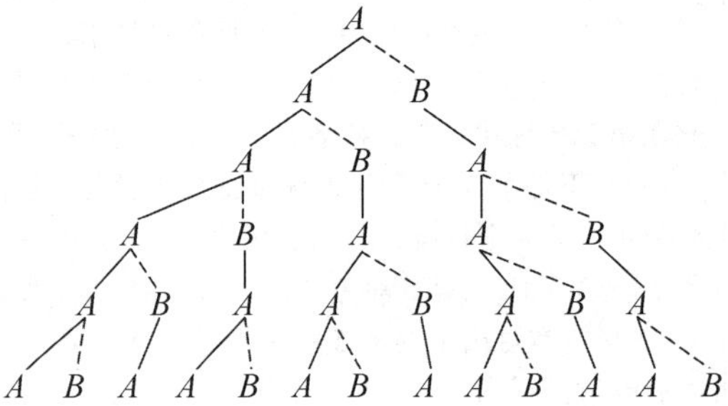	5	3	8
6月1日		8	5	13
7月1日		13	8	21
8月1日		21	13	34
9月1日		34	21	55
10月1日		55	34	89
11月1日		89	55	144
12月1日		144	89	233
1月1日		233	144	377

这个问题产生了下面这个数列：

1,1,2,3,5,8,13,21,34,55,89,144,233,377,…

如今,这个数列被称为**斐波那契数列**。乍一看,这些数之间的关系除了使我们能很容易地生成更多的数以外,并没有什么了不起的地方。我们注意到,这个数列中的(最初的两个数之后的)每个数都等于其前面两个数的和。

斐波那契数列可以写成以下形式,从而使其递归定义变得清晰:每个数都等于其前面两个数之和。

```
1
    1
1 + 1 = 2
    1 + 2 = 3
        2 + 3 = 5
            3 + 5 = 8
                5 + 8 = 13
                    8 + 13 = 21
                        13 + 21 = 34
                            21 + 34 = 55
                                34 + 55 = 89
                                    55 + 89 = 144
                                        89 + 144 = 233
                                            144 + 233 = 377
                                                233 + 377 = 610
                                                    377 + 610 = 987
                                                        610 + 987 = l597···
```

　　斐波那契数列是已知的最古老的**递归**数列。虽然没有直接证据表明斐波那契知道这种关系,但我们可以有把握地推断,像他这样富有才华和洞察力的人,肯定会知道这一递归关系①。又过了 400 年,这种关系才在其他出版物中再次出现。

---

① 递归关系来自这样一个概念,每个数都是由其前面的两个数生成的。我们将在本书后面的第 9 章中对此作更详细的探讨。——原注

引入斐波那契数

在斐波那契撰写《计算之书》的时候，斐波那契数并没有任何特殊之处被提及。事实上，著名的德国数学家和天文学家开普勒(Johannes Kepler)在 1611 年的一份出版物中谈及比例时提到了这些数①："5 与 8 之间、8 与 13 之间、13 与 21 之间的比都差不多。"又过了几个世纪，这些数仍然没有引起人们的注意。在 19 世纪 30 年代，申佩尔(C. F. Schimper)和布劳恩(A. Braun)注意到这些数与松果上螺旋形排列的鳞片数量相符。19世纪中期，斐波那契数开始引起数学家的兴趣。它们现在的名字("斐波那契数")是由法国数学家卢卡斯(François-Édouard-Anatole Lucas，人们通常称他为爱德华·卢卡斯，图 1.2)②起的。他后来将斐波那契数稍加改造，形成了自己的数——卢卡斯数。卢卡斯数构成了一个很像斐波那契数列的数列，而且与斐波那契数列密切相关。卢卡斯数列不是以 1,1,2,3,5,8,13,21,…开始，而是以 1,3,4,7,11,18,29,…开始。如果以 1,2,3,5,8,…开始，那么最终会得到一个截短版的斐波那契数列。(我们将在本章后半部分讨论卢卡斯数。)

大约就在这个时候，法国数学家比奈(Jacques-Philippe Marie Binet)得出了一个通项公式，用它可以根据任意一个斐波那契数在该数列中的位置求出其数值。也就是说，利用比奈的公式，我们可以得出第 118 个斐波那契数，而不需要先列出前面的 117 个数。

---

① Maxey Brooke,"Fibonacci Numbers and Their History through 1900," *Fibonacci Quarterly* 2 (April 1964)：149. ——原注

② 卢卡斯还因发明河内塔谜题和其他趣味数学题而闻名。1883 年，河内塔谜题的作者署名为克劳斯(M. Claus)。请注意，克劳斯(Claus)是卢卡斯(Lucas)的字母重组后的词。他的 4 本趣味数学书已成为经典著作。卢卡斯死于一次宴会上的离奇事件，当时一个盘子掉了下来，有一块碎片飞起来划破了他的脸颊。几天后，他死于丹毒。——原注

图 1.2　卢卡斯

如今,这些数仍然吸引着世界各地的数学家。1963 年,斐波那契协会成立,目的是让爱好者们有机会分享有关这些有趣的数及其应用的想法。通过其官方出版物《斐波那契季刊》(*Fibonacci Quarterly*),关于这些数的许多新的事实、应用和关系可以在世界范围内共享。其官方网站称:"《斐波那契季刊》聚焦于斐波那契数及其相关问题,尤其是新的结果、研究建议、挑战性问题和一些旧观点的创新证明。"

仍然有人会问:这些数有什么特别之处? 这就是本书即将讨论的内容。在我们探索各种包含斐波那契数的例子之前,让我们先简单地观察一下这个著名的斐波那契数列及其具有的一些不同凡响的性质。

我们用符号 F_7 来表示第 7 个斐波那契数,用 F_n 来表示第 n 个斐波那契数,我们称之为一般斐波那契数,即任何斐波那契数。让我们看看前 30 个斐波那契数。请注意,我们首先从两个 1 开始,此后的每个数都等于其前面两个数的和。

$$F_1 = 1 \qquad\qquad F_{16} = 987$$
$$F_2 = 1 \qquad\qquad F_{17} = 1597$$
$$F_3 = 2 \qquad\qquad F_{18} = 2584$$

$$F_4 = 3 \qquad\qquad F_{19} = 4181$$

$$F_5 = 5 \qquad\qquad F_{20} = 6765$$

$$F_6 = 8 \qquad\qquad F_{21} = 10\ 946$$

$$F_7 = 13 \qquad\qquad F_{22} = 17\ 711$$

$$F_8 = 21 \qquad\qquad F_{23} = 28\ 657$$

$$F_9 = 34 \qquad\qquad F_{24} = 46\ 368$$

$$F_{10} = 55 \qquad\qquad F_{25} = 75\ 025$$

$$F_{11} = 89 \qquad\qquad F_{26} = 121\ 393$$

$$F_{12} = 144 \qquad\qquad F_{27} = 196\ 418$$

$$F_{13} = 233 \qquad\qquad F_{28} = 317\ 811$$

$$F_{14} = 377 \qquad\qquad F_{29} = 514\ 229$$

$$F_{15} = 610 \qquad\qquad F_{30} = 832\ 040$$

你如果仔细看斐波那契数列,就会注意到(正如你所预期的那样)斐波那契数的位数随着数值增大而稳步增加。法国数学家拉梅(Gabriel Lamé)证明,在斐波那契数列中,必定至少有 4 个数、最多有 5 个数具有相同的位数。换言之,永远不会只有 3 个斐波那契数具有特定的位数,也不会有多达 6 个斐波那契数具有特定位数。值得一提的是,拉梅并没有使用"斐波那契数"这个名称。因此,经由他证明的这些数常常被称为"拉梅数"。

快速浏览斐波那契数,可以很容易发现另一个奇特的现象:如果你检查第 60 个(F_{60})到第 70 个(F_{70})斐波那契数,你会发现它们的最后一位数字呈现一种奇特的模式。是的,它们本身也构成斐波那契数列:0,1,1,2,3,5,8,13,21,34,55。① 这种情况会一直持续下去。

这种重复模式,数学家称之为"周期性",在有理数(那些可以写成普通分数的数)中最容易出现。例如:

————————————

① 我们也可以从 $F_0 = 0$ 和 $F_1 = 1$ 开始构造斐波那契数列,而不是从 $F_1 = 1$ 和 $F_2 = 1$ 开始。——原注

$$\frac{1}{7} = 0.142\ 857\ 142\ 857\ 142\ 857\ 142\ 857\ 142\ 857\ 142\ 857\cdots$$

这个小数中,142 857 这几个数字不断循环,也可以这样写:

$$\frac{1}{7} = 0.\dot{1}42\ 85\dot{7}$$

这里的一个周期包含 6 个数字。斐波那契数还呈现一种不那么明显的周期性。让我们来观察前 31 个斐波那契数(排在最前面的那个数称为 F_0)。如果将 F_0 到 F_{31} 都除以 7,那么我们就会得到由商和余数构成的数列。①

$F_0 = 0 = 0 \times 7 + 0$ $F_{16} = 987 = 141 \times 7 + 0$

$F_1 = 1 = 0 \times 7 + 1$ $F_{17} = 1597 = 228 \times 7 + 1$

$F_2 = 1 = 0 \times 7 + 1$ $F_{18} = 2584 = 369 \times 7 + 1$

$F_3 = 2 = 0 \times 7 + 2$ $F_{19} = 4181 = 597 \times 7 + 2$

$F_4 = 3 = 0 \times 7 + 3$ $F_{20} = 6765 = 966 \times 7 + 3$

$F_5 = 5 = 0 \times 7 + 5$ $F_{21} = 10\ 946 = 1563 \times 7 + 5$

$F_6 = 8 = 1 \times 7 + 1$ $F_{22} = 17\ 711 = 2530 \times 7 + 1$

$F_7 = 13 = 1 \times 7 + 6$ $F_{23} = 28\ 657 = 4093 \times 7 + 6$

$F_8 = 21 = 3 \times 7 + 0$ $F_{24} = 46\ 368 = 6624 \times 7 + 0$

$F_9 = 34 = 4 \times 7 + 6$ $F_{25} = 75\ 025 = 10\ 717 \times 7 + 6$

$F_{10} = 55 = 7 \times 7 + 6$ $F_{26} = 121\ 393 = 17\ 341 \times 7 + 6$

$F_{11} = 89 = 12 \times 7 + 5$ $F_{27} = 196\ 418 = 28\ 059 \times 7 + 5$

$F_{12} = 144 = 20 \times 7 + 4$ $F_{28} = 317\ 811 = 47\ 401 \times 7 + 4$

$F_{13} = 233 = 33 \times 7 + 2$ $F_{29} = 514\ 229 = 73\ 461 \times 7 + 2$

$F_{14} = 377 = 53 \times 7 + 6$ $F_{30} = 832\ 040 = 118\ 862 \times 7 + 6$

$F_{15} = 610 = 87 \times 7 + 1$ $F_{31} = 1\ 346\ 269 = 192\ 324 \times 7 + 1$

你可以看到余数为 0,即能被 7 整除的数有 F_0、F_8、F_{16} 和 F_{24}。

请注意余数的变化规则:

$$0,1,1,2,3,5,1,6,0,6,6,5,4,2,6,1$$

其中包含一种斐波那契式的递归关系,只是有点隐蔽。如果你参照

---

① 我们以乘法的形式写出这些商。也就是说,我们不写 55 除以 7 的商为 7,余数为 6,而是写成 $55 = 7 \times 7 + 6$。——原注

原始斐波那契数的规则对上述数列进行递归，但只保留生成的数除以 7 时所得的余数，那么我们将得到以下结果。这就是前面的数列所呈现的模式。

$0,1,1,2,3,5,(8=7+1),6,(1+6=7+0),6,6,(6+6=7+5),(5+6=7+4),(5+4=7+2),6,(2+6=7+1),\cdots.$

上述数列中用粗体表示的数正是我们所看到的余数数列。也就是说，它们的递归关系与斐波那契数列几乎一样。表 1.3 列出了 $n=60$ 到 $n=70$ 的情形。

表 1.3

n	F_n
60	1 548 008 755 92**0**
61	2 504 730 781 96**1**
62	4 052 739 537 88**1**
63	6 557 470 319 84**2**
64	10 610 209 857 72**3**
65	17 167 680 177 56**5**
66	27 777 890 035 28**8**
67	44 945 570 212 85**3**
68	72 723 460 248 14**1**
69	117 669 030 460 99**4**
70	190 392 490 709 13**5**

当你查看第 120 个数（F_{120}）时，也会发现同样的现象，见表 1.4。

表 1.4

n	F_n
120	5 358 359 254 990 966 640 871 84**0**
121	8 670 007 398 507 948 658 051 92**1**
122	14 028 366 653 498 915 298 923 76**1**

n	F_n
123	22 698 374 052 006 863 956 975 68**2**
124	36 726 740 705 505 779 255 899 44**3**
125	59 425 114 757 512 643 212 875 12**5**
126	96 151 855 463 018 422 468 774 56**8**
127	155 576 970 220 531 065 681 649 69**3**
128	251 728 825 683 549 488 150 424 26**1**
129	407 305 795 904 080 553 832 073 95**4**
130	659 034 621 587 630 041 982 498 21**5**

斐波那契数的一些性质

作为热身，我们将从斐波那契数的无数奇妙特征中选取一二进行归纳分析。如果你希望看到这些关系的证明，那么请参阅附录。现在，让我们开始观察这些数。

1. 任意 10 个相继斐波那契数之和都能被 11 整除。我们可以随机选择一些案例进行演示，以证明这一结论。举例来说，以下 10 个相继斐波那契数之和：

$$13+21+34+55+89+144+233+377+610+987=2563$$

恰好能被 11 整除，因为 $11×233=2563$。

让我们再举一个例子：从 F_{21} 到 F_{30} 的 10 个相继斐波那契数之和：

$$10\ 946+17\ 711+28\ 657+46\ 368+75\ 025+121\ 393+$$

$$196\ 418+317\ 811+514\ 229+832\ 040=2\ 160\ 598$$

也是 11 的倍数，因为 $11×196\ 418=2\ 160\ 598$。

你相信任何 10 个相继斐波那契数之和都能被 11 整除了吗？如果没有进一步的证据，你真的不应该就这么相信了。要使自己信服这个"猜想"，一种方法是继续计算 10 个相继斐波那契数之和。你也可以尝试通过数学推导证明这个说法，见附录。

2. 两个相继斐波那契数没有任何公因数，即它们是互素的①。通过简单的观察就可以看出这一点。或者取任意两个相继斐波那契数并将它们因数分解，你就会发现它们没有公因数。表 1.5 列出了前 40 个斐波那契数，并将不是素数的那些数进行因数分解。请注意，没有任何两个相继的斐波那契数会有任何公因数。例子多得足以让你信服。（如果你想看证明过程，那么请参见附录。）

---

① 如果两个数（整数）没有除 1 以外的公因数，那么它们就是互素的。——原注

表 1. 5

n	F_n	因数
1	1	1
2	1	1
3	2	素数
4	3	素数
5	5	素数
6	8	2^3
7	13	素数
8	21	3×7
9	34	2×17
10	55	5×11
11	89	素数
12	144	$2^4 \times 3^2$
13	233	素数
14	377	13×29
15	610	$2 \times 5 \times 61$
16	987	$3 \times 7 \times 47$
17	1597	素数
18	2584	$2^3 \times 17 \times 19$
19	4181	37×113
20	6765	$3 \times 5 \times 11 \times 41$
21	10 946	$2 \times 13 \times 421$
22	17 711	89×199
23	28 657	素数
24	46 368	$2^5 \times 3^2 \times 7 \times 23$
25	75 025	$5^2 \times 3001$
26	121 393	233×521
27	196 418	$2 \times 17 \times 53 \times 109$
28	317 811	$3 \times 13 \times 29 \times 281$
29	514 229	素数
30	832 040	$2^3 \times 5 \times 11 \times 31 \times 61$

n	F_n	因数
31	1 346 269	557×2417
32	2 178 309	3×7×47×2207
33	3 524 578	2×89×19 801
34	5 702 887	1597×3571
35	9 227 465	5×13×141 961
36	14 930 352	$2^4×3^3×17×19×107$
37	24 157 817	73×149×2221
38	39 088 169	37×113×9349
39	63 245 986	2×233×135 721
40	102 334 155	3×5×7×11×41×2161

3. 考虑处于合数①位置的那些斐波那契数(第 4 个斐波那契数除外)，即第 6、8、9、10、12、14、15、16、18、20 个数，这些斐波那契数都是非素数。快速浏览下面这些斐波那契数，你就会发现，处于合数位置的斐波那契数也是合数。这些斐波那契数的因数列于表 1.5。同样，你可能相信这一特性，但要真正使人信服，我们必须从数学上证明它，见附录。

$F_6 = 8$	$F_{20} = 6765$
$F_8 = 21$	$F_{21} = 10\ 946$
$F_9 = 34$	$F_{22} = 17\ 711$
$F_{10} = 55$	$F_{24} = 46\ 368$
$F_{12} = 144$	$F_{25} = 75\ 025$
$F_{14} = 377$	$F_{26} = 121\ 393$
$F_{15} = 610$	$F_{27} = 196\ 418$
$F_{16} = 987$	$F_{28} = 317\ 811$
$F_{18} = 2584$	$F_{30} = 832\ 040$

此时，我们可以推测类似的情况也成立，也就是说，处于素数②位置的那些斐波那契数也是素数。也就是说，如果我们观察前 30 个斐波那契

---

① 合数即非素数的整数，也就是说，它能被自身和 1 以外的数整除。——原注
② 素数是指在大于 1 的自然数中，只能被自身和 1 整除的数。——原注

数,那些处于素数位置的,即第 2、3、5、7、11、13、17、19、23、29 个斐波那契数,也必须是素数。

它们是:

$F_2 = 1$,非素数 $F_{13} = 233$

$F_3 = 2$ $F_{17} = 1597$

$F_5 = 5$ $F_{19} = 4181 = 37 \times 113$

$F_7 = 13$ $F_{23} = 28\ 657$

$F_{11} = 89$ $F_{29} = 514\ 229$

你会注意到第 2 个和第 19 个斐波那契数不是素数,因此上述类比得出的情况不成立。一个反例就足以得出结论,无须进一步证明。

4. 既然斐波那契数有这些有趣的关系,那么必定有一种简单的方法可以求得确定数量的斐波那契数之和。将指定的所有斐波那契数一个个加起来是可行的,如果有一个简单的求和公式,就会很方便。我们将使用一个巧妙的方法,推导出计算前 n 个斐波那契数之和的公式。

请回忆一下我们已有的基本规则(即斐波那契数的定义)。我们可以将其写成以下公式:

$$F_{n+2} = F_{n+1} + F_n,\text{其中 } n \geq 1$$

或

$$F_n = F_{n+2} - F_{n+1}$$

将 n 的递增值代入,我们得到以下结果:

$$F_1 = F_3 - F_2$$
$$F_2 = F_4 - F_3$$
$$F_3 = F_5 - F_4$$
$$F_4 = F_6 - F_5$$
$$\vdots$$
$$F_{n-1} = F_{n+1} - F_n$$
$$F_n = F_{n+2} - F_{n+1}$$

将这些等式相加,你会注意到这些等式的右边有许多项会消去(因为你要加上和减去相同的数,它们的和为零)。等号右边保留下来的是

$$F_{n+2} - F_2 = F_{n+2} - 1$$

在等号左边,我们有前 n 个斐波那契数之和 $F_1 + F_2 + F_3 + F_4 + \cdots + F_n$,这就是我们要求的。

因此,我们得出如下结论:

$$F_1 + F_2 + F_3 + F_4 + \cdots + F_n = F_{n+2} - 1$$

这意味着前 n 个斐波那契数之和等于从该数列最后一项再往后数两项的那个斐波那契数减去 1。

有一个便捷的求和符号可以用来表示 $F_1 + F_2 + F_3 + F_4 + \cdots + F_n$,那就是 $\sum\limits_{i=1}^{n} F_i$。它表示:所有各项 F_i 的总和,其中 i 取从 1 到 n 的值。我们可以将此结果写成:

$$\sum_{i=1}^{n} F_i = F_1 + F_2 + F_3 + F_4 + \cdots + F_n = F_{n+2} - 1$$

或者简单地写成 $\sum\limits_{i=1}^{n} F_i = F_{n+2} - 1$。

5. 现在,我们从第一个偶数位斐波那契数 F_2 开始,求处于偶数位置的相继斐波那契数之和。找找看,其中是否存在某种规律?

$$F_2 + F_4 = 1 + 3 = 4$$

$$F_2 + F_4 + F_6 = 1 + 3 + 8 = 12$$

$$F_2 + F_4 + F_6 + F_8 = 1 + 3 + 8 + 21 = 33$$

$$F_2 + F_4 + F_6 + F_8 + F_{10} = 1 + 3 + 8 + 21 + 55 = 88$$

我们注意到,其中每个和都比某个斐波那契数小 1,这个斐波那契数就是参与求和的最后一项之后的下一个斐波那契数。我们可以将其表示为符号形式:

$$F_2 + F_4 + F_6 + F_8 + \cdots + F_{2n-2} + F_{2n} = F_{2n+1} - 1,其中 \ n \geqslant 1$$

或

$$\sum_{i=1}^{n} F_{2i} = F_{2n+1} - 1,其中 \ n \geqslant 1$$

同样,这看起来对所有斐波那契数都成立,但是请记住,我们只检查前几个数。要接受这一点作为一般性的结论,我们就必须加以证明,见附录。

6. 既然我们已经找到了一种便捷方法来求出前几个相继偶数位置的斐波那契数之和,那么也可以用类似的方法处理以下情况:前几个相继奇数位置的斐波那契数之和。我们将通过探究这些和的几个例子,寻找其中的规则。

$$F_1+F_3=1+2=3$$
$$F_1+F_3+F_5=1+2+5=8$$
$$F_1+F_3+F_5+F_7=1+2+5+13=21$$
$$F_1+F_3+F_5+F_7+F_9=1+2+5+13+34=55$$

这些和看来都是斐波那契数,但是它们与生成它们的数列有什么关系呢? 以上等式都是对斐波那契数列的奇数项求和,所得的和都等于式中的最后一项之后的下一个斐波那契数。

我们可以归纳为以下公式:

$$F_1+F_3+F_5+F_7+\cdots+F_{2n-1}=F_{2n}$$

或

$$\sum_{i=1}^{n} F_{2i-1}=F_{2n}$$

如果我们将前几个相继偶数位置的斐波那契数之和与前几个相继奇数位置的斐波那契数之和相加,我们应该得到前几个相继斐波那契数之和:

$$F_2+F_4+F_6+F_8+\cdots+F_{2n}=F_{2n+1}-1,其中\ n\geqslant1$$
$$F_1+F_3+F_5+F_7+\cdots+F_{2n-1}=F_{2n},其中\ n\geqslant1$$

这两个数列之和为

$$F_1+F_2+F_3+F_4+\cdots+F_{2n}=F_{2n+1}-1+F_{2n}$$

或

$$F_1+F_2+F_3+F_4+\cdots+F_{2n}=F_{2n+2}-1$$

这与我们在上文第 4 点中得出的结论一致。

7. 在建立了各种斐波那契数之和的关系之后,我们现在来考虑前几个斐波那契数的平方和。在这里,我们将看到另一个令人惊讶的关系,它使斐波那契数显得更为特别。因为我们谈论的"平方"(square)也有"正方形"意思,所以从几何角度来讨论它们也很合适。

我们发现,我们可以从一个 1×1 的正方形开始,生成一系列正方形,它们的边长是斐波那契数(见图 1.3)。这种操作可以无限继续下去。现在让我们将每个矩形的面积表示为构成它的各正方形面积之和。

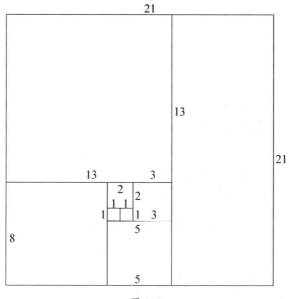

图 1.3

$$1^2+1^2+2^2+3^2+5^2+8^2+13^2 = 13 \times 21$$

如果我们把其他较小的矩形也用正方形之和表示出来,那么我们会得到以下模式:

$$1^2+1^2 = 1 \times 2$$
$$1^2+1^2+2^2 = 2 \times 3$$
$$1^2+1^2+2^2+3^2 = 3 \times 5$$
$$1^2+1^2+2^2+3^2+5^2 = 5 \times 8$$
$$1^2+1^2+2^2+3^2+5^2+8^2 = 8 \times 13$$
$$1^2+1^2+2^2+3^2+5^2+8^2+13^2 = 13 \times 21$$

根据这个模式,我们可以确立一条规则:到斐波那契数列的某一项为止的所有斐波那契数的平方和,等于序列中最后的一个数与其后一个斐波那契数的乘积。例如,如果我们想求出斐波那契数列中,1,1,2,3,5,8,13,21,34 这部分的平方和,我们就会得到

$$1^2+1^2+2^2+3^2+5^2+8^2+13^2+21^2+34^2=1870$$

我们也可以应用这条神奇规则,得知这个和就是序列中最后一个数与其后一个斐波那契数(有时称为相邻后继数)的乘积。这意味着这个和可以由 34 乘 55 得到,即 34×55＝1870。我们可以用求和符号将这条规则写为

$$\sum_{i=1}^{n} F_i^2 = F_n F_{n+1}$$

假设你想求出前 30 个斐波那契数的平方和,这种简洁的关系使这项苦差事变得非常简单。我们不再需要求每个数的平方,然后再把它们加起来(这是一项相当费力的任务),而只需要将第 30 个斐波那契数乘第 31 个斐波那契数就能得到结果。

也就是说,要求以下平方和:

$$\sum_{i=1}^{30} F_i^2 = F_1^2+F_2^2+\cdots+F_{29}^2+F_{30}^2$$
$$= 1^2+1^2+2^2+3^2+5^2+8^2+13^2+\cdots+514\ 229^2+832\ 040^2$$
$$= 1\ 120\ 149\ 658\ 760$$

只需简单地运用我们新确立的公式即可:

$$\sum_{i=1}^{30} F_i^2 = F_{30} \cdot F_{31} = 832\ 040×1\ 346\ 269 = 1\ 120\ 149\ 658\ 760$$

(附录中提供了关于这种关系的证明,供那些有更高追求的读者参考。)

8. 既然谈到斐波那契数的平方,那就探讨一下以下关系。让我们取一个斐波那契数(比如 34)的平方,以及排在它前两位的那个斐波那契数(即 13)的平方。将这两个平方数相减,我们得到 $34^2-13^2=1156-169=$ 987,这也是一个斐波那契数! 也就是说,我们将第 9 个斐波那契数($F_9=$

34）的平方，减去第 7 个斐波那契数（$F_7 = 13$）的平方，得到第 16 个斐波那契数（$F_{16} = 987$）。这可以用符号形式写成 $F_9^2 - F_7^2 = F_{16}^2$。

我们很高兴看到，将两个交错①的斐波那契数的平方相减，似乎就得到了另一个斐波那契数。这对任何一对交错的斐波那契数都成立吗？要回答这个问题，我们必须要进行数学证明（见附录）。不过，我们可以首先通过检查一些例子来使自己相信这个结果绝非偶然，而是对任何合适的斐波那契数对都成立。现在，让我们考察几个例子，看看是否可以由此确立一种模式：

$$F_6^2 - F_4^2 = 8^2 - 3^2 = 55 = F_{10}$$

$$F_7^2 - F_5^2 = 13^2 - 5^2 = 144 = F_{12}$$

$$F_{15}^2 - F_{13}^2 = 610^2 - 233^2 = 317\ 811 = F_{28}$$

我们观察一下每个例子中的三个下标，就会注意到前两个下标之和等于第三个下标。这会引导我们归纳出以下结论：$F_n^2 - F_{n-2}^2 = F_{2n-2}$。如果你愿意的话，也可以尝试将这条规则应用于更多同类的数对，以进一步验证这个结论。（证明过程参见附录。）

9. 下一个问题自然也是两个斐波那契数的平方和。假设我们考虑两个相继的斐波那契数，比如 $F_7(=13)$ 和 $F_8(=21)$。它们的平方分别是 169 和 441，其和为 610，这也是一个斐波那契数（F_{15}）。其中也许有某些规律。让我们尝试另一对相继的斐波那契数 $F_{10}(=55)$ 和 $F_{11}(=89)$。它们的平方分别是 3025 和 7921，而其和为 10 946，这也是一个斐波那契数（F_{21}）。当我们尝试对更多相继的斐波那契数进行此操作时，似乎每次都会得到另一个斐波那契数。其中的模式是什么？为了能够预测哪一个斐波那契数会由一对相继斐波那契数的平方和得出，我们会想到去查看它们在该数列中的位置。在上面的第一个例子中，我们使用的是斐波那契数 F_7 和 F_8，它们的平方和是 F_{15}。在第二个例子中，我们使用的是斐波那契数 F_{10} 和 F_{11}，我们发现它们的平方和是 F_{21}。看起来，处于第 n 和 $n+1$ 个位置（相继位置）的

①　数列中的交错项是指彼此间隔一项的那些项。举例来说，第 4 项和第 6 项是交错项，第 15 项和第 17 项也被称为交错项。——原注

两个斐波那契数的平方和等于处于第 $n+(n+1)=2n+1$ 个位置上的那个斐波那契数,即 $F_n^2+F_{n+1}^2=F_{2n+1}$。(证明过程见附录。)

10. 下面是一种引人入胜的关系,它从另一个角度重新审视了我们在斐波那契数列中发现的那些出人意料的模式。取斐波那契数列中的任意四个相继数,例如 3,5,8,13,然后求出中间两个数的平方差:$8^2-5^2=64-25=39$。然后求出头尾两个数的乘积:$3\times13=39$。令人惊讶的是,我们得到了同样的结果!这究竟是一种巧合,还是适用于所有这类由四个相继斐波那契数构成的数组的规律?我们可以用另外四个相继的斐波那契数再试一次,比如 8,13,21,34。我们同样求出中间两个数的平方差:$21^2-13^2=441-169=272$。如果这个规则正确,那么头尾两数的乘积必须等于272。果然,$8\times34=272$,因此这个规则仍然有效。用符号来表示,我们可以将任意四个相继斐波那契数写成 F_{n-1},F_n,F_{n+1} 和 F_{n+2},那么这种规则就可以写成 $F_{n+1}^2-F_n^2=F_{n-1}\cdot F_{n+2}$。若想确保这个规则正确,仅靠不断地举例验证是不够的,必须提供证明才行,见附录。

11. 另一种奇异的关系与斐波那契数列中的两个交错项的乘积有关。观察以下这些乘积:

$F_3\cdot F_5=2\times5=10$,这比斐波那契数 3(F_4)的平方大 1:$F_4^2+1=3^2+1$。

$F_4\cdot F_6=3\times8=24$,这比斐波那契数 5(F_5)的平方小 1:$F_5^2-1=5^2-1$。

$F_5\cdot F_7=5\times13=65$,这比斐波那契数 8($F_6$)的平方大 1:$F_6^2+1=8^2+1$。

$F_6\cdot F_8=8\times21=168$,这比斐波那契数 13($F_7$)的平方小 1:$F_7^2-1=13^2-1$。

现在你应该可以看出其中的规律了:两个交错的斐波那契数的乘积等于夹在它们之间的那个斐波那契数的平方+1 或−1。我们还需要确定何时+1 何时−1。当要取平方的那个数在偶数位置时,对其加 1,当它在奇数位置时,对其减 1,也可以简化为加上 $(-1)^n$,因为−1 的偶数幂是+1,−1 的奇数幂是−1。

可以归纳成如下公式:

$$F_{n-1}F_{n+1}=F_n^2+(-1)^n$$

其中 $n\geq1$。

虽然我们似乎可以相信这个公式是正确的,但我们还必须加以证明,才能确保它在所有情况下都成立,参见附录。

可以对这一关系加以延伸。在上面,我们取紧邻某个斐波那契数的两个斐波那契数相乘,现在,取位于某个斐波那契数两侧,且与该数间隔一个数的两个斐波那契数,再将它们的乘积与中间那个数的平方进行比较。举例来说,我们取 $F_6 = 8$ 作为中间数,那么在 F_6 的两侧分别跳过一个数,得到两个斐波那契数 $F_4 = 3$ 和 $F_8 = 21$,它们的乘积是 $3 \times 21 = 63$,与 8 的平方,即 64,相差 1。假如取 $F_5 = 5$ 作为中间数,那么在它的两侧分别跳过一个数,得到两个斐波那契数 $F_5 = 2$ 和 $F_7 = 13$。它们的乘积是 $2 \times 13 = 26$,恰好与 5^2 相差 1。我们可以归纳成如下公式:

$$F_{n-2}F_{n+2} = F_n^2 \pm 1$$

其中 $n \geq 1$。

现在,你可以在某个指定斐波那契数两侧边分别间隔 2、3 或 4 个数,得到两个斐波那契数,并尝试将两侧数的乘积与中间数的平方进行比较,你会发现以下结论成立。

现在,你也许已经发现表 1.6 的规律了。中间那个斐波那契数的平方和与其等距的两个斐波那契数的乘积之间的差值,就是另一个斐波那契数的平方。我们可以将此表示为符号形式:

$$F_{n-k}F_{n+k} - F_n^2 = \pm F_k^2$$

其中 $n \geq 1$,$k \geq 1$。

表 1.6

旁侧斐波那契数与中间数的间距(k)	F_n 的表达式		以 $F_7 = 13$ 为中间数		以 $F_8 = 21$ 为中间数		$F_{n-k}F_{n+k}$ 与 F_n^2 之差
1	$F_{n-1}F_{n+1}$	F_n^2	$8 \times 21 = 168$	$13^2 = 169$	$13 \times 34 = 442$	$21^2 = 441$	± 1
2	$F_{n-2}F_{n+2}$	F_n^2	$5 \times 34 = 170$	$13^2 = 169$	$8 \times 55 = 440$	$21^2 = 441$	± 1
3	$F_{n-3}F_{n+3}$	F_n^2	$3 \times 55 = 165$	$13^2 = 169$	$5 \times 89 = 445$	$21^2 = 441$	± 4
4	$F_{n-4}F_{n+4}$	F_n^2	$2 \times 89 = 178$	$13^2 = 169$	$3 \times 144 = 432$	$21^2 = 441$	± 9

旁侧斐波那契数与中间数的间距（k）	F_n 的表达式		以 $F_7 = 13$ 为中间数		以 $F_8 = 21$ 为中间数		$F_{n-k}F_{n+k}$ 与 F_n^2 之差
5	$F_{n-5}F_{n+5}$	F_n^2	$1 \times 144 = 144$	$13^2 = 169$	$2 \times 233 = 466$	$21^2 = 441$	± 25
6	$F_{n-6}F_{n+6}$	F_n^2	$1 \times 233 = 233$	$13^2 = 169$	$1 \times 377 = 377$	$21^2 = 441$	± 64
k	$F_{n-k}F_{n+k}$	F_n^2	…	…	…	…	$\pm F_k^2$

对于斐波那契数，我们可以发现它有无穷多种性质。其中很多性质通过简单的观察就能发现。在对这些神奇的数进行更加系统的研究之前，让我们再来看一眼这个数列（表 1.7）。

表 1.7

F_1	1	F_{16}	897
F_2	1	F_{17}	1597
F_3	2	F_{18}	2584
F_4	3	F_{19}	4181
F_5	5	F_{20}	6765
F_6	8	F_{21}	10 946
F_7	13	F_{22}	17 711
F_8	21	F_{23}	28 657
F_9	34	F_{24}	46 368
F_{10}	55	F_{25}	75 025
F_{11}	89	F_{26}	121 393
F_{12}	144	F_{27}	196 418
F_{13}	233	F_{28}	317 811
F_{14}	377	F_{29}	514 229
F_{15}	610	F_{30}	832 040

12. 请注意，从第一个斐波那契数开始，序号是 3 的倍数的斐波那契数都是偶数，即 F_3，F_6，F_9，F_{12}，F_{15}，F_{18}，…都是偶数。我们也可以换一种表述：这些数都能被 F_3（即 2）整除。

让我们进一步考察这个斐波那契数列。请注意,序号是 4 的倍数的斐波那契数能被 3 整除,即 $F_4, F_8, F_{12}, F_{16}, F_{20}, F_{24}, \cdots$ 都能被 3 整除。[①]我们同样可以表述为 $F_4, F_8, F_{12}, F_{16}, F_{20}, F_{24}$ 能被 F_4(即 3)整除。

运用模式化的思维,我们可以进行一些预判,我们已经发现,第一组数都能被 2 整除,第二组数能被 3 整除,接下来,按照斐波那契数的优良风格,我们应该尝试检验被 5(即下一个斐波那契数)整除的情况。搜索能被 5 整除的斐波那契数很容易。它们是以下这些数:5,55,610,6765,75 025 和 832 040,它们对应于 $F_5, F_{10}, F_{15}, F_{20}, F_{25}$ 和 F_{30}。因此,我们可以说 $F_5, F_{10}, F_{15}, F_{20}, F_{25}$ 和 F_{30} 都能被 F_5(即 5)整除。

检查被 8(即再下一个斐波那契数)整除的情况,我们发现 F_6, F_{12},F_{18}, F_{24} 和 F_{30} 都能被 F_6(即 8)整除。

是的,序号是 7 的倍数的斐波那契数都能被 F_7(即 13)整除。现在,你可以尝试归纳这一发现了。你可以说斐波那契数 F_{nm} 能被斐波那契数 F_m 整除,其中 n 是一个正整数,或者你也可以这样说:如果 p 能被 q 整除,那么 F_p 能被 F_q 整除。(附录中给出了这一美妙关系的证明。)

13. 如前面所提到的,斐波那契关系也可以从几何角度考虑。我们可以考虑如图 1.4 和图 1.5 所展示的两个斐波那契正方形。

图 1.4 显示了斐波那契正方形被分割成的奇数($n=7$)个矩形。这些矩形宽和长分别是 F_i 和 F_{i+1},其中 i 的取值范围是 1 到 n。而正方形的边长为 F_{n+1},面积等于各矩形面积之和。这可以构成一个几何证明,用符号形式表示为

$$\sum_{i=2}^{n+1} F_i F_{i-1} = F_{n+1}^2$$

其中 n 为奇数。

如图 1.4 所示,当 $n=7$ 时,矩形的面积之和为

$$F_2 F_1 + F_3 F_2 + F_4 F_3 + F_5 F_4 + F_6 F_5 + F_7 F_6 + F_8 F_7$$
$$= 1 + 2 + 6 + 15 + 40 + 104 + 273 = 441 = 21^2 = F_8^2$$

---

① 你可以使用被 3 整除的常用性质轻而易举地检查这个规则。当且仅当一个数的各位数字之和能被 3 整除时,这个数就能被 3 整除。——原注

另外,当 n 为偶数时,也就是用偶数个斐波那契矩形构造出一个斐波那契正方形时,我们会遇到一个新情况。如图 1.5 所示,当 $n=8$ 时,图形中央会多出一个边长为 1 的正方形。这说明图 1.5 所示的斐波那契正方形的面积要比长方形的面积之和大 1 个单位。这样,在 n 为偶数时,我们就有一个经过校正的关系。

$$\sum_{i=2}^{n+1} F_i F_{i-1} = F_{n+1}^2 - 1$$

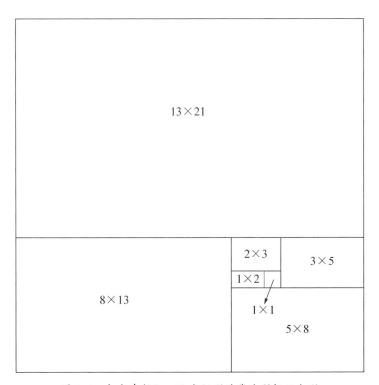

图 1.4　包含奇数($n=7$)个矩形的斐波那契正方形

对于图 1.5 的情形,取 $n=9$,得到

$$1+F_2F_1+F_3F_2+F_4F_3+F_5F_4+F_6F_5+F_7F_6+F_8F_7+F_9F_8$$

$$=1+1+2+6+15+40+104+273+714$$

$$=1156=34^2=F_9^2$$

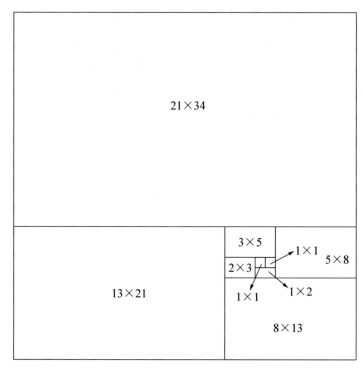

图 1. 5　包含偶数($n=8$)个矩形的斐波那契正方形

14. 在本章的前面,我们提到过卢卡斯数列:$1,3,4,7,11,18,29,$ $47,\cdots$。我们可以求出卢卡斯数之和,所用的方法与求斐波那契数之和基本相同。同样,必定存在着一种简单的方法,可以通过一个公式来求得特定数量的卢卡斯数之和。为了推导计算前 n 个卢卡斯数之和的公式,我们将使用一种很有用的小技巧来帮助我们生成这个公式。

卢卡斯数的基本规则(或定义)是

$$L_{n+2}=L_{n+1}+L_n,\text{其中 } n\geqslant 1$$

或

$$L_n=L_{n+2}-L_{n+1}$$

令 n 逐渐递增,我们得到

$$L_1=L_3-L_2$$

$$L_2=L_4-L_3$$

$$L_3=L_5-L_4$$

$$L_4 = L_6 - L_5$$

$$\vdots$$

$$L_{n-1} = L_{n+1} - L_n$$

$$L_n = L_{n+2} - L_{n+1}$$

将这些等式相加,你会注意到右边的很多项会互相对消,这是因为加上和减去同一个数后,结果为 0。右边项剩下 $L_{n+2} - L_2 = L_{n+2} - 3$。

左边是前 n 个卢卡斯数之和:$L_1 + L_2 + L_3 + L_4 + \cdots + L_n$,这就是我们要求的。因此,我们得到以下等式:$L_1 + L_2 + L_3 + L_4 + \cdots + L_n = L_{n+2} - 3$,这表示前 n 个卢卡斯数之和等于从该数列最后一项往后移 2 项所对应的卢卡斯数减去 3。

式 $L_1 + L_2 + L_3 + L_4 + \cdots + L_n$ 可以用求和符号简写为 $\sum_{i=1}^{n} L_i$,因此我们可以把这个结果写成

$$\sum_{i=1}^{n} L_i = L_1 + L_2 + L_3 + L_4 + \cdots + L_n = L_{n+2} - 3$$

或简单地写成

$$\sum_{i=1}^{n} L_i = L_{n+2} - 3$$

15. 正如我们求出斐波那契数的平方和一样,我们也可以求出卢卡斯数的平方和。

现在,我们将揭示另一种令人惊讶的关系,从而使卢卡斯的数字更加与众不同。

如图 1.6,从 3 个小的 1×1 正方形开始,我们可以生成一系列边长为卢卡斯数的正方形,并且无限延续下去。现在,让我们将这个大矩形的面积减去两个小正方形的面积(用阴影表示),就能得出其中所有卢卡斯正方形的面积之和,即

$$L_1^2 + L_2^2 + L_3^2 + L_4^2 + L_5^2 + L_6^2$$

$$= 1^2 + 3^2 + 4^2 + 7^2 + 11^2 + 18^2 = 520$$

$$= 522 - 2 = 18 \times 29 - 2$$

$$= L_6 \times L_7 - 2$$

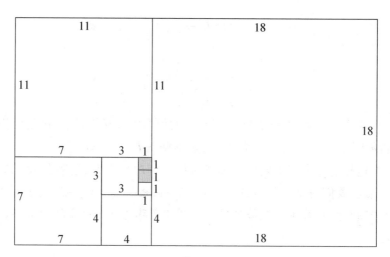

图 1.6

如果我们逐个添加正方形,使矩形从最小面积逐步增大,我们就会得到以下模式:

$$1^2+3^2=3\times4-2$$

$$1^2+3^2+4^2=4\times7-2$$

$$1^2+3^2+4^2+7^2=7\times11-2$$

$$1^2+3^2+4^2+7^2+11^2=11\times18-2$$

$$1^2+3^2+4^2+7^2+11^2+18^2=18\times29-2$$

$$1^2+3^2+4^2+7^2+11^2+18^2+29^2=29\times47-2$$

根据这个模式,我们可以确定一条规则:在卢卡斯数列中,截至某一个位置的所有卢卡斯数的平方和,等于最后一个数与其后一个卢卡斯数的乘积减去2。换言之,如果截取卢卡斯数列的局部:1,3,4,7,11,18,29,47,76,那么各项的平方和可表示为

$$L_1^2+L_2^2+L_3^2+L_4^2+L_5^2+L_6^2+L_7^2+L_8^2+L_9^2$$

$$=1^2+3^2+4^2+7^2+11^2+18^2+29^2+47^2+76^2$$

$$=9346$$

因此,我们可以运用这条神奇的规则,即所求的平方和等于最后一个数与其后一个卢卡斯数(有时称为相邻后继数)的乘积减去2。这意味着

所求的平方和可以通过将 76 乘 123 再减去 2 得到。于是,我们得到
$$L_9 L_{10} - 2 = 76 \times 123 - 2 = 9348 - 2 = 9346。$$

我们可以将这条规则简化为
$$\sum_{i=1}^{n} L_i^2 = L_n L_{n+1} - 2$$

这会帮助你快速求出卢卡斯数的平方和,而无须逐项相加。

假设你想求出前 30 个卢卡斯数的平方和,这一简洁的关系使任务变得非常简单。我们不需要求出每个数的平方,然后再去求它们的和——这样相当费时,我们只需要将第 30 个卢卡斯数乘第 31 个卢卡斯数,然后再减去 2。这一关系的证明请参见附录。

这种几何作图证明方法是合理的,足以让你相信这些命题的真实性。在与你一起探索关于可爱的卢卡斯数的更多意外发现之前,我们先总结一下到现在为止我们已讨论过的特性。

特性汇总

以下是我们已讨论过的斐波那契数(和卢卡斯数)的特性(设 n 为任意自然数, $n \geq 1$):

0. 斐波那契数 F_n 和卢卡斯数 L_n 的定义:

$$F_1 = 1; F_2 = 1; F_{n+2} = F_n + F_{n+1}$$

$$L_1 = 1; L_2 = 3; L_{n+2} = L_n + L_{n+1}$$

1. 任意 10 个相继斐波那契数之和能被 11 整除[①]:

$$11 \mid (F_n + F_{n+1} + F_{n+2} + \cdots + F_{n+8} + F_{n+9})$$

2. 相继斐波那契数是互素的,即它们的最大公因数是 1。

3. 处于合数位置的斐波那契数(第 4 个斐波那契数除外)也是合数。

换言之,如果 n 不是素数,那么 F_n 也不是素数。

(其中 $n \neq 4$,因为 $F_4 = 3$,这是一个素数。)

4. 前 n 个斐波那契数之和等于该数列尾部再往后移 2 项所对应的斐波那契数减去 1:

$$\sum_{i=1}^{n} F_i = F_1 + F_2 + F_3 + F_4 + \cdots + F_n = F_{n+2} - 1$$

5. 从 F_2 开始的相继偶数位置的斐波那契数之和,比参与求和的最后一个斐波那契数之后的那个斐波那契数小 1:

$$\sum_{i=1}^{n} F_{2i} = F_2 + F_4 + F_6 + \cdots + F_{2n-2} + F_{2n} = F_{2n+1} - 1$$

6. 从 F_1 开始的相继奇数位置的斐波那契数之和,等于参与求和的最后一个斐波那契数之后的那个斐波那契数:

$$\sum_{i=1}^{n} F_{2i-1} = F_1 + F_3 + F_5 + \cdots + F_{2n-3} + F_{2n-1} = F_{2n}$$

---

① a 能被 b 整除记作 $b \mid a$,如 $3 \mid 6$、$6 \mid 24$。——译注

7. 前 n 个斐波那契数的平方和等于参与求和的最后一个数和其后一个斐波那契数的乘积：

$$\sum_{i=1}^{n} F_i = F_n F_{n+1}$$

8. 两个交错的斐波那契数的平方差等于另一个斐波那契数，后者的位置数等于上述两个交错斐波那契数的位置数之和：

$$F_n^2 - F_{n-2}^2 = F_{2n-2}$$

9. 两个相继斐波那契数的平方和等于另一个斐波那契数，它的位置数等于上述两个相继斐波那契数的位置数之和：

$$F_n^2 + F_{n+1}^2 = F_{2n+1}$$

10. 对于任意四个相继斐波那契数，其中间的两个数的平方差等于其两头的那两个数的乘积。我们可以将此用符号形式表示为

$$F_{n+1}^2 - F_n^2 = F_{n-1} F_{n+2}$$

11. 两个交错斐波那契数的乘积比它们之间的斐波那契数的平方大 1 或小 1：

$$F_{n-1} F_{n+1} = F_n^2 + (-1)^n$$

某个斐波那契数的平方数和与其等距的前后两个斐波那契数的乘积之间的差是另一个斐波那契数的平方。

$$F_{n-k} F_{n+k} - F_n^2 = \pm F_k^2,\ 其中\ n \geqslant 1,\ k \geqslant 1$$

12. 斐波那契数 F_{nm} 能被斐波那契数 F_m 整除。可以写成 $F_m | F_{nm}$，读作 F_m 整除 F_{nm}。

换句话说：如果 p 能被 q 整除，那么 F_p 能被 F_q 整除。表示成符号形式：

$$q | p \Rightarrow F_q | F_p$$

（在这里，m、n、p 和 q 都是正整数。）

以下是一些具体的例子：

$F_1 | F_n$ 即 $1 | F_1$ $1 | F_2$ $1 | F_3$ $1 | F_4$ $1 | F_5$ $1 | F_6$ $\cdots$ $1 | F_n$ $\cdots$

$F_2 | F_{2n}$ 即 $1 | F_2$ $1 | F_4$ $1 | F_6$ $1 | F_8$ $1 | F_{10}$ $1 | F_{12}$ $\cdots$ $1 | F_{2n}$ $\cdots$

$$F_3 \mid F_{3n} \quad \text{即} \quad 2 \mid F_3 \quad 2 \mid F_6 \quad 2 \mid F_9 \quad 2 \mid F_{12} \quad 2 \mid F_{15} \quad 2 \mid F_{18} \quad \cdots \quad 2 \mid F_{3n} \quad \cdots$$

$$F_4 \mid F_{4n} \quad \text{即} \quad 3 \mid F_4 \quad 3 \mid F_8 \quad 3 \mid F_{12} \quad 3 \mid F_{16} \quad 3 \mid F_{20} \quad 3 \mid F_{24} \quad \cdots \quad 3 \mid F_{4n} \quad \cdots$$

$$F_5 \mid F_{5n} \quad \text{即} \quad 5 \mid F_5 \quad 5 \mid F_{10} \quad 5 \mid F_{15} \quad 5 \mid F_{20} \quad 5 \mid F_{25} \quad 5 \mid F_{30} \quad \cdots \quad 5 \mid F_{5n} \quad \cdots$$

$$F_6 \mid F_{6n} \quad \text{即} \quad 8 \mid F_6 \quad 8 \mid F_{12} \quad 8 \mid F_{18} \quad 8 \mid F_{24} \quad 8 \mid F_{30} \quad 8 \mid F_{36} \quad \cdots \quad 8 \mid F_{6n} \quad \cdots$$

13. 对相继斐波那契数的乘积求和,其结果要么等于某个斐波那契数的平方,要么比某个斐波那契数的平方小 1。

当 n 为奇数时,$\sum_{i=2}^{n+1} F_i F_{i-1} = F_{n+1}^2$;

当 n 为偶数时,$\sum_{i=2}^{n+1} F_i F_{i-1} = F_{n+1}^2 - 1$。

14. 前 n 个卢卡斯数之和等于该数列末端后移 2 项所对应的卢卡斯数减去 3。

$$\sum_{i=1}^{n} L_i = L_1 + L_2 + L_3 + L_4 + \cdots + L_n = L_{n+2} - 3$$

15. 前 n 个卢卡斯数的平方和等于其中最后一个数与其后一个卢卡斯数的乘积减去 2:

$$\sum_{i=1}^{n} L_i^2 = L_n L_{n+1} - 2$$

虽然我们主要关注的是斐波那契数,但我们不应该以为斐波那契只是一位因为这个现在以他的名字命名的著名数列而闻名的数学家。如前所述,斐波那契是西方文化中最具影响力的数学人物之一(图 1.7 是他的雕像)。他不仅为我们提供了进行高效数学运算的工具(例如,之前主要为东方世界所知的数字),还将一种思维方式引入欧洲世界,为未来许多数学探索开辟了道路。

请注意,尽管斐波那契数的起源隐藏在一个关于兔子繁殖的问题中,看似简单,却展现出远超预期的种种特性。这个数列在数字领域中有着那么多的惊人关系,真是令人难以置信!正是这种现象,再加上其在数列之外无穷无尽的应用,吸引了世世代代数学家的兴趣。我们旨在通过这些数列的应用,来激发各种想象力。

图 1.7 位于比萨的斐波那契雕像

第2章　自然界中的斐波那契数

正如我们已经约略看到的,斐波那契数具有许多惊人的性质。我们将继续探索这些数的各种各样的应用和关系。在本章中,我们将回到斐波那契数的原始表现形式:在自然界中的表现形式。我们首先看到的是兔子繁殖过程蕴含着斐波那契数。让我们看看是否还有其他生物的繁殖也涉及斐波那契数。

雄蜂的家谱

在 3 万多个蜂种中,最广为人知的可能是蜜蜂,它们在蜂巢中群居生活。让我们来仔细地看一看这些蜜蜂。神奇的是,检查一下雄蜂的家谱,就能发现著名的斐波那契数。为了仔细研究雄蜂的家谱,我们首先必须了解它们的特性。一个蜂巢里有三种蜜蜂:不工作的雄性蜜蜂(称为雄蜂);承担所有工作的雌性蜜蜂(称为工蜂);还有蜂王,它负责产卵,以繁殖更多蜜蜂。雄蜂是由未受精的卵孵化的,这意味着它只有母亲而没有父亲(但是有一个外祖父),而雌蜂是由受精卵孵化的,因此既有母亲(蜂王)又有父亲(一只雄蜂)。雌蜂一般长大后会成为工蜂,除非它们吃了"蜂王浆",从而成为蜂王,并在其他地方建立新的蜂群。

在图 2.1 中,♂代表雄蜂,♀代表雌蜂,我们从一只雄蜂开始,追溯其祖先。如前所述,这只雄蜂必定来自一颗未受精的卵子,所以只需要一只雌蜂就能产下它。不过,这只产卵的雌蜂必定有一个母亲和一个父亲,所以第三行既有一只雄蜂又有一只雌蜂。然后继续以这样的模式推理:每只雄蜂的上一代都是一只单独的雌蜂,而每只雌蜂的上一代都是一雄一雌。在图的右边汇总了每一行的蜜蜂数量。当你仔细看右边的每一列时,就会认出这是熟悉的斐波那契数列。惊讶吗?你不可能不感到惊讶。斐波那契数在这里出现显然是出人意料的,甚至其中所蕴含的生物学原理也与最早关联斐波那契数的兔子繁殖模式大不相同。

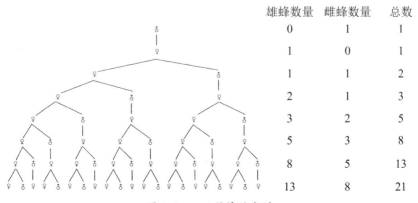

	雄蜂数量	雌蜂数量	总数
	0	1	1
	1	0	1
	1	1	2
	2	1	3
	3	2	5
	5	3	8
	8	5	13
	13	8	21

图 2.1 一只雄蜂的家谱

倘若斐波那契像我们一样,在雄蜂的家谱中发现这种关系,那么他就可以以此代替《计算之书》中的兔子繁殖的例子,因为有些人认为他所用的这个例子不太现实。事实上,兔子问题并非脱离现实。兔子在 3 个月大时就可以开始繁殖后代,并且可以每月繁殖一次,所以他的兔子问题有其合理性。

兔子的繁殖和雄蜂的家谱都可用递归公式描述:$F_{n+2} = F_n + F_{n+1}$,正如我们所看到的,这意味着该数列中的每一项都等于在其之前两项之和。

如果把主题从"自然界中的斐波那契数"扩展到"社会中的斐波那契数"(甚至可以延伸到人性),那么我们就可以以流言在社会上传播为例来研究斐波那契数的作用。我们可以创建一个流言传播的模型[①],而这个模型就会生成斐波那契数。

消息(即流言)一次只会传递给一个人。具体地说:

(1) 如果某人 x 听说了这条流言,他最快会在第二天把流言传播出去。

(2) x 每天仅向一个人传播这条流言。

(3) 当 x 两次传播这条流言后,他便对此不再感兴趣,因此 x 不再继续传播这条流言。将这个事件整理到表 2.1,便会显示出斐波那契数列。

流言的散播

(x 将流言传播给 xa 和 xb)

第 1 天

1

第 2 天[②]

$1,1a=2$

第 3 天

$1,2,1b=3,2a=4$

----

① M. Huber, U. Manz, and H. Walser, *Annäherung an den Goldenen Schnitt*(Approaching the Golden Section) ETH Zürich, Bericht No. 93−101, 1993, p. 57. ——原注

② 每个等号后面的数表示知道这条谣言的累积总人数,因此最后一个等号后面的最后一个数是当天知道这条谣言的总人数。——原注

第 4 天

$1,2,3,4,2b=5,3a=6,4a=7$

第 5 天

$1,2,3,4,5,6,7,3b=8,4b=9,5a=10,6a=11,7a=12$

第 6 天

$1,2,3,4,5,6,7,8,9,10,11,12,5b=13,6b=14,7b=15,8a=16,9a=17,10a=18,11a=19,12a=20$

第 7 天

$1,2,3,4,5,6,7,8,9,10,11,12,13,14,15,16,17,18,19,20,8b=21,9b=22,10b=23,11b=24,12b=25,13a=26,14a=27,15a=28,16a=29,17a=30,18a=31,19a=32,20a=33$

……

表 2.1

第 n 天	1	2	3	4	5	6	7	8	9	10	11	12
知道的人数 p	1	2	4	7	12	20	33	54	88	143	232	376
增加的人数	(1)	1	2	3	5	8	13	21	34	55	89	144

我们发现 $p_n = F_{n+2} - 1$。

如果将步骤(2)更改为以下内容:

(2) x 一开始把消息传给 p 个人,第二天再传给 q 个人。

那么流言的传播速度会快得多。

植物界中的斐波那契数

你会非常惊讶地发现,斐波那契数还出现在植物界中,例如图 2.2 的菠萝上。也许,你应该去买一个菠萝,亲眼看看菠萝上的斐波那契数。菠萝上的六边形果眼可以连成三条不同方向的螺旋。在图 2.3、2.4、2.5 中,你会注意到在三个方向上分别有 5、8、13 个螺旋。这是三个相继的斐波那契数。

图 2.2

图 2.3

图 2.4

图 2.5

图 2.6 是菠萝的线条图，我们对其中的六边形进行了编号。编号规则如下：最下面的六边形编号为 0，稍高一点的六边形编号为 1（请记住，背面的六边形继续编号，它们在此图中不可见），然后更高一点的六边形编号为 2，以此类推。请注意，42 号六边形略高于 37 号六边形。你应该能够分辨出三条不同的螺旋：其中一条穿过六边形 0,5,10,…；第二条穿过六边形 0,8,16,…；而第三条螺旋中则穿过六边形 0,13,26,…。现在来看看每条螺旋的公差，你会发现它们的公差分别是 5、8、13，也是斐波那契数。

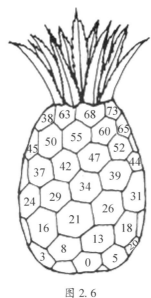

图 2.6

松果

松果种类繁多(如挪威云杉、道格拉斯冷杉或云杉、落叶松)。大多数松果会有两种不同方向的螺旋。螺旋是按照螺线(斜列线)的数量来分类的。两个方向上的螺旋数通常是两个相邻的斐波那契数。在这种情况下[1]，相邻的叶片或植物器官的偏离角接近"黄金角度"——约137.5°，这与黄金分割比有关(见第5章)。$\dfrac{137.5°}{360°}$这一比例蕴含着黄金角度和斐波那契数之间的联系，我们将这个分数约分，得到(见第5章)

$$\frac{137.5°}{360°}=\frac{55}{144}$$

结果显而易见。

图 2.7 中的两张图片就是证据,但你也许会想看看真的松果,亲自数一数上面的螺旋,这样才能令自己信服。

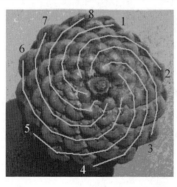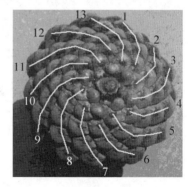

图 2.7

这种松果在一个方向上有 8 条螺旋,在另一个方向上有 13 条螺旋。

---

① 在螺旋叶序中,植物叶子一片接一片地生长,每片叶子与前一片叶子之间具有一个恒定的偏离角 d。这是最常见的模式,其中偏离角 d 通常接近黄金角度,此时就会形成斐波那契叶序。——原注

你会再一次注意到它们是斐波那契数,表2.2给出了不同种类的松果中两个方向上的螺旋数。

表 2.2

树(种类)	在一个方向上的螺旋数	在另一个方向上的螺旋数
挪威云杉	13	8
道格拉斯冷杉(云杉)	3	5
落叶松	5	3
松树	5	8

更多细节可以参见布鲁索(Brother Alfred Brousseau)的一篇文章。[①]

以下的螺旋模式还不够全面。实际上,鳞片可以有多种排列方式。以下只是一些已观察到的较为明显的模式。(关于符号,比如说,8-5表示从一个给定的苞片开始,沿着两条螺旋前进,当到达这两条螺旋的下一个交点时,我们会发现其中一条螺旋穿过了8个鳞片,而另一条螺旋穿过了5个鳞片。)

白皮五针松(*Pinus albicaulis*)　　　　　　5-3,8-3,8-5

软叶五针松(*Pinus flexilis*)　　　　　　8-5,5-3,8-3

糖松(*Pinus Lamberttana*)　　　　　　8-5,13-5,13-8,3-5,

　　　　　　　　　　　　　　　　　　　3-8,3-13,3-21

银叶五针松(*Pinus monticola*)　　　　　3-5

单叶果松(*Pinus monophylla*)　　　　　3-5,3-8

科罗拉多果松(*Pinus edulis*)　　　　　5-3

四叶松(*Pinus quadrifolia*)　　　　　　5-3

刺果松(*Pinus aristata*)　　　　　　　8-5,5-3,8-3

狐尾松(*Pinus Balfouriana*)　　　　　8-5,5-3,8-3

糙果松(*Pinus muricata*)　　　　　　　8-13,5-8

圣克鲁斯岛松(*Pinus remorata*)　　　　5-8

扭叶松(*Pinus contorta*)　　　　　　　8-13

[①]　Brother A. Brousseau,"On the Trail of the California Pine Spiral Patterns on California Pines," *Fibonacci Quarterly* 6,no. 1(1968):76.——原注

小干松,美洲落叶松(*Pinus Murrayana*)	8-5,13-5,13-8
五针鬼松(*Pinus Torreyana*)	8-5,13-5
黄松(*Pinus ponderosa*)	13-8,13-5,8-5
加州黄松(*Pinus Jeffreyi*)	13-5,13-8,5-8
辐射松(*Pinus radiata*)	13-8,8-5,13-5
瘤果松(*Pinus attenuata*)	8-5,13-5,3-5,3-8
鬼松(*Pinus Sabiniana*)	13-8
大果松(*Pinus Coulteri*)	13-8

另有一篇同类文章详尽地描述了天南星科植物的螺旋模式,特别提到5-8模式。天南星科植物是一类很吸引人的观赏植物,其中包括我们非常熟悉的万年青属(*Aglaonema*)、海芋属(*Alocasia*)、花烛属(*Anthurium*)、疆南星属(*Arum*)、五彩芋属(*Caladium*)、芋属(*Colocasia*)、花叶万年青属(*Dieffenbachia*)、龟背竹属(*Monstera*)、喜林芋属(*Philodendron*)、绿萝属(*Scindapsus*)和白鹤芋属(*Spathiphylum*)等。[①] 另外还有很多种植物也有螺旋结构。图2.8-图2.13是几个典型的例子。你也可以自己搜寻一些其他的例子。

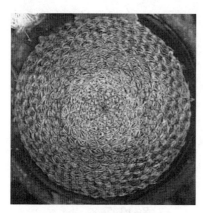

图2.8 神惠仙人球
(*Mammilaria huitzilopochtli*)
有13条和21条螺旋

图2.9 梦幻城仙人球
(*Mammilaria magnimamma*)
有8条和13条螺旋

① T. Antony Davis and T. K. Bose, "Fibonacci System in Aroids," *Fibonacci Quarterly* 9,no. 3 (1971): 253-255.——原注

图 2.10　雏菊（*Marguerite*）
有 21 条和 34 条螺旋

图 2.11　某裸萼球属植物
（*Gymnocalcium izozogsii*）
有两组 5 条和两组 8 条螺旋
（即 10 和 16 条螺旋）

图 2.12　田野孀草（*Knautia arvensis*）
有两组 2 条和两组 5 条螺旋
（即 4 条和 10 条螺旋）

图 2.13　某莲花掌属植物（*Anonium*）
有 3 条和 5 条螺旋

　　此外，向日葵也有各种不同的螺旋数，见图 2.14–图 2.17。花越老，就会形成越多的螺旋。不过，无论在何种情况下，螺旋数都是斐波那契数。它们通常呈现以下斐波那契数对：13（左旋）∶21（右旋），21∶34，34∶55，55∶89，89∶44。

图 2.14　向日葵 1

图 2.15　向日葵 2

图 2.16　向日葵 3

图 2.17　向日葵 4

　　2004 年,列支敦士登公国①发行了一套名为"精确科学;(*CHF*-.85)
数学;2004"[*Exact Sciences*;(*CHF*-.85) *Mathematics*;2004]的邮票。这
套邮票描绘了对数螺旋、指数增长和第 39 个梅森素数②:

$$(2^{13\,466\,917}-1)$$

　　其中有一个主题是向日葵(图 2.18)。

---

① 　奥地利和瑞士之间的一个独立国家。——原注
② 　2001 年,第 39 个梅森素数被发现;2005 年,人们已经成功地找到了第 42 个梅森
　　素数 $2^{25\,964\,951}-1$。——原注

图 2.18

基恩(R. Jenn)[1]基于对涵盖 650 个物种、12 500 个标本的文献调查，估算出在呈现螺旋形叶序或多对叶序[2]的植物中，约 92% 具有斐波那契叶序。

你想知道为什么向日葵种子会这样排列吗？这一现象当然不可能为数学家所左右，而是因为这种排列构成了种子的一种最佳布局，从而无论种子的分布范围有多大，只要所有种子大小相同，它们在任何时候都能均匀分布。也就是中心不拥挤，边缘附近也不太稀疏。我们看到的这种排列形式是螺旋形的，它们几乎总是构成相继的斐波那契数。

① Roger V. Jean, *Phyllolaxis: A Systemic Study in Plant Morphogenesis* (Cambridge：Cambridge University Press,1994). ——原注

② 叶序(phyllotaxis)一词来自希腊语：Phyllo 意为叶子,taxis 意为排列。——原注

叶子的排列——叶序

我们已经研究了向日葵和雏菊花盘中心的情况,接下来观察外围的花瓣。同样,你会发现大多数植物的花瓣数都与斐波那契数相对应。例如,百合和鸢尾有 3 片花瓣,毛茛有 5 片花瓣,某些飞燕草有 8 片花瓣,珍珠菊有 13 片花瓣,某些紫菀属植物有 21 片花瓣,雏菊有 34、55 或 89 片花瓣。

以下按照花瓣数量对一些常见的花进行分类。

3 片花瓣:鸢尾、雪花莲、百合(有些百合有 6 片花瓣,由两组 3 片组成)。

5 片花瓣:毛茛、楼斗菜、野玫瑰、飞燕草、石竹、苹果花、木槿。

8 片花瓣:翠雀花、大波斯菊[①]、金鸡菊。

13 片花瓣:珍珠菊、瓜叶菊、某些雏菊、狗舌草。

21 片花瓣:紫菀、菊苣、向日葵属植物。

34 片花瓣:除虫菊和其他雏菊。

55、89 片花瓣:米迦勒雏菊和其他菊科植物。

有些物种,如毛茛,它们的花瓣数量是非常精确的,但另外一些物种的花瓣数量则非常接近上述数量——它们的平均数是斐波那契数!

我们已经检查了花的各个部分,现在可以来看看茎上叶子的位置。取一株没有修剪过的植物,找出位置最低的那片叶子。从最下面的一片叶子开始,围绕茎盘旋上升画螺线,并使螺线依次穿过上方的每一片叶子,直到到达下一片与先前选定的第一片叶子方向相同的叶子(即在第一片叶子正上方并指向同一方向)。螺线绕转的圈数会是一个斐波那契数。此外,在到达"终点"叶片的途中,螺线所穿过的叶子数量也会是一个斐

---

① 这些都是菊科植物(Compositae),是维管植物中最大的科之一。参见 P. P. Majumder and A. Chakravati,"Variation in the Number of Rays and Disc-Florets in Four Species of Compositae," *Fibonacci Quarterly* 14 (1976):97–100. ——原注

波那契数。

在图 2.19 中,螺线需要绕转 5 圈才能到达与第一片叶子方向相同的叶子穿过的叶片数为 8。这种叶序因物种而异,但一般都是斐波那契数。如果我们用$\dfrac{绕转圈数}{叶片数}$作为植物的叶序比,结果就是$\dfrac{5}{8}$。图 2.19 中所示的螺线称为"植物的遗传螺旋"。

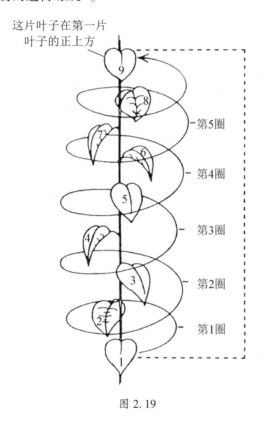

这片叶子在第一片
叶子的正上方

第5圈

第4圈

第3圈

第2圈

第1圈

图 2.19

以下是一些植物的叶序比:

1/2:榆树、椴树、酸橙、某些草。

3/8:紫菀、卷心菜、杨树、梨、山柳菊属植物、某些玫瑰。

1/3:桤木、桦树、莎草、山毛榉、榛子、黑莓、某些草。

2/5:玫瑰、橡木、杏、樱桃、苹果、冬青、李、野滥缕菊。

8/21：冷杉、云杉。

5/13：细柱柳、杏。

13/34：某些松树。

尽管不同种类的棕榈展示出不同的叶片螺旋数，但这些数总是与斐波那契数一致。例如，在槟榔（*Areca catechu*）或青棕（*Ptychosperma macarthurii*）上，只能识别出一条叶片螺旋，而在砂糖椰子（*Arenga pinnata*）上，可以看到 2 条螺旋。在糖棕（*Borassus flabellifer*）或贝叶棕（*Corypha elata*）等棕榈树上，可以看到 3 条清晰的螺旋。椰子树（*Cocos nucifera*）和巴西棕榈树（*Copernicia spirals*）都有 5 条螺旋。油棕（*Elaeis guineensis*）和林刺葵（*Phoenix sylvestris*）有 8 条螺旋。在加拿利海枣（*Phoenix canariensis*）的粗壮树干上，可以观察到 13 条螺旋。在某些植株中，还可以发现 21 条螺旋。我们尚未发现任何棕榈有 4、6、7、9、10 或 12 条明显的叶片螺旋。[①]

虽然并非所有植物的叶序都是斐波那契数，但大多数植物都是。为什么会出现这类排列？据推测，其中一部分原因可能是有利于每片叶子占据尽可能大的空间或接受尽可能多的光照。虽然只是微弱的优势，但是会在数代演变之后逐渐占据主导地位。对于卷心菜和多肉植物等紧密包裹的叶子，这种排列对于充分利用空间是至关重要的。

关于叶子、花瓣和植物其他方面的排列已经有很多著作了，但早期的那些著作只是描述性的，没有解释这些数和植物生长之间的联系。确切地说，它们讨论的是几何排列。最引人注目的观点源自法国数学物理学家杜阿迪（Stéphane Douady）和库德（Yves Couder）最近发表的一篇文章。他们通过计算机模型和实验室实验，发展了一种有关植物生长动态的理论，并将其与斐波那契模式相关联。杜阿迪和库德[②]还为黄金分割角度（137.5°）提供了动态解释。他们发现这个角度是简单动态规则的结果，

① T. Antony Davis, "Why Fibonacci Sequence for Palm Leaf Spirals?" *Fibonacci Quarterly* 9 no. 3（1971）：237-244. ——原注

② Stéphane Douady and Yves Couder, "Phyllotaxis as a Physical Self-Organized Growth Process," *Physical Review Letters* 68, no. 13（1992）：2098-2101. ——原注

而不是像许多前人那样将其视为节省空间安排的结果。螺旋形排列不需要任何特殊的植物学解释。

最后，但同样重要的是，我们可以继续在人体上寻找斐波那契数：一个人有 1 个头、2 条手臂和 3 个指关节，每条手臂上有 5 根手指。这些都是斐波那契数。哇！但是，事实上，并不会一直这样下去！

此外，"小"斐波那契数的出现纯粹是巧合，因为在 1 到 8 这 8 个数中，有 5 个是斐波那契数。因此，你很有可能纯粹出于巧合找到一个斐波那契数。如果我们观察更大的数字区间，那么斐波那契数的占比就会发生显著的变化。如果你能在一朵向日葵上找到两个不同的大斐波那契数，你可能会问，这怎么可能。

特别是在 19 世纪末，许多科学家都认为黄金分割是一种神圣的、普遍的自然法则。不过，黄金分割比 φ 可以被视为一个数列的极限，即由相继斐波那契数之比构成的极限，这将在第 4 章中详细讨论。那么，作为"创造的骄傲"的人类，怎么可能没有按照黄金分割的规则设计？有些人认为确实如此。达·芬奇（Leonardo da Vinci）[1]基于黄金分割 φ 构建了人体比例，还将人脸纵向分为三部分：前额、中脸和下巴。整形外科医生进一步将人脸水平分成五份。这样，我们就再次看到了两个斐波那契数 3 和 5。

比利时数学家、天文学家和社会统计学的奠基人凯特勒（Lambert Adolphe Jacques Quetelet）[2]和德国作家、评论家、剧作家、诗人和哲学家蔡辛（Adolph Zeising）[3]对人体作了测量，发现其各种比例与黄金分割有关，对后世产生了重大影响。

法国建筑师柯布西耶（Le Corbusier）认为人体比例是基于黄金分割的。

55

---

[1]　意大利著名画家、雕塑家、建筑师和工程师。——原注

[2]　"Des proportions du corps humain," *Bulletin de l'Académie Royale des sciences, des lettres et des beaux-arts de Belgique*, vol. 1. Bruxelles 1848–1815, 1, pp. 580–593, and vol. 2. –15, 2. pp. 16–27. ——原注

[3]　Adolf Zeising, *Neue Lehre von den Proportionen des menschlichen Körpers*, (Leipzig, Germany：R. Weigel, 1854). ——原注

他按照以下方式制订了理想身材比例:身高 182 厘米;脐高 113 厘米;手臂高举时的指尖高 226 厘米。身高与脐高之比为 $\frac{182}{113} \approx 1.610\,619\,469$,这一数值非常接近 φ。通过对相同的特征进一步测量,他得到了类似的比例 $\frac{176\text{ cm}}{109\text{ cm}} \approx 1.6147$,这也非常近似于两个斐波那契数 13 和 21 之比,即 $\frac{21}{13} \approx 1.615\,384\,615$。

进一步研究——也许过于深入了——美国人朗克(Frank A. Lonc)[1]对 65 位女性进行了测量,以验证达·芬奇和蔡辛的研究。通过确定女性身高与脐高的平均比例,他发现,理想比例接近于 1.618,即黄金分割比。确实,戴维斯(T. Antony Davis)和阿尔特沃特(Rudolf Altevogt)[2]声称,基于柯布西耶的标准,对于年龄相近的男孩和女孩,"好看的人体"大多符合黄金分割。具体来说,通过测量德国明斯特的 207 名学生和印度加尔各答的 252 名青少年,他们得出的值是 1.615。

斐波那契数在自然界中无所不在,这只是证明这些数具有真正非凡特质的另一项证据。

———————————

[1]　Martin Gardner, "About Phi," *Scientific American*, August 1959, pp. 128-134.——原注

[2]　"Golden Mean of the Human Body," *Fibonacci Quarterly* 17, no. 4 (1979): 340-344.——原注

定义自然法则的数学　斐波那契数列

第3章　斐波那契数和帕斯卡三角形

现在,你很可能会期待斐波那契数出现在最意想不到的地方。我们所"见到"的斐波那契数,可能是斐波那契数列中的个别成员,就像它们在自然界中的许多表现那样,也可能是一个数列,在你最意想不到的地方出现。我们将从一些不寻常的数列开始,然后将斐波那契数引入讨论——是的,当你最不期望它们出现时,它们不仅会出现,而且会以一种富有意义的方式与各种领域产生互动。

一些数列

到目前为止,我们已经看到斐波那契数源自一个定义明确的数列,最初由一个讨论兔子繁殖的问题所确定。我们知道它们遵循一个规则:从两个 1 开始,然后数列中每两个相继项之和给出下一个数。这可能不是我们习惯的那种数列。人们通常喜欢的数列是这样的:

$$1,2,3,4,5,6,7,\cdots$$

或

$$2,4,6,8,10,12,14,\cdots$$

或

$$1,3,5,7,9,11,13,\cdots$$

我们也很容易接受:

$$5,10,15,20,25,30,35,40,\cdots$$

以及完全平方数构成的数列:

$$1,4,9,16,25,36,\cdots$$

如果我们没有意识到上面这个数列是完全平方数数列,那么我们可以检查各项之差,看看是否存在一个公差(或者一个公比)。例如,如果存在一个公差,那么你就能很容易地得出下一个数,但如果不存在公差,那么你可以尝试获得下一阶的差,即各项之差的差。观察下面这张表格(表 3.1),请注意二阶差是个常数。

表 3.1

原数列	**1**		**4**		**9**		**16**		**25**		**36**
一阶差		3		5		7		9		11	
二阶差			2		2		2		2		2

当我们看到 1,2,4,8,16 这个数列时,会预期下一个数是 32。然而,如果现在有人告诉你下一个数是 31,你可能会大喊:"错了!"

令人惊讶的是,32 或 31 都能构造出一个可行的或有意义的数列。

是的,这也许会令你大为惊讶,1,2,4,8,16,31,…是一个合法的数列。

为了验证这是一个合乎规则的数列(符合某个规则,可以推出其余各项),我们将建立一个差值列表。正如上文中的前4个数列那样,差值列表便于人们找出数列的规律,从而得出数列其余各项的值。

我们建立一张表格(表3.2),记下数列**1,2,4,8,16,31,…**各相继项之差,然后是相继差值的差,以此类推,直到显示出某种规律。也就是说,我们列出给定数列的相继项之差,如果看不出其中的规律,那么我们将在这些差值基础上构建新数列,并寻找其中的规律。我们将反复进行这种操作:取相继项之差,并寻找其中规律。一阶差的规律不太明显,因为最后一项再次破坏了若隐若现的规则。二阶差也是如此。不过,三阶差出现了一种显而易见的规律:1,2,3,…。

表 3.2

原数列	1	2	4	8	16	31
一阶差		1	2	4	8	15
二阶差			1	2	4	7
三阶差				1	2	3
四阶差					1	1

在看到四阶差是一个常数数列之后,我们可以倒推(也就是将表格上下颠倒,如表3.3所示),并将三阶差再延长几步,比如说延长到9。

表 3.3

四阶差					1	1	1	1	1	1	1	1
三阶差				1	2	3	4	5	6	7	8	9
二阶差			1	2	4	7	11	16	22	29	37	46
一阶差		1	2	4	8	15	26	42	64	93	130	
原数列	1	2	4	8	16	31	57	99	163	256	386	

表中加粗的数是从三阶差倒推计算得到的。因此,给定的原数列的后续几个数是 57,99,163,256,386。[①]

我们把你从一个熟悉的数列 1,2,4,8,16,32,64,128,256,… 带到一个看起来相当奇怪的数列 1,2,4,8,16,31,57,99,163,256,386,…[②],现在,你应该不会认为这个数列是人为的,与数学无关吧。对于这个不寻常的数列,用几何方法进行解释有助于体会数学中的一致性原理,并让你更好地领会数学中固有的美。

考虑一系列圆,在每个圆的圆周上依次增加一个标记点。从第一个圆开始,我们用直线段连接圆周上的标记点,从而在每个圆中分割出最大数量的区域。让我们依次计算每个圆中的区域数量。在图 3.1 中,我们展示了 5 个圆,在每个圆周上依次增加标记。我们省略了实际上的"第一个圆"——只有一个点的圆,因为它只构成一个区域——这是一种微不足道的情况。我们用数字来标记每个区域,这样就可以很容易地数清区域的数量。

为了掌握分割的规律,我们绘制一张表格(表 3.4),记录通过连接圆上的标记点所划分出的区域数量。如果你想动手划分更多的区域,那么请确保没有任何三条线是共点的(即多条线相交于一点),否则你就会丢失一个区域。

---

① 数列 1,2,4,8,16,32,… 的通项(即第 n 项)很容易得出,它是 $T(n)=2^{n-1}$。数列 1,2,4,8,16,31,… 的通项是一个四次幂表达式,因为我们必须计算三次差才能得到一个常数。这个通项是 $T(n)=\dfrac{n^4-6n^3+23n^2-18n+24}{24}$。$\bigg[$但还有另一个通项也可以描述这一数列,即对于所有自然数 n,有 $T(n)=n+C_n^4+C_{n-1}^2=C_n^4+C_n^2+1$,其中 $n>0$。$\bigg]$——原注

② 我们熟知,如果一个数列的每一项减去它前面的一项所得到的差都相等,这个数列就是等差数列。不过,对于某些数列而言,它们不是等差数列,而是由上述的各差构成的等差数列,那么称它们为二阶等差数列。以此类推,我们还有三阶等差数列等。因此这里的数列 1,2,4,8,16,31,57,… 是一个三阶等差数列。可参考华罗庚的著作《从杨辉三角谈起》,人民教育出版社,1964。——译注

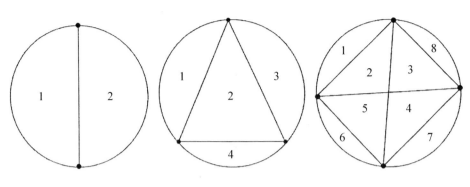

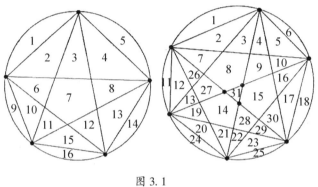

图 3.1

表 3.4

圆上标记点数量	圆被分割出的区域数量
1	1
2	2
3	4
4	8
5	16
6	31
7	57
8	99

请注意,表中列出的区域数量构成了上面一开始看起来不寻常的
数列。

斐波那契差

现在你可能会问：前面所说的与斐波那契数有什么关系？首先，我们知道斐波那契数列的各项之间没有公差。经过前面对数列的讨论，斐波那契数列可能会在你的脑海中"失去合法性"。请不要仓促下结论，让我们先来看看斐波那契数列的相继项之差（表 3.5）。

表 3.5

原数列	1	1	2	3	5	8	13	21	34	55	89	144
一阶差	0	1	1	2	3	5	8	13	21	34	55	
二阶差		0	1	1	2	3	5	8	13	21	34	
三阶差			0	1	1	2	3	5	8	13		
四阶差				0	1	1	2	3	5	8		

用同样的流程检查以上数列，我们很快就会发现，这个差值表的任何一行，都是斐波那契数列。它的出现令人震惊。一阶差、二阶差、三阶差、四阶差……甚至对角线方向，都是斐波那契数列。它似乎在各个方向上自我复制！这种特征是该数列的众多非同寻常特性之一。

如果我们根据斐波那契数的定义（即 $F_{n+1} + F_n = F_{n+2}$），用 $F_n = F_{n+2} - F_{n+1}$ 这一关系来填写表 3.5，那么这个差值表就可以写成如下形式。

斐波那契数列：　　1,1,2,3,5,8,13,…

一阶差数列：　　　0,1,1,2,3,5,8,13,…

二阶差数列：　　　1,0,1,1,2,3,5,8,13,…

三阶差数列：　　　-1,1,0,1,1,2,3,5,8,13,…

四阶差数列：　　　2,-1,1,0,1,1,2,3,5,8,13,…

（请注意，$F_0 = 0, F_{-1} = 1, F_{-2} = -1, \cdots$）

此外，求和所得的数列同样是斐波那契数列，只是有一点错位。

斐波那契数列出现在数列之差中，这是相当惊人的。不过，斐波那契

和的数列

	C1	C2	C3	C4	C5	C6	C7	C8	C9	C10
										4181
									1597	2584
								610	987	1597
							233	377	610	987
						89	144	233	377	610
					34	55	89	144	233	377
				13	21	34	55	89	144	233
$a+b$			5	8	13	21	34	55	89	144
$a\ \ b$		2	3	5	8	13	21	34	55	89
F_n $a\ \ b$	1	1	2	3	5	8	13	21	34	55
$b-a$		0	1	1	2	3	5	8	13	21
			1	0	1	1	2	3	5	8
				-1	1	0	1	1	2	3
					2	-1	1	0	1	1
						-3	2	-1	1	0
							5	-3	2	-1
								-8	5	-3
									13	-8
										-21

差的数列

数列与我们刚刚观察过的其他数列有什么关系呢？或者换一种说法：斐波那契数列与这些看似不相关的数列有关联吗？如果过去为未来埋下伏笔，那么答案应该是预料之外的"是的"。让我们看看能否在下列三个不相关的数列之间建立联系。

2 的幂所构成的数列：

$$1,2,4,8,16,32,64,128,256,512,1024,\cdots$$

圆的分区所构成的数列：

$$1,2,4,8,16,31,57,99,163,256,386,\cdots$$

斐波那契数列：

$$1,1,2,3,5,8,13,21,34,55,89,144,233,\cdots$$

首先,我们来认识一下帕斯卡三角形,它是以法国著名数学家帕斯卡
(Blaise Pascal)的姓氏命名的,他提出了一种"算术三角形"用于辅助研
究概率问题。帕斯卡从小就展现出过人的数学天赋。尽管他小时候被禁
止阅读数学书籍,但他对数学的渴望以及他的天赋都无法被抑制。他运
用自己的创造性思维,独立证明了欧几里得的第 32 个命题,确定了平面
三角形的内角和。为了帮助担任税务专员的父亲处理大量数据,帕斯卡
发明了一种机械计算器(称为帕斯卡计算器或加法器)。1645 年,这种计
算器还被上市销售了。

帕斯卡三角形

1653 年,帕斯卡提出了帕斯卡三角形①,但这一发现在他去世后才得以出版。这个著名的三角形是这样排列数字的:在顶部以 1 开头,然后第二行是 1,1,再然后第三行的两端各有一个 1,并将第二行的两个数相加(1+1=2)得到 2,将这个 2 放置在第二行的两个 1 之间的空隙下方。第四行以相同的方式获得:在两端各放置一个 1 之后,它们之间的两个 3 由其上方(左上和右上)的两个数相加得到,即 1+2=3 和 2+1=3。然后,根据该模式继续写出后续各行。

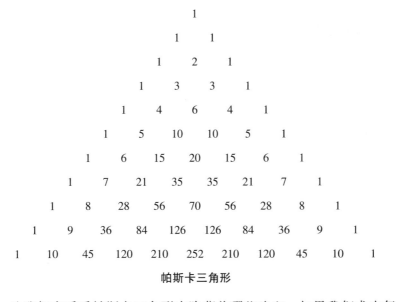

帕斯卡三角形

让我们来看看帕斯卡三角形中隐藏着哪些瑰宝。如果我们求出每行

---

① 阿拉伯数学家哈耶姆(Omar Khayyam)首次描述了这种三角形的数字排列,它第一次公开发表是在中国数学家朱世杰 1303 年的手稿《四元玉鉴》中。不过,在西方世界,人们认为帕斯卡在没有参考任何文献的情况下发现了这个算术三角形。——译注

的所有数之和，就会得到一列底数为2，指数递增的幂，即

$$1 = 1 = 2^0$$

$$1+1 = 2 = 2^1$$

$$1+2+1 = 4 = 2^2$$

$$1+3+3+1 = 8 = 2^3$$

$$1+4+6+4+1 = 16 = 2^4$$

$$1+5+10+10+5+1 = 32 = 2^5$$

$$1+6+15+20+15+6+1 = 64 = 2^6$$

$$1+7+21+35+35+21+7+1 = 128 = 2^7$$

$$1+8+28+56+70+56+28+8+1 = 256 = 2^8$$

$$1+9+36+84+126+126+84+36+9+1 = 512 = 2^9$$

$$1+10+45+120+210+252+210+120+45+10+1 = 1024 = 2^{10}$$

我们将通过帕斯卡三角形把三个数列联系起来，这是其中的第一个关联。

											每行各数之和 （2 的幂）
					1						1
				1		1					2
			1		2		1				4
		1		3		3		1			8
	1		4		6		4		1		16
1		5		10		10		5		1	32
1	6	15	20	15	6	1					64
1	7	21	35	35	21	7	1				128
1	8	28	56	70	56	28	8	1			256
1	9	36	84	126	126	84	36	9	1		512
1	10	45	120	210	252	210	120	45	10	1	1024

现在，我们只考虑图 3.2 中位于粗线右侧的各行数字之和。令人惊讶的是，这里出现了圆分区数列！

$$1,2,4,8,16,31,57,99,163$$

真是太巧了！这样,帕斯卡三角形就为上述前两个数列建立了联系。

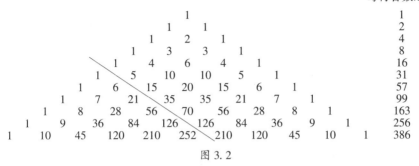

直线右侧的
每行各数之和

图 3.2

帕斯卡三角形包含着许多出乎意料的数字关系,这些关系超出了帕斯卡构建这个三角形的初衷。这种三角形数字排列的普遍性值得我们进一步详细阐述,然后再将第三个数列——斐波那契数列与其他数列联系起来。帕斯卡最初是用它来展示二项式展开式中连续项的系数。

也就是说,将一个形如$(a+b)$的二项式提升到更高的幂次。

$$(a+b)^0 = 1$$
$$(a+b)^1 = a+b$$
$$(a+b)^2 = a^2+2ab+b^2$$
$$(a+b)^3 = a^3+3a^2b+3ab^2+b^3$$
$$(a+b)^4 = a^4+4a^3b+6a^2b^2+4ab^3+b^4$$
$$(a+b)^5 = a^5+5a^4b+10a^3b^2+10a^2b^3+5ab^4+b^5$$
$$(a+b)^6 = a^6+6a^5b+15a^4b^2+20a^3b^3+15a^2b^4+6ab^5+b^6$$
$$(a+b)^7 = a^7+7a^6b+21a^5b^2+35a^4b^3+35a^3b^4+21a^2b^5+7ab^6+b^7$$
$$(a+b)^8 = a^8+8a^7b+28a^6b^2+56a^5b^3+70a^4b^4+56a^3b^5+28a^2b^6+8ab^7+b^8$$
$$(a+b)^9 = a^9+9a^8b+36a^7b^2+84a^6b^3+126a^5b^4+126a^4b^5+84a^3b^6+36a^2b^7+9ab^8+b^9$$
$$(a+b)^{10} = a^{10}+10a^9b+45a^8b^2+120a^7b^3+210a^6b^4+252a^5b^5+210a^4b^6+120a^3b^7+45a^2b^8+10ab^9+b^{10}$$

……

请注意,二项式展开式的系数与帕斯卡三角形各行数字的对应关系。因此,我们不需要将一个多项式反复与自身相乘,便可以快速将其展开。展开式中的变量 a,b 的指数也有一定规律:其中一个指数递减,而另一个指数递增,并且在各项中两个指数之和保持不变,即等于原始二项式的幂指数。①

在这个奇妙的三角形数字排列中,还有许多有趣的现象。考虑图 3.3 中的帕斯卡三角形,其中有各种阴影单元格。

首先,我们注意到三角形两侧单元格数值均为 1:

$$1,1,1,1,1,1,1,1,1,1,1,1,1,1,\cdots$$

在其下方,斜向连线的单元格内是一组连续的自然数:

$$1,2,3,4,5,6,7,8,9,10,11,12,13,\cdots$$

把上述连线再次向下平移一格,就得到三角形数列②:

$$1,3,6,10,15,21,28,36,45,55,66,78,\cdots$$

同一方向的下一个数列是四面体数列③:

$$1,4,10,20,35,56,84,120,165,220,286,\cdots$$

接下来我们将看到一个鲜为人知的数列,它存在于四维空间中,称为五重数:

$$1,5,15,35,70,126,210,330,495,715,\cdots$$

---

① 有些人可能对 $(a+b)^n$ 展开式的通项感兴趣,因此我们在这里补充说明:

$$(a+b)^n = C_n^0 a^n + C_n^1 a^{n-1}b + C_n^2 a^{n-2}b^2 + \cdots + C_n^{n-2}a^2 b^{n-2} + C_n^{n-1}ab^{n-1} + C_n^n b^n$$

其中 $C_n^k = \dfrac{n!}{k! \cdot (n-k)!}$,而 $n! = 1 \times 2 \times 3 \times 4 \times \cdots \times n$。

请注意,我们设定 $C_n^1 = 1$。

例如,为了得到第 8 行的第 4 项,我们计算 $C_n^k = C_7^3 = \dfrac{7!}{3! \times 4!} = \dfrac{4! \times 5 \times 6 \times 7}{3! \times 4!} = \dfrac{5 \times 6 \times 7}{3!} = \dfrac{5 \times 6 \times 7}{1 \times 2 \times 3} = 35$。

顺便说一下,二项式系数 C_n^k 还告诉我们:抛出 n 个硬币,得到 k 个硬币正面朝上的概率是多少。——原注

② 三角形数表示可以排列成等边三角形的点数。——原注

③ 四面体数表示可以排列成正四面体的点数。——原注

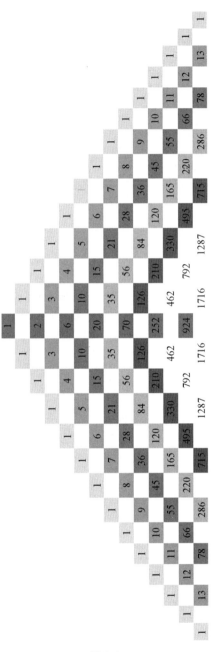

图 3. 3

假设你想要对其中一个数列的前几项求和。你只需要找到准备求和的数列的最后一项所在的单元格，在其右下方（或左下方）的单元格中的数即为所求的和。例如，对三角形数求和（见图 3.4）：

$$1+3+6+10+15+21=56$$

同样地，对四面体数求和：

$$1+4+10+20+35+56+84+120+165+220=715$$

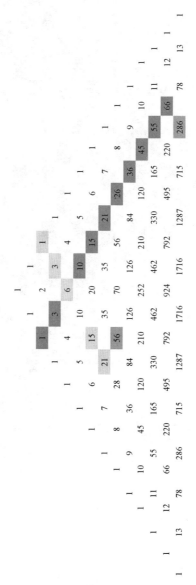

图 3.4

斐波那契数与帕斯卡三角形

现在你一定想知道,斐波那契数隐藏在帕斯卡三角形的什么地方。这难道不是你此时此刻最期待的事?它们似乎无处不在,甚至出现在我们最意料不到的地方。是的,斐波那契数确实嵌在帕斯卡三角形中。请观察图3.5中标出的每条线上的各数之和。斐波那契数就在你的眼前!于是,在帕斯卡三角形的帮助下,我们将三个数列关联起来了。

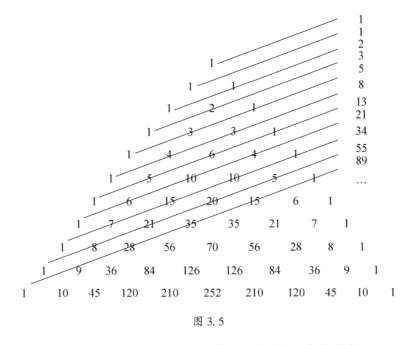

图 3.5

如果我们将这些三角形排列的数靠左对齐,就更容易看清。

					和
1					1
1					1
1	1				2
1	2				3
1	3	1			5
1	4	3			8
1	5	6	1		13
1	6	10	4		21
1	7	15	10	1	34
1	8	21	20	5	55
1	9	28	35	15	1	89
1	10	36	56	35	6	144
1	11	45	84	70	21	1	233
...					

英国数学家诺特(Ron Knott)从斐波那契数得到了一些有趣的发现，他发现斐波那契数在帕斯卡三角形中以各"行"之和的形式出现。

如果我们在写出帕斯卡三角形时，将各行的行首依次向右偏移一位，那么我们就会得到一个更清晰的布局，表明各斐波那契数为各列之和。（见表3.6的最后一行。）

表 3.6

	0	1	2	3	4	5	6	7	8	9	10	11	12	13	14	15	16	17	18
0	1																		
1		1	1																
2			1	2	1														
3				1	3	3	1												
4					1	4	6	4	1										
5						1	5	10	10	5	1								
6							1	6	15	20	15	6	1						
7								1	7	21	35	35	21	7	1				
8									1	8	28	56	70	56	28	8	1		
9										1	9	36	84	126	126	84	36	9	1
10											1	10	45	120	210	252	210	120	45
11												1	11	55	165	330	462	462	330
12													1	12	66	220	495	792	924
13														1	13	78	286	715	1287
14															1	14	91	364	1001
15																1	15	105	455
16																	1	16	120
17																		1	17
18																			1
	1	1	2	3	5	8	13	21	34	55	89	144	233	377	610	987	1597	2584	4181

我们也可以将这一形式的帕斯卡三角形改变一下:将每行复制一份,插入其下方并向右移动一格。然后,我们会发现各列之和同样构成斐波那契数列(见表 3.7)。

表 3.7

	2	3	4	5	6	7	8	9	10	11	12	13	14	15	16	17	18	19	20
0	1																		
		1																	
1		1	1																
			1	1															
2			1	2	1														
				1	2	1													
3				1	3	3	1												
					1	3	3	1											
4					1	4	6	4	1										
						1	4	6	4	1									
5						1	5	10	10	5	1								
							1	5	10	10	5	1							
6							1	6	15	20	15	6	1						
								1	6	15	20	15	6	1					
7								1	7	21	35	35	21	7	1				
									1	7	21	35	35	21	7	1			
8									1	8	28	56	70	56	28	8	1		
										1	8	28	56	70	56	28	8	1	
9										1	9	36	84	126	126	84	36	9	1
											1	9	36	84	126	126	84	36	9
10											1	10	45	120	210	252	210	120	45
												1	10	45	120	210	252	210	120
11												1	11	55	165	330	462	462	330
													1	11	55	165	330	462	462
12													1	12	66	220	495	792	924
														1	12	66	220	495	792
13														1	13	78	286	715	1287
															1	13	78	286	715
14															1	14	91	364	1001
																1	14	91	364
15																1	15	105	455
																	1	15	105
16																	1	16	120
																		1	16
17																		1	17
																			1
18																			1
	1	2	3	5	8	13	21	34	55	89	144	233	377	610	987	1597	2584	4181	6765

让我们再次回看那个靠左对齐的帕斯卡三角形(图3.6),我们能很容易地发现一组很有意思的回文数①:1001,2002,3003,5005,8008。

图 3.6

①　回文数是指无论从左到右还是从右到左,读起来都一样的数。例如3003,或者来自帕斯卡三角形的1331和14 641。——原注

参见《数学奇观——让数学之美带给你灵感和启发》,阿尔弗雷德·S.波萨门蒂著,涂泓译,冯承天译校,上海科技教育出版社,2020。——译注

居住在伦敦的美国数学家辛格马斯特(David Singmaster)分析了诸多趣味数学问题,希望将它们纳入严肃数学的领域。[1] 1971 年,他发现[2]图 3.6 中的第 15 行是唯一出现三个相继数之比为 1:2:3 的行。它们是 1001,2002,3003。不要忘了还有一个巧合:这三个数下方的数也是回文数(3003,5005,8008),它们与 1001 的比值等于斐波那契数!

请注意:$1001 = 1 \times 1001$;$2002 = 2 \times 1001$;$3003 = 3 \times 1001$;$5005 = 5 \times 1001$;$8008 = 8 \times 1001$。

它们的公因数是 1001。

$$1001 \qquad 2002 \qquad 3003$$
$$3003 \qquad 5005$$
$$8008$$

你若急于探寻斐波那契数与帕斯卡三角形之间的关系,可以从以下途径着手。使用我们先前的符号来表示斐波那契数,并考虑将斐波那契数列向负数方向延伸[3],结果如下:

$$\cdots,13,-8,5,-3,2,-1,1,0,1,1,2,3,5,8,13,\cdots$$

我们也可以用帕斯卡三角形中的数来表示斐波那契数:

$F_n = \mathbf{1} \cdot F_n$

$F_{n+1} = \mathbf{1} \cdot F_n + \mathbf{1} \cdot F_{n-1}$

$F_{n+2} = \mathbf{1} \cdot F_n + \mathbf{2} \cdot F_{n-1} + \mathbf{1} \cdot F_{n-2}$

$F_{n+3} = \mathbf{1} \cdot F_n + \mathbf{3} \cdot F_{n-1} + \mathbf{3} \cdot F_{n-2} + \mathbf{1} \cdot F_{n-3}$

$F_{n+4} = \mathbf{1} \cdot F_n + \mathbf{4} \cdot F_{n-1} + \mathbf{6} \cdot F_{n-2} + \mathbf{4} \cdot F_{n-3} + \mathbf{1} \cdot F_{n-4}$

$F_{n+5} = \mathbf{1} \cdot F_n + \mathbf{5} \cdot F_{n-1} + \mathbf{10} \cdot F_{n-2} + \mathbf{10} \cdot F_{n-3} + \mathbf{5} \cdot F_{n-4} + \mathbf{1} \cdot F_{n-5}$

$F_{n+6} = \mathbf{1} \cdot F_n + \mathbf{6} \cdot F_{n-1} + \mathbf{15} \cdot F_{n-2} + \mathbf{20} \cdot F_{n-3} + \mathbf{15} \cdot F_{n-4} + \mathbf{6} \cdot F_{n-5} + \mathbf{1} \cdot F_{n-6}$

$F_{n+7} = \mathbf{1} \cdot F_n + \mathbf{7} \cdot F_{n-1} + \mathbf{21} \cdot F_{n-2} + \mathbf{35} \cdot F_{n-3} + \mathbf{35} \cdot F_{n-4} + \mathbf{21} \cdot F_{n-5} + \mathbf{7} \cdot F_{n-6} + \mathbf{1} \cdot F_{n-7}$

$F_{n+8} = \mathbf{1} \cdot F_n + \mathbf{8} \cdot F_{n-1} + \mathbf{28} \cdot F_{n-2} + \mathbf{56} \cdot F_{n-3} + \mathbf{70} \cdot F_{n-4} + \mathbf{56} \cdot F_{n-5} + \mathbf{28} \cdot F_{n-6} + \mathbf{8} \cdot F_{n-7} + \mathbf{1} \cdot F_{n-8}$

$\cdots$

① 比如魔方。——原注
② *American Mathematical Monthly* 78 (1971):385-386. ——原注
③ 例如表 3.6 之前提到的四阶差数列以及对角线(从左到右)。——原注

乍一看,这可能显得相当刻板和不自然,但请少安毋躁,你可以将斐波那契数代入式中进行验证。

从反向延伸的斐波那契数列可以看出,对于所有自然数 n,都有 $F_0 = 0$,$F_{-2n} = -F_{2n}$,$F_{-2n+1} = F_{2n-1}$。此外,此前确定的递归函数(斐波那契数的实际基础)$F_{k+2} = F_{k+1} + F_k$ 对于所有整数值 k 仍然适用。为了更好地理解这种不寻常的关系,让我们来检查一下 $n=5$ 的情况。

$$F_5 = \mathbf{1} \cdot F_5$$
$$F_6 = \mathbf{1} \cdot F_5 + \mathbf{1} \cdot F_4$$
$$F_7 = \mathbf{1} \cdot F_5 + \mathbf{2} \cdot F_4 + \mathbf{1} \cdot F_3$$
$$F_8 = \mathbf{1} \cdot F_5 + \mathbf{3} \cdot F_4 + \mathbf{3} \cdot F_3 + \mathbf{1} \cdot F_2$$
$$F_9 = \mathbf{1} \cdot F_5 + \mathbf{4} \cdot F_4 + \mathbf{6} \cdot F_3 + \mathbf{4} \cdot F_2 + \mathbf{1} \cdot F_1$$
$$F_{10} = \mathbf{1} \cdot F_5 + \mathbf{5} \cdot F_4 + \mathbf{10} \cdot F_3 + \mathbf{10} \cdot F_2 + \mathbf{5} \cdot F_1 + \mathbf{1} \cdot F_0$$
$$F_{11} = \mathbf{1} \cdot F_5 + \mathbf{6} \cdot F_4 + \mathbf{15} \cdot F_3 + \mathbf{20} \cdot F_2 + \mathbf{15} \cdot F_1 + \mathbf{6} \cdot F_0 + \mathbf{1} \cdot F_{-1}$$
$$F_{12} = \mathbf{1} \cdot F_5 + \mathbf{7} \cdot F_4 + \mathbf{21} \cdot F_3 + \mathbf{35} \cdot F_2 + \mathbf{35} \cdot F_1 + \mathbf{21} \cdot F_0 + \mathbf{7} \cdot F_{-1} + \mathbf{1} \cdot F_{-2}$$
$$F_{13} = \mathbf{1} \cdot F_5 + \mathbf{8} \cdot F_4 + \mathbf{28} \cdot F_3 + \mathbf{56} \cdot F_2 + \mathbf{70} \cdot F_1 + \mathbf{56} \cdot F_0 + \mathbf{28} \cdot F_{-1} + \mathbf{8} \cdot F_{-2} + \mathbf{1} \cdot F_{-3}$$
$$\ldots$$

为了看得更明白,我们将相应的斐波那契数代入上方各式。这样我们就能"生成"斐波那契数。

$$F_5 = 1 \times 5 \qquad\qquad = 5$$
$$F_6 = 1 \times 5 + 1 \times 3 \qquad\qquad = 8$$
$$F_7 = 1 \times 5 + 2 \times 3 + 1 \times 2 \qquad\qquad = 13$$
$$F_8 = 1 \times 5 + 3 \times 3 + 3 \times 2 + 1 \times 1 \qquad\qquad = 21$$
$$F_9 = 1 \times 5 + 4 \times 3 + 6 \times 2 + 4 \times 1 + 1 \times 1 \qquad\qquad = 34$$
$$F_{10} = 1 \times 5 + 5 \times 3 + 10 \times 2 + 10 \times 1 + 5 \times 1 + 1 \times 0 \qquad\qquad = 55$$
$$F_{11} = 1 \times 5 + 6 \times 3 + 15 \times 2 + 20 \times 1 + 15 \times 1 + 6 \times 0 + 1 \times 1 \qquad\qquad = 89$$
$$F_{12} = 1 \times 5 + 7 \times 3 + 21 \times 2 + 35 \times 1 + 35 \times 1 + 21 \times 0 + 7 \times 1 + 1 \times (-1) \qquad\qquad = 144$$
$$F_{13} = 1 \times 5 + 8 \times 3 + 28 \times 2 + 56 \times 1 + 70 \times 1 + 56 \times 0 + 28 \times 1 + 8 \times (-1) + 1 \times 2 \qquad = 233$$
$$\ldots$$

卢卡斯数与帕斯卡三角形

令人意犹未尽的是,帕斯卡三角形还以另一种方式将斐波那契数与第 1 章中提到的卢卡斯数相联系。请回想一下,法国数学家卢卡斯创造的卢卡斯数列虽然运用了与斐波那契数列相同的递归规则,但前者是从 1 和 3 开始的,而不是从 1 和 1 开始。因此卢卡斯得到的数列是 1,3,4,7,11,18,…,而不是斐波那契的 1,1,2,3,5,8,…。表 3.8 所示的是卢卡斯数列。不过,为了增加趣味性,我们将比传统方式早一个数开始这个数列。也就是说,我们不是从第一个卢卡斯数 L_1 开始,而是从 L_0 开始,$L_0 = 2$。

表 3.8

n	L_n
0	2
1	1
2	3
3	4
4	7
5	11
6	18
7	29
8	47
9	76
10	123
11	199
12	322
13	521
14	843
15	1364
16	2207
17	3571
18	5778
19	9349
20	15 127

我们用 L_n 来表示第 n 个卢卡斯数,因此 $L_1=1, L_2=3$(正如我们前面所说,$L_0=2$),且 $L_{n+2}=L_{n+1}+L_n$。

当我们开始将斐波那契数列和卢卡斯数列联系起来时,我们很容易发现一个直接的联系:第 n 个卢卡斯数($n \geqslant 0$)等于第($n-1$)个斐波那契数与第($n+1$)个斐波那契数之和。这可以用符号形式表示为 $L_n=F_{n-1}+F_{n+1}$。

如表 3.9,把数列按要求对齐排列,你就能发现这种关系:

$$L_n=F_{n-1}+F_{n+1}$$

表 3.9

n	0	1	2	3	4	5	6	7	8	9	10	11	12	13	14	15	16	17	18
F_{n+1}		1	2	3	5	8	13	21	34	55	89	144	233	377	610	987	1597	2584	4181
+																			
F_{n-1}			1	1	2	3	5	8	13	21	34	55	89	144	233	377	610	987	1597
=																			
L_n		1	3	4	7	11	18	29	47	76	123	199	322	521	843	1364	2207	3571	5778

因为这两个数列密切相关,所以我们也可以像对待斐波那契数一样,用帕斯卡三角形来表示卢卡斯数。这很合理,并不违和。请记住:$L_0=2$,且对于所有自然数 n,有 $L_{-2n}=L_{2n}, L_{-2n+1}=-L_{2n-1}$。

$L_n=\mathbf{1} \cdot L_n$

$L_{n+1}=\mathbf{1} \cdot L_n+\mathbf{1} \cdot L_{n-1}$

$L_{n+2}=\mathbf{1} \cdot L_n+\mathbf{2} \cdot L_{n-1}+\mathbf{1} \cdot L_{n-2}$

$L_{n+3}=\mathbf{1} \cdot L_n+\mathbf{3} \cdot L_{n-1}+\mathbf{3} \cdot L_{n-2}+\mathbf{1} \cdot L_{n-3}$

$L_{n+4}=\mathbf{1} \cdot L_n+\mathbf{4} \cdot L_{n-1}+\mathbf{6} \cdot L_{n-2}+\mathbf{4} \cdot L_{n-3}+\mathbf{1} \cdot L_{n-4}$

$L_{n+5}=\mathbf{1} \cdot L_n+\mathbf{5} \cdot L_{n-1}+\mathbf{10} \cdot L_{n-2}+\mathbf{10} \cdot L_{n-3}+\mathbf{5} \cdot L_{n-4}+\mathbf{1} \cdot L_{n-5}$

$L_{n+6}=\mathbf{1} \cdot L_n+\mathbf{6} \cdot L_{n-1}+\mathbf{15} \cdot L_{n-2}+\mathbf{20} \cdot L_{n-3}+\mathbf{15} \cdot L_{n-4}+\mathbf{6} \cdot L_{n-5}+\mathbf{1} \cdot L_{n-6}$

$L_{n+7}=\mathbf{1} \cdot L_n+\mathbf{7} \cdot L_{n-1}+\mathbf{21} \cdot L_{n-2}+\mathbf{35} \cdot L_{n-3}+\mathbf{35} \cdot L_{n-4}+\mathbf{21} \cdot L_{n-5}+\mathbf{7} \cdot L_{n-6}+\mathbf{1} \cdot L_{n-7}$

$L_{n+8}=\mathbf{1} \cdot L_n+\mathbf{8} \cdot L_{n-1}+\mathbf{28} \cdot L_{n-2}+\mathbf{56} \cdot L_{n-3}+\mathbf{70} \cdot L_{n-4}+\mathbf{56} \cdot L_{n-5}+\mathbf{28} \cdot L_{n-6}+\mathbf{8} \cdot L_{n-7}+\mathbf{1} \cdot L_{n-8}$

……

此外,递归公式 $L_{n+2}=L_{n+1}+L_n$(这是卢卡斯数的基础)对于所有整数 n 仍然适用,参见表 3.10。

表 3.10

n	L_n
0	2
−1	−1
−2	3
−3	−4
−4	7
−5	−11
−6	18
−7	−29
−8	47
−9	−76
−10	123
−11	−199
−12	322
−13	−521
−14	843
−15	−1364
−16	2207
−17	−3571

我们现在准备去体验帕斯卡三角形与具体的卢卡斯数之间的美妙关系。为此,我们取 $n=5$,然后将具体的卢卡斯数代入之前用帕斯卡三角形表示的卢卡斯数,这样我们就下面的卢卡斯数列,其右侧便是生成的卢卡

斯数。

$$L_5 = 1 \times 11 \qquad\qquad\qquad\qquad\qquad\qquad\qquad = 11$$

$$L_6 = 1 \times 11 + 1 \times 7 \qquad\qquad\qquad\qquad\qquad\qquad = 18$$

$$L_7 = 1 \times 11 + 2 \times 7 + 1 \times 4 \qquad\qquad\qquad\qquad\quad = 29$$

$$L_8 = 1 \times 11 + 3 \times 7 + 3 \times 4 + 1 \times 3 \qquad\qquad\qquad\quad = 47$$

$$L_9 = 1 \times 11 + 4 \times 7 + 6 \times 4 + 4 \times 3 + 1 \times 1 \qquad\qquad\quad = 76$$

$$L_{10} = 1 \times 11 + 5 \times 7 + 10 \times 4 + 10 \times 3 + 5 \times 1 + 1 \times 2 \qquad = 123$$

$$L_{11} = 1 \times 11 + 6 \times 7 + 15 \times 4 + 20 \times 3 + 15 \times 1 + 6 \times 2 + 1 \times (-1) \qquad = 199$$

$$L_{12} = 1 \times 11 + 7 \times 7 + 21 \times 4 + 35 \times 3 + 35 \times 1 + 21 \times 2 + 7 \times (-1) + 1 \times 3 \qquad = 322$$

$$L_{13} = 1 \times 11 + 8 \times 7 + 28 \times 4 + 56 \times 3 + 70 \times 1 + 56 \times 2 + 28 \times (-1) + 8 \times 3 + 1 \times (-4) \qquad = 521$$

......

我们也可以用同样的方法得到初始的卢卡斯数。考虑 $n = 1$ 的情况，并将相应的卢卡斯数代入之前用帕斯卡三角形表示的卢卡斯数，于是我们就会得到下面的卢卡斯数列，其右边便是生成的卢卡斯数。

$$L_1 = 1 \times 1 \qquad\qquad\qquad\qquad\qquad\qquad\qquad = 1$$

$$L_2 = 1 \times 1 + 1 \times 2 \qquad\qquad\qquad\qquad\qquad\qquad = 3$$

$$L_3 = 1 \times 1 + 2 \times 2 + 1 \times (-1) \qquad\qquad\qquad\qquad = 4$$

$$L_4 = 1 \times 1 + 3 \times 2 + 3 \times (-1) + 1 \times 3 \qquad\qquad\quad = 7$$

$$L_5 = 1 \times 1 + 4 \times 2 + 6 \times (-1) + 4 \times 3 + 1 \times (-4) \qquad = 11$$

$$L_6 = 1 \times 1 + 5 \times 2 + 10 \times (-1) + 10 \times 3 + 5 \times (-4) + 1 \times 7 \qquad = 18$$

$$L_7 = 1 \times 1 + 6 \times 2 + 15 \times (-1) + 20 \times 3 + 15 \times (-4) + 6 \times 7 + 1 \times (-11) \qquad = 29$$

$$L_8 = 1 \times 1 + 7 \times 2 + 21 \times (-1) + 35 \times 3 + 35 \times (-4) + 21 \times 7 + 7 \times (-11) + 1 \times 18 \qquad = 47$$

$$L_9 = 1 \times 1 + 8 \times 2 + 28 \times (-1) + 56 \times 3 + 70 \times (-4) + 56 \times 7 + 28 \times (-11) + 8 \times 18 + 1 \times (-29) \qquad = 76$$

......

为了保持一致，我们希望在帕斯卡三角形中找到卢卡斯数。为此，我们将对原始帕斯卡三角形略作修改：将最右边的 1 全部替换为 2，然后模仿原始帕斯卡三角形进行计算，以生成其余的数，见图 3.7。我们称之为第二类帕斯卡三角形。

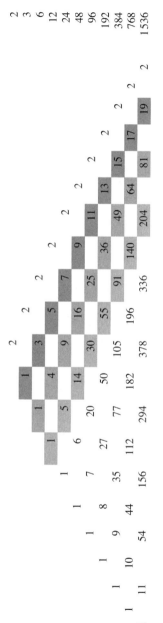

图 3.7

在寻找卢卡斯数之前,我们先观察一下这类帕斯卡三角形的一些有趣特征。如果你观察图 3.7 中沿斜线方向的数列,就能看到奇数列、平方数列和四棱锥数列。此外,如果你沿另一个斜线方向观察,你会发现一个等差数列,然后是一些差值逐渐递增的数列,这是帕斯卡三角形构造方式的一个必然结果。

既然我们在原始帕斯卡三角形中发现了斐波那契数,那么我们也将在第二类帕斯卡三角形中寻找卢卡斯数。请注意,要找到卢卡斯数,应该对图 3.8 中标出的直线上的所有数求和。这类似于我们在帕斯卡三角形中寻找斐波那契数的做法。

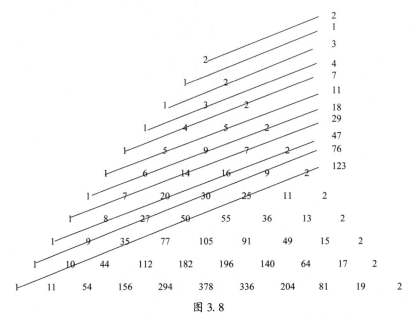

图 3.8

如果我们将这些呈三角形排列的数靠左对齐(如表 3.11),就可以通过计算各列之和来生成卢卡斯数。

表 3. 11

	0	1	2	3	4	5	6	7	8	9	10	11	12	13	14	15	16	17	18
0	2																		
1		1	2																
2			1	3	2														
3				1	4	5	2												
4					1	5	9	7	2										
5						1	6	14	16	9	2								
6							1	7	20	30	25	11	2						
7								1	8	27	50	55	36	13	2				
8									1	9	35	77	105	91	49	15	2		
9										1	10	44	112	182	196	140	64	17	2
10											1	11	54	156	294	378	336	204	81
11												1	12	65	210	450	672	714	540
12													1	13	77	275	660	1122	1386
13														1	14	90	352	935	1782
14															1	15	104	442	1287
15																1	16	119	546
16																	1	17	135
17																		1	18
18																			1
	2	1	3	4	7	11	18	29	47	76	123	199	322	521	843	1364	2207	3571	5778

如果我们像之前处理帕斯卡三角形中的斐波那契数列那样,将每行复制再插入其下方并向右平移一格,那么我们就可以通过对列求和同样生成卢卡斯数,如表 3. 12 所示。

表 3. 12

	0	1	2	3	4	5	6	7	8	9	10	11	12	13	14	15	16	17	18
0	**2**																		
		2																	
1		**1**	**2**																
			1	2															
2		**1**	**3**	**2**															
			1	3	2														
3		**1**	**4**	**5**	**2**														
			1	4	5	2													
4		**1**	**5**	**9**	**7**	**2**													
			1	5	9	7	2												
5		**1**	**6**	**14**	**16**	**9**	**2**												
			1	6	14	16	9	2											
6		**1**	**7**	**20**	**30**	**25**	**11**	**2**											
			1	7	20	30	25	11	2										
7		**1**	**8**	**27**	**50**	**55**	**36**	**13**	**2**										
			1	8	27	50	55	36	13	2									
8		**1**	**9**	**35**	**77**	**105**	**91**	**49**	**15**	**2**									
			1	9	35	77	105	91	49	15	2								
9		**1**	**10**	**44**	**112**	**182**	**196**	**140**	**64**	**17**	**2**								
			1	10	44	112	182	196	140	64	17								
10											**1**	**11**	**54**	**156**	**294**	**378**	**336**	**204**	**81**
												1	11	54	156	294	378	336	204
11												**1**	**12**	**65**	**210**	**450**	**672**	**714**	**540**
													1	12	65	210	450	672	714
12													**1**	**13**	**77**	**275**	**660**	**1122**	**1386**
														1	13	77	275	660	1122
13														**1**	**14**	**90**	**352**	**935**	**1782**
															1	14	90	352	935
14															**1**	**15**	**104**	**442**	**1287**
																1	15	104	442
15																**1**	**16**	**119**	**546**
																	1	16	119
16																	**1**	**17**	**135**
																		1	17
17																		**1**	**18**
																			1
18																			**1**
	(2)	3	4	7	11	18	29	47	76	123	199	322	521	843	1364	2207	3571	5778	9349

正如我们刚刚看到的那样,数列并不总是像我们第一印象所预期的那样。即使看起来毫不相关的数列,也可能是有关联的。我们已经用帕斯卡三角形使一些看起来完全不相关的数列彼此有了关联。斐波那契数列和许多其他耳熟能详的数列都嵌在帕斯卡三角形之中。经过修改的帕斯卡三角形将卢卡斯数列与其他常见数列联系了起来。这表明斐波那契数列和卢卡斯数列之间存在着一种很紧密的联系。神奇的数列之旅刚刚启航,请与我们一起探索吧!

第4章 斐波那契数列和黄金分割比

现在,我们考虑斐波那契数的几何表现。斐波那契数的美已经在许多领域得到了展现。接下来,我们将展示斐波那契数和黄金分割比之间的关系。黄金分割比通常会在黄金分割、黄金矩形、黄金三角形以及其他相关图形中观察到。① 无论如何,这次几何之旅是值得一走的!

---

① 严格地说,黄金分割指的是将单位长度 1 分为两部分,使其中较大部分 x 与 1 的比值等于较小部分 $1-x$ 与较大部分 x 的比值,即 $\dfrac{x}{1}=\dfrac{1-x}{x}$。这个二次方程的正值解为 $x=\dfrac{\sqrt{5}-1}{2}$。若把上述比值记为 $\dfrac{1}{\phi}$,则有 $\dfrac{1}{\phi}=\dfrac{x}{1}=\dfrac{\sqrt{5}-1}{2}$,于是 $\phi=\dfrac{1}{\phi}+1$ 就是黄金分割比。黄金分割与黄金分割比有如此密切的关系,以至于两者经常混用。本书作者有时也是在此意义上使用两者的。——译注

斐波那契比

在以前的章节中，我们将斐波那契数列视为一个整体，而不是一个个孤立的数。我们注意到斐波那契数列与其他数列存在一定的联系，而这些数列初看似乎都与斐波那契数列完全无关。现在，我们将考察斐波那契数列中的相继项之间的关系。这种关系主要体现在相继项的比值。我们可以看到，随着各项数值变得越来越大，相继项的比值看来好像越来越趋近一个特定的数。那么，这些比值所趋近的是哪个数？

$$\frac{F_2}{F_1} = \frac{1}{1} = 1$$

$$\frac{F_3}{F_2} = \frac{2}{1} = 2$$

$$\frac{F_4}{F_3} = \frac{3}{2} = 1.5$$

$$\frac{F_5}{F_4} = \frac{5}{3} = 1.\dot{6}$$

$$\frac{F_6}{F_5} = \frac{8}{5} = 1.6$$

$$\frac{F_7}{F_6} = \frac{13}{8} = 1.625$$

$$\frac{F_8}{F_7} = \frac{21}{13} = 1.\dot{6}1538\dot{4}$$

$$\frac{F_9}{F_8} = \frac{34}{21} = 1.\dot{6}1904\dot{7}$$

$$\frac{F_{10}}{F_9} = \frac{55}{34} = 1.6\dot{1}7\,647\,058\,823\,529\,4\dot{1}$$

$$\frac{F_{11}}{F_{10}} = \frac{89}{55} = 1.6\dot{1}\dot{8}$$

$$\frac{F_{12}}{F_{11}} = \frac{144}{89}$$

$$= 1.\dot{6}17\ 977\ 528\ 089\ 887\ 640\ 449\ 438\ 202\ 247\ 191\ 011\ 235\ 955\ 0\dot{5}$$

$$\frac{F_{13}}{F_{12}} = \frac{233}{144} = 1.\dot{6}18\ 0\dot{5}$$

$$\frac{F_{14}}{F_{13}} = \frac{377}{233} = 1.618\ 025\ 751\ 072\ 961\ 373\ 390\ 557\ 939\ 914\ 2\cdots①$$

我们还可以逆序地考虑斐波那契数列中的各数之比。请观察一下表4.1中的两组比值。你能看出它们各自趋近的数有什么奇特之处吗？随着数值的增大，极值变得越来越明显了。

表 4.1　相继斐波那契数之比②

$\dfrac{F_{n+1}}{F_n}$	$\dfrac{F_n}{F_{n+1}}$
$\dfrac{1}{1} = 1.000\ 000\ 000$	$\dfrac{1}{1} = 1.000\ 000\ 000$
$\dfrac{2}{1} = 2.000\ 000\ 000$	$\dfrac{1}{2} = 0.500\ 000\ 000$
$\dfrac{3}{2} = 1.500\ 000\ 000$	$\dfrac{2}{3} = 0.666\ 666\ 667$
$\dfrac{5}{3} = 1.666\ 666\ 667$	$\dfrac{3}{5} = 0.600\ 000\ 000$
$\dfrac{8}{5} = 1.600\ 000\ 000$	$\dfrac{5}{8} = 0.625\ 000\ 000$

---

① $\dfrac{377}{233}$ 展开为小数后的循环节为 61802575107296137339055793991416309012875536480686695278699570815450643776824034334763948497854077253218884120171673819742489270386266094420600858369098712446351931330472103004291845493562231759656652360515021459227467811158798283 2，然后这一节无限重复。节长为 232（ =233−1）。——原注

② 四舍五入至小数点后 9 位。——原注

$\dfrac{F_{n+1}}{F_n}$	$\dfrac{F_n}{F_{n+1}}$
$\dfrac{13}{8} = 1.625\,000\,000$	$\dfrac{8}{13} = 0.615\,384\,615$
$\dfrac{21}{13} = 1.615\,384\,615$	$\dfrac{13}{21} = 0.619\,047\,619$
$\dfrac{34}{21} = 1.619\,047\,619$	$\dfrac{21}{34} = 0.617\,647\,059$
$\dfrac{55}{34} = 1.617\,647\,059$	$\dfrac{34}{55} = 0.618\,181\,818$
$\dfrac{89}{55} = 1.618\,181\,818$	$\dfrac{55}{89} = 0.617\,977\,528$
$\dfrac{144}{89} = 1.617\,977\,528$	$\dfrac{89}{144} = 0.618\,055\,556$
$\dfrac{233}{144} = 1.618\,055\,556$	$\dfrac{144}{233} = 0.618\,025\,751$
$\dfrac{377}{233} = 1.618\,025\,751$	$\dfrac{233}{377} = 0.618\,037\,135$
$\dfrac{610}{377} = 1.618\,037\,135$	$\dfrac{377}{610} = 0.618\,032\,787$
$\dfrac{987}{610} = 1.618\,032\,787$	$\dfrac{610}{987} = 0.618\,034\,448$

　　左右两列各自趋近某个特定的数（右列比左列滞后一项）。左列似乎在趋近 1.618 03…，而右列似乎在趋近 0.618 03…。当比例中的数值变得非常大时，我们可以得出结论：$\dfrac{F_{n+1}}{F_n} = \dfrac{F_{n-1}}{F_n} + 1$。随着数值变得越来越大，我们在表 4.1 中观察到的右列滞后影响变得微不足道。因此，我们可以说，一般而言，$\dfrac{F_{n+1}}{F_n} \approx \dfrac{F_n}{F_{n+1}} + 1$。当斐波那契数达到无限"大"时，这个比例就是黄金分割比。

黄金分割比

这个比例的极限也许是数学中最著名的数之一。按照惯例,用希腊字母 φ 来表示该比例。有理由相信,之所以使用字母 φ,是因为它是希腊著名雕塑家菲狄亚斯(Phidias)[①]名字的首字母,菲狄亚斯创作了奥林匹亚神庙中著名的宙斯雕像,并督造了希腊雅典的帕台农神庙。他在这座辉煌的建筑中频繁使用黄金分割比(见第 7 章),这可能就是用他的名字来表示黄金分割比的原因。

φ 的一个更准确的估值如下:φ ≈ 1. 618 033 988 749 894 848 204 586 834 365 6,这就是表 4.1 中的那些斐波那契数比值所趋近的更为精确的值。我们可以从这张表中观察到的独特特征是 $\phi = \dfrac{1}{\phi} + 1$,或 $\dfrac{1}{\phi} = \phi - 1$。这样,我们就可以根据上面给出的 φ 值计算出 φ 的倒数值,只须用 φ 减去 1 即可得到 $\dfrac{1}{\phi} = 0. 618\ 033\ 988\ 749\ 894\ 848\ 204\ 586\ 834\ 365\ 6\cdots$。事实上,这是唯一能满足这种关系的数,不应将其与普遍成立的数学关系 $\phi \cdot \dfrac{1}{\phi} = 1$ 相混淆。后者显然适用于除零以外的所有数。

对于那些追求更精确的 φ 值的人,以下提供精确到 1000 位的 φ 值:

φ = 1. 6180339887498948482045868343656381177203091798057628 6213
5448622705260462818902449707207204189391137484754088075386
8917521266338622235369317931800607667263544333890865959395
8290563832266131992829026788067520876689250171169620703222
1043216269548626296313614438149758701220340805887954454749
2461856953648644492410443207713449470495658467885098743394
4221254487706647809158846074998871240076521705751797883416
6256249407589069704000281210427621771117778053153171410117

---

① 写成希腊语是:ΦΣΙΔΙΑΣ。——原注

04666599146697987317613560067087480710131795236894275219 48

43530567830022878569978297783478458782289110976250030269 61

56170025046433824377648610283831268330372429267526311653 39

24731671112115881863851331620384005222165791286675294654 90

68113171599343235973494985090409476213222981017261070596 11

64562990981629055520852479035240602017279974717534277759 27

78625619432082750513121815628551222480939471234145170223 73

58057727861600868838295230459264787801788992199027077690 38

95321968198615143780314997411069260886742962267575605231 72

777520353613936

　　因为 φ 和 $\dfrac{1}{\phi}$ 之间的关系如此惊人，所以我们要再说一遍（为了强调，也为了重申我们的惊讶），这两个值的小数部分是相同的。

$\dfrac{1}{\phi}$ = 0. 61803398874989484820458683436563811772030917980576286213

5448622705260462818902449707207204189391137484754088075386

8917521266338622235369317931800607667263544333890865959395

8290563832266131992829026788067520876689250171169620703222

10432162695486262963136144381497587012203408058879544547 49

24618569536486444924104432077134494704956584678850987433 94

42212544877066478091588460749988712400765217057517978834 16

62562494075890697040002812104276217711177780531531714101 17

04666599146697987317613560067087480710131795236894275219 48

43530567830022878569978297783478458782289110976250030269 61

56170025046433824377648610283831268330372429267526311653 39

24731671112115881863851331620384005222165791286675294654 90

68113171599343235973494985090409476213222981017261070596 11

64562990981629055520852479035240602017279974717534277759 27

78625619432082750513121815628551222480939471234145170223 73

58057727861600868838295230459264787801788992199027077690 38

95321968198615143780314997411069260886742962267575605231727775 20353613936

它们不是循环小数①，而是无理数。这两个数相差 1，因此我们得到 $\frac{1}{\phi}=\phi-1$。为了进一步充实 ϕ 与斐波那契数之间的联系，让我们暂时回到初等代数，求解方程 $\frac{1}{\phi}=\phi-1$。

如果我们将方程的两边同乘 ϕ，就得到

$$1=\phi^2-\phi$$

于是

$$\phi^2-\phi-1=0$$

应用求根公式，我们得到

$$\phi=\frac{1\pm\sqrt{5}}{2}$$

其正数解为

$$\phi=\frac{1+\sqrt{5}}{2}=1.618\ 033\ 988\ 749\ 894\ 848\ 204\ 586\ 834\ 365\ 6\cdots$$

为了验证上文的假设，即关系 $\frac{1}{\phi}=\phi-1$ 确实成立，我们可以计算出

$$\frac{1}{\phi}=\frac{2}{\sqrt{5}+1}=\frac{\sqrt{5}-1}{2}=0.618\ 033\ 988\ 749\ 894\ 848\ 204\ 586\ 834\ 365\ 64\cdots$$

这就证实了我们关于倒数关系的猜想。因此，不仅有 $\phi\cdot\frac{1}{\phi}=1$（这是显而易见的），而且还有 $\frac{1}{\phi}=\phi-1$。

请记住，ϕ 和 $\frac{1}{\phi}$ 是方程 $x^2-x-1=0$ 的两个根，我们稍后将研究这一性质。

---

① 循环小数是有一段小数最终会无限重复的小数。——原注

黄金分割比的幂

研究 ϕ 的幂会得到一些有趣的结果。它们会进一步将斐波那契数与 ϕ 联系起来。为此，我们首先必须求出 ϕ^2。

$$\phi^2 = \left(\frac{\sqrt{5}+1}{2}\right)^2 = \frac{5+2\sqrt{5}+1}{4} = \frac{2\sqrt{5}+6}{4} = \frac{\sqrt{5}+3}{2} = \frac{\sqrt{5}+1}{2}+1 = \phi+1$$

现在，我们用 $\phi^2 = \phi+1$ 这个关系来检查 ϕ 的高阶次幂，将它们一一展开。乍一看，这件事似乎很复杂，但实际上并非如此。请你逐步跟进（这真的不难，但是非常值得），然后将其推广到 ϕ 的更高次幂。

$$\phi^3 = \phi \cdot \phi^2 = \phi(\phi+1) = \phi^2+\phi = (\phi+1)+\phi = 2\phi+1$$

$$\phi^4 = \phi^2 \cdot \phi^2 = (\phi+1)(\phi+1) = \phi^2+2\phi+1 = (\phi+1)+2\phi+1 = 3\phi+2$$

$$\phi^5 = \phi^3 \cdot \phi^2 = (2\phi+1)(\phi+1) = 2\phi^2+3\phi+1 = 2(\phi+1)+3\phi+1 = 5\phi+3$$

$$\phi^6 = \phi^3 \cdot \phi^3 = (2\phi+1)(2\phi+1) = 4\phi^2+4\phi+1 = 4(\phi+1)+4\phi+1 = 8\phi+5$$

$$\phi^7 = \phi^4 \cdot \phi^3 = (3\phi+2)(2\phi+1) = 6\phi^2+7\phi+2 = 6(\phi+1)+7\phi+2 = 13\phi+8$$

$$\cdots$$

至此，你应该能够看出一种模式逐渐浮现出来。当我们取 ϕ 的高阶次幂时，其最终结果总是等于 ϕ 的整数倍加上一个常数。进一步的研究表明，ϕ 的幂展开中的系数和常数都是斐波那契数。不仅如此，它们还是按照斐波那契数列的顺序排列的，因此你应该能够延伸下去，正如我们下方展示的那样，得到 ϕ 的各阶幂的展开式。

$$\phi = 1\phi+0 \qquad \phi^6 = 8\phi+5$$
$$\phi^2 = 1\phi+1 \qquad \phi^7 = 13\phi+8$$
$$\phi^3 = 2\phi+1 \qquad \phi^8 = 21\phi+13$$
$$\phi^4 = 3\phi+2 \qquad \phi^9 = 34\phi+21$$
$$\phi^5 = 5\phi+3 \qquad \phi^{10} = 55\phi+34$$
$$\vdots$$

瞧！斐波那契数列在你最意想不到的地方再一次出现了！展开式中，不仅 ϕ 的系数构成斐波那契数列，而且常数项也构成斐波那契数列。此外，我们可以将 ϕ 的所有幂转化成线性形式：$\phi^n = a\phi + b$，其中 a 和 b 是两个特殊的整数——斐波那契数。

黄金矩形

几个世纪以来,艺术家和建筑师已经选定他们眼中最完美的矩形。这种理想的矩形通常被称为"黄金矩形",也被证明是最赏心悦目的矩形。黄金矩形的宽(w)与长(l)之比为 $\dfrac{w}{l} = \dfrac{l}{w+l}$。

这种矩形的魅力已经被大量的心理实验证实。例如,德国实验心理学家费希纳(Gustav Fechner)受到蔡辛的著作《黄金分割》的启发,开始认真研究黄金矩形是否具有特殊的心理审美魅力。他的成果发表于1876年。① 费希纳对各种常见的矩形物品,扑克牌、写字板、书籍、窗户等,进行了数千次测量。他发现大多数矩形的长宽比都接近于 φ。他还测试了人们的偏好,发现大多数人比较喜欢黄金矩形。

费希纳采取的方式是询问228名男性和119名女性:在下列矩形中哪一个从审美角度看最令人愉悦?请看图4.1,如果要从中选出一个看起来最令人愉悦的矩形,你会选择哪一个?1:1的矩形太像一个正方形,一般人认为它不能代表"矩形",毕竟,这就是一个正方形!而2:5的矩形(另一个极端)看起来不舒服,因为它需要眼睛去水平扫描。最后,考虑一下那个21:34的矩形,它一下子就能抓住眼球,因此在美学上更加令人愉悦。费希纳的研究似乎证明了这一点。

表4.2是费希纳的研究成果。

---

① Gustav Theodor Fechner, *Zur experimentalen Ästhetik* (*On Experimental Aesthetics*) (Leipzig, Germany: Breitkopf & Härtl, 1876). ——原注

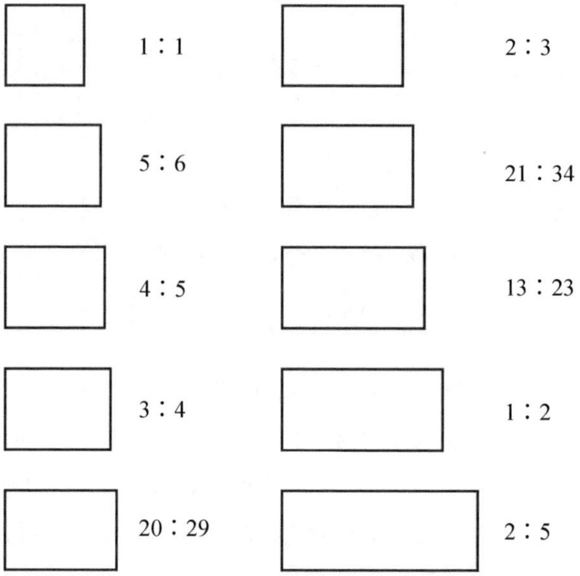

1：1		2：3
5：6		21：34
4：5		13：23
3：4		1：2
20：29		2：5

图 4.1　费希纳的矩形

表 4.2

矩形的宽与长之比	评价	
	最佳矩形的百分比/%	最差矩形的百分比/%
1：1 = 1.000 00	3.0	27.8
5：6 = 0.833 33	0.2	19.7
4：5 = 0.800 00	2.0	9.4
3：4 = 0.750 00	2.5	2.5
20：29 = 0.689 66	7.7	1.2
2：3 = 0.666 67	20.6	0.4
21：34 = 0.617 65	**35.0**	**0.0**
13：23 = 0.565 22	20.0	0.8
1：2 = 0.500 00	7.5	2.5
2：5 = 0.400 00	1.5	35.7
	100.00	100.00

经过不同的实验方法多次验证，费希纳的结论得到了进一步的支持。例如，1917 年，美国心理学家、教育家桑代克（Edward Lee Thorndike）进行了类似的实验，得出了类似的结果。

一般来说，比例为 21∶34 的矩形最受青睐。这两个数看起来眼熟吗？是的，我们再次遇见了斐波那契数。比值 $\frac{21}{34}=0.\dot{6}17\ 647\ 058\ 235\ 294\ \dot{1}$ 接近 $\frac{1}{\phi}$ 的值，因此，这就是黄金矩形。

考虑一个矩形（图 4.2），它的长 l 和宽 w 符合关系：$\frac{w}{l}=\frac{l}{w+l}$。

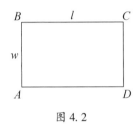

图 4.2

将这个比例式交叉相乘，我们得到 $w(w+l)=l^2$，即 $w^2+wl-l^2=0$。

令 $l=1$，可得 $w^2+w-1=0$。

应用二次方程求根公式①，我们得出 $w=\frac{-1+\sqrt{5}}{2}$，因为我们讨论的是长度，所以负值在这里没有意义。

于是，$w=\frac{-1+\sqrt{5}}{2}=\frac{\sqrt{5}-1}{2}=\frac{1}{\phi}$，黄金分割比再次出现。

这与前面给出 $\frac{1}{\phi}$ 的值是一样的。因此现在我们知道这个矩形的两边之比是

---

① 根据代数课程中给出的二次方程求根公式，对于一般二次方程 $ax^2+bx+c=0(a\neq 0)$，有 $x=\frac{-b\pm\sqrt{b^2-4ac}}{2a}$。——原注

$$\frac{w}{l} = \frac{l}{w+l} = \frac{1}{\phi} = \frac{\sqrt{5}-1}{2} \text{ 或 } \frac{l}{w} = \frac{w+l}{l} = \phi = \frac{\sqrt{5}+1}{2}$$

这是一个黄金矩形。

让我们看看如何使用传统的欧几里得工具(一把无刻度的直尺和一支圆规,以下简称尺规作图)作出这个矩形(另一种方法是使用一种计算机几何作图软件,如几何画板)。当宽为 1 个单位时,我们的目标是作出 $\frac{\sqrt{5}+1}{2}$ 的长边,使得长宽比为 ϕ,即 $\frac{\sqrt{5}+1}{2}$。

作黄金矩形的一个比较简单的方法,是从一个正方形 $ABEF$ 开始(见图 4.3),其中 M 是线段 AF 的中点。然后以线段 ME 的长为半径、M 为圆心,作一个圆,与 AF 的延长线相交于 D。在 D 处作 AD 的垂线,与 BE 的延长线相交于 C。你会发现我们现在得到的四边形 $ABCD$ 就是一个黄金矩形。

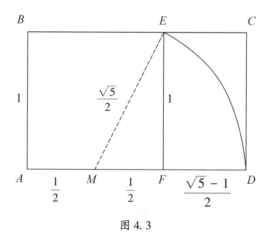

图 4.3

让我们来验证图 4.3 确实是一个黄金矩形。在不失一般性的情况下,我们令正方形 $ABEF$ 为一个单位正方形,因此 $EF = AF = 1$,$MF = \frac{1}{2}$。

我们对 $\triangle MFE$ 应用毕达哥拉斯定理①,就能得出 $ME=\dfrac{\sqrt{5}}{2}$。

因此,$AD=\dfrac{\sqrt{5}+1}{2}$。

为了验证四边形 $ABCD$ 是一个黄金矩形,我们想证明它的宽与长之比符合前面提到过的那个关系,即 $\dfrac{CD}{AD}=\dfrac{AD}{CD+AD}$。我们把上面求得的长和宽代入这个比例式,就可以得到

$$\frac{1}{\dfrac{\sqrt{5}+1}{2}}=\frac{\dfrac{\sqrt{5}+1}{2}}{1+\dfrac{\sqrt{5}+1}{2}}$$

这确实是一个等式!

受人尊敬的天文学家、数学家开普勒(Johannes Kepler)说过:"几何学中有两大宝藏:其一是毕达哥拉斯定理,其二是黄金分割。我们可以把前者比作大量黄金,后者可以称为一颗无价的宝石。"

由于人们喜欢把各种数学现象相互联系起来,因此我们应该知道:达德利(Underwood Dudley)②为黄金分割比与 π 搭建起了"巧妙"联系。他证明了下面这个近似关系是很精确的,但仅此而已。

───────────────

① 应用毕达哥拉斯定理可以得出

$$ME^2=MF^2+EF^2$$
$$ME^2=\left(\frac{1}{2}\right)^2+1^2$$
$$ME^2=\frac{5}{4}$$
$$ME=\frac{\sqrt{5}}{2} \quad\text{──原注}$$

毕达哥拉斯定理,即我们所说的勾股定理。在西方,相传由古希腊的毕达哥拉斯首先证明。而在中国,相传商代时由商高发现。——译注

② *Mathematical Cranks*(Washington,DC:Mathematical Association of America,1992).——原注

$$3.141\ 592\ 653\ 589\ 793\ 238\ 4\cdots=\pi\approx\frac{6}{5}\phi^2=3.141\ 640\ 786\ 499\ 873\ 817\ 8\cdots$$

既然我们还要继续将各种数值联系起来,那么请考虑一下数学中最著名的关系之一。它是由历史上最多产的数学家之一——欧拉(Leonhard Euler)发现的。这种关系的美妙之处在于:用一个简单的等式囊括数学中最重要的数值。

这个等式就是 $e^{\pi i}+1=0$①,其中 e 是自然对数的底数(欧拉数),π 是圆的周长与其直径之比,i 是复数的虚数单位(-1 的平方根,即 $\sqrt{-1}$),1 是自然数的单位(所有大于 0 的自然数都是通过 1 和加法产生的),0 是加法中的零元素。请注意,其中漏掉了 ϕ。但是,我们可以解决这个问题!

我们知道 $\phi=\dfrac{\sqrt{5}+1}{2}$,而 $1=-e^{\pi i}$(根据欧拉等式)。只要将 $\phi=\dfrac{\sqrt{5}+1}{2}$ 中的 1 替换为 $(-e^{\pi i})$,就可以将 ϕ 纳入等式,从而得到

$$\phi=\frac{\sqrt{5}-e^{\pi i}}{2}$$

现在我们就有了一个精确的公式,将 ϕ 与 π、e、i 联系起来。

---

① 参见《优雅的等式——欧拉公式与数学之美》,戴维·斯蒂普著,涂泓、冯承天译,人民邮电出版社,2018。——译注

黄金分割的作图方法

除了图 4.3 所示的那种方法以外,用尺规作图画出黄金分割比的方法还有很多。每种方法都展现出在寻求黄金分割比的过程中,有多少美妙的几何关系发挥了作用。我们将就其中的一部分进行阐述。第一种方法如图 4.4 所示,它的贡献者是亚历山大城的海伦(Hero of Alexandria)。

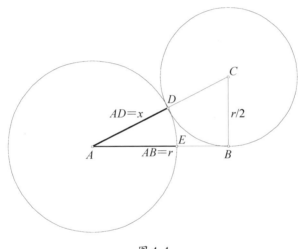

$AD=x$

$AB=r$

$r/2$

图 4.4

图 4.4 展示了如何通过作图来将线段 AB 进行黄金分割。从 AB 开始,作 $BC \perp AB$,其中 $BC = \dfrac{AB}{2}$。然后以 C 为圆心、CB 为半径作一个圆,与 Rt$\triangle ABC$ 的斜边相交于点 D。以 A 为圆心、AD 为半径作一个圆,与 $\triangle ABC$ 的 AB 边相交于点 E,这样就完成了作图。点 E 就是线段 AB 的黄金分割点。对 Rt$\triangle ABC$ 应用毕达哥拉斯定理,我们得出斜边 $AC = \dfrac{\sqrt{5}\,r}{2}$。结果得出 $\dfrac{AE}{BE} = \dfrac{x}{r-x} = \dfrac{\sqrt{5}+1}{2} = \phi \approx 1.618\,033\,988$。

更多详细信息和证明见附录。

黄金分割的另一种作图方法

图 4.5 展示了寻找线段 AB 的黄金分割点的另一种尺规作图方法,图中有两个圆以及一些线段。这两个圆相切于点 D,且 $AB \perp AC$。

要完成这一作图,请从 $Rt \triangle ABC$ 开始,其中 $AB = a$,$AC = \dfrac{a}{2}$。然后以点 C 为圆心、CB 为半径作一个圆。接下来作线段 CA 的延长线,使其与这个圆相交于点 D。最后以点 A 为圆心、AD 为半径作一个圆,与 AB 相交于点 E。于是我们可以得出结论:点 E 是线段 AB 的黄金分割点。也就是说

$$\frac{AE}{BE} = \frac{x}{a-x} = \frac{\sqrt{5}+1}{2} = \phi \approx 1.618\ 033\ 988$$

证明过程请参见附录。

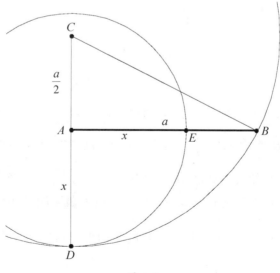

图 4.5

黄金分割的第三种作图方法

图 4.6 展示了反映黄金分割的两条线段：

$$\phi=\frac{\sqrt{5}+1}{2}\text{和}\frac{1}{\phi}=\frac{\sqrt{5}-1}{2}$$

它们是线段 BQ 和 BP。

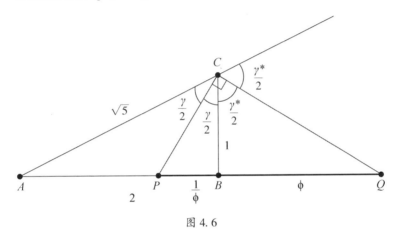

图 4.6

　　这里的作图方法相当简单。在 Rt$\triangle ABC$ 中，$AB=2BC$，斜边 $AC=\sqrt{5}$。剩下的就是作 $\angle ACB$ 的角平分线 CP 和外角平分线 CQ，就可以得到 $BQ=\phi$，$BP=\dfrac{1}{\phi}$，证明过程参见附录。

一种惊人的黄金分割作图方法

我们可以通过作图得到一条直线的黄金分割点,然后自然就可以使用这些线段来作出黄金矩形。作图方法很简单,其证明也很简单。从内接于一个圆的等边三角形 ABC 开始。通过其两条边的中点,作一条直线与圆相交(见图4.7)。为了方便起见,我们设这个等边三角形的边长为2。很容易确定[①]连接三角形两边中点的线段是第三条边的一半,因此 DE 的长度为1。

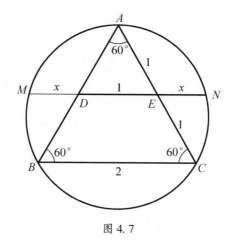

图 4.7

利用一个圆的两条相交弦的各线段乘积相等的关系[②],我们得到

$$AE \cdot EC = ME \cdot EN$$

$$1 \times 1 = (x+1)x$$

$$x^2 + x - 1 = 0$$

---

① 为了确定这一点,通过点 E 作一条平行于 AB 的线段,与 BC 相交于点 F。这样形成的图形 BDEF 是一个各边长均为1的菱形。——原注

② 当一个圆的两条弦相交时,一条弦被交点分成的两条线段的乘积等于另一条弦被交点分成的两条线段的乘积。——原注

$$x = \frac{\sqrt{5}-1}{2}$$，而这就是 $\frac{1}{\phi}$。

因此，根据以上各种黄金分割作图方法，我们可以确定，即使没有黄金矩形，斐波那契数也会出现。

黄金螺旋或斐波那契螺旋

让我们继续讨论黄金矩形 $ABCD$，但现在是以一种非常奇特的方式来讨论。如图 4.8 所示，在一个黄金矩形内作一个正方形，如果 $AF=1$，$AD=\phi$，那么 $FD=\phi-1=\dfrac{1}{\phi}$。我们现在可以确定，矩形 $CDFE$ 的宽 $FD=\dfrac{1}{\phi}$，长 $CD=1$。如果我们检查矩形 $CDFE$ 的长宽比，就会得到

$$\frac{EF}{FD}=\frac{1}{\dfrac{1}{\phi}}=\phi$$

因此，矩形 $CDFE$ 也是一个黄金矩形。

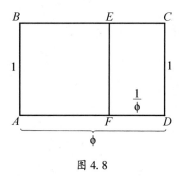

图 4.8

让我们继续在新形成的黄金矩形中作内部正方形：在黄金矩形 $CDFE$ 中，作正方形 $DFGH$（图 4.9）。我们发现 $CH=1-\dfrac{1}{\phi}=\dfrac{\phi-1}{\phi}=\dfrac{\dfrac{1}{\phi}}{\phi}=\dfrac{1}{\phi^2}$，因此矩形 $CHGE$ 的长宽比为

$$\frac{\dfrac{1}{\phi}}{\dfrac{1}{\phi^2}}=\phi$$

这就确定了矩形 *CHGE* 也是黄金矩形。

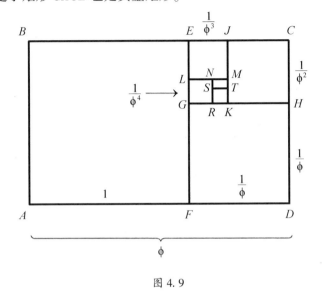

图 4.9

继续这个过程,我们在黄金矩形 *CHGE* 中作正方形 *CHKJ*。我们发现①

$$EJ = \frac{1}{\phi} - \frac{1}{\phi^2} = \frac{\phi-1}{\phi^2} = \frac{\dfrac{1}{\phi}}{\phi^2} = \frac{1}{\phi^3}$$

我们现在检查矩形 *EJKG* 的长宽比。这一次,长宽比仍然是

$$\frac{\dfrac{1}{\phi^2}}{\dfrac{1}{\phi^3}} = \phi$$

我们又得到了一个新的黄金矩形,这次是矩形 *EJKG*。

继续这个过程,我们就会得到黄金矩形 *GKML*、黄金矩形 *NMKR*、黄金矩形 *MNST*,等等。

现在作下列四分之一圆:

---

① 我们此前已经证明了 $\phi - \dfrac{1}{\phi} = 1$,因此 $\phi - 1 = \dfrac{1}{\phi}$。——原注

① 以点 E 为圆心，EB 为半径。

② 以点 G 为圆心，GF 为半径。

③ 以点 K 为圆心，KH 为半径。

④ 以点 M 为圆心，MJ 为半径。

⑤ 以点 N 为圆心，NL 为半径。

⑥ 以点 S 为圆心，SR 为半径。

所得的结果近似于一条对数螺线（图 4.10）。

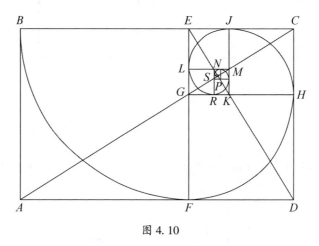

图 4.10

这个看起来很复杂的图形包含一系列对称的正方形。假设我们找到
每一个正方形的中心，作通过这些点的弧，就会看到这些正方形的中心都
位于另一条近似的对数螺线上（图 4.11）。

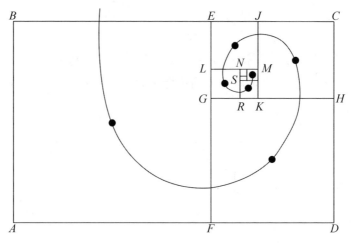

图 4.11

图 4.10 中的螺线似乎朝着矩形 *ABCD* 中的一点(即终点)会聚。该点是 *AC* 和 *ED* 的交点 *P*(图 4.12)。

再次考虑黄金矩形 *ABCD*(图 4.12),我们已经证明,正方形 *ABEF* 的旁边是另一个黄金矩形 *CEFD*。

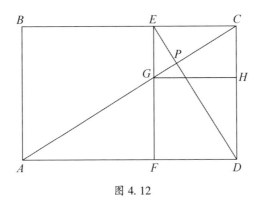

图 4.12

由于所有黄金矩形都是相似形,因此矩形 *ABCD* 就与矩形 *CEFD* 相似。这意味着△*ECD* 与△*CDA* 相似。因此,∠*CED* 与∠*DCA* 相等。又因为∠*DCA* 与∠*ECA* 互余,所以∠*CED* 与∠*ECA* 互余。因此,∠*EPC* 必定是直角,即 *AC*⊥*ED*。

如果一个矩形的宽等于另一个矩形的长,并且这两个矩形相似,那么就称这两个矩形为**互反矩形**。在这种情况下,相似比①为 φ。

在图 4.12 中,我们看到矩形 *ABCD* 与矩形 *CEFD* 是互反矩形。此外,我们还发现这两个互反矩形的对应对角线是相互垂直的。

同理可证,矩形 *CEFD* 与 *CEGH* 是互反矩形。它们的对角线 *ED* 与 *CG* 垂直相交于点 *P*。这一点可以推广到图 4.13 所示的每一对相继的黄金矩形。显然,点 *P* 应该是上述螺线的极限点。

我们可以利用各对角线之间的这种关系来构造相继的黄金矩形。我们可以简单地从黄金矩形 *ABCD* 开始,过点 *D* 作 *AC* 的垂线,并过这条垂线与 *BC* 的交点 *E* 作 *AD* 的垂线,从而得到第二个黄金矩形 *CEFD*。这个

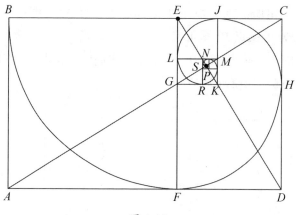

图 4.13

过程可以无限重复下去。

让我们再来看一看我们通过作一系列四分之一圆生成的螺线——它近似于黄金螺线(见图 4.14)。我们有一个黄金矩形 $ABCD$,其长和宽分别为 a 和 $b(a>b)$,因此有 $a=\phi\cdot b,b=\phi^{-1}\cdot a$。然后我们将像前面那样,用一系列四分之一圆来构造出这条螺线,这样就可以算出这条类似黄金螺线的长度。

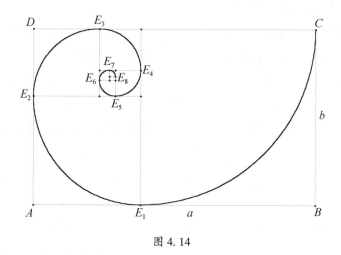

图 4.14

实际的黄金螺线并不是从四分之一圆演变而来的。图 4.14 只是一个很好的、易于理解的近似图形。表 4.3 列出了这条螺线长度的累进计算值。

111

表 4.3

长		宽(四分之一圆的半径)		
$a=a_0$	$b=b_0$	$=\phi^{-1}\cdot a$	$=\dfrac{\sqrt5-1}{2}\cdot a$	$=\dfrac{1\sqrt5-1}{2}\cdot a$
$a_1=b_0$	$b_1=a_0-b_0$	$=\phi^{-1}\cdot a_1$	$=\dfrac{3-\sqrt5}{2}\cdot a$	$=-\dfrac{1\sqrt5-3}{2}\cdot a$
$a_2=b_1$	$b_2=a_1-b_1$	$=\phi^{-1}\cdot a_2$	$=\dfrac{2\sqrt5-4}{2}\cdot a$	$=\dfrac{2\sqrt5-4}{2}\cdot a$
$a_3=b_2$	$b_3=a_2-b_2$	$=\phi^{-1}\cdot a_3$	$=\dfrac{7-3\sqrt5}{2}\cdot a$	$=-\dfrac{3\sqrt5-7}{2}\cdot a$
$a_4=b_3$	$b_4=a_3-b_3$	$=\phi^{-1}\cdot a_4$	$=\dfrac{5\sqrt5-11}{2}\cdot a$	$=\dfrac{5\sqrt5-11}{2}\cdot a$
$a_5=b_4$	$b_5=a_4-b_4$	$=\phi^{-1}\cdot a_5$	$=\dfrac{18-8\sqrt5}{2}\cdot a$	$=-\dfrac{8\sqrt5-18}{2}\cdot a$
$a_6=b_5$	$b_6=a_5-b_5$	$=\phi^{-1}\cdot a_6$	$=\dfrac{13\sqrt5-29}{2}\cdot a$	$=\dfrac{13\sqrt5-29}{2}\cdot a$
$a_7=b_6$	$b_7=a_6-b_6$	$=\phi^{-1}\cdot a_7$	$=\dfrac{47-21\sqrt5}{2}\cdot a$	$=-\dfrac{21\sqrt5-47}{2}\cdot a$
…		…		

当你检查这些结果时,会感到惊讶的是,你会看到与 $\sqrt5$ 相乘的是斐波那契数列 $F_n(1,1,2,3,5,8,13,21,\cdots)$,还有常数项显然是卢卡斯数列 $L_n(1,3,4,7,11,18,29,47,\cdots)$。这说明,该螺线被称为**斐波那契–卢卡斯螺线**是合理的。

真正的黄金螺线(也称为对数螺线)如图 4.15 所示。

真正的黄金螺线(对数螺线)以非常小的角度划过正方形的边。而这条由一系列四分之一圆组成的近似螺线则与正方形的边相切。因此黄金矩形的各边并不与真正的黄金螺线相切(在近似的情况下是相切的),每条边都有两个交点。

由于黄金螺线的半径与该螺线保持恒定的夹角,因此它有时也被称为“等角螺线”。为它命名的是法国数学家笛卡儿(René Descartes),他开创了基于“笛卡儿平面”(以其创始人的姓氏命名)的解析几何领域。

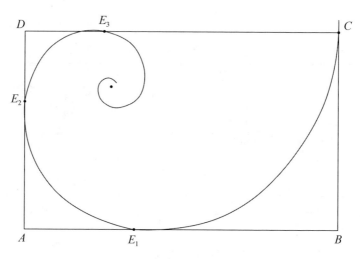

图 4.15

1638 年,笛卡儿在与另一位法国数学家梅森(Marin Mersenne)①的通信中提到了这条螺线,后者以研究素数而闻名。瑞士数学家伯努利(Jacob Bernoulli)将这条螺线称为对数螺线。他对对数螺线及其特性如此着迷,以至于要求把它刻在自己的墓碑上,并加上一句墓志铭:"*Eadem mutata resurgo*"(纵然改变,却依然故我)②。

在自然界中,鹦鹉螺的外形便是一条黄金螺线(图 4.16)。

图 4.17 所示的曲线与 x 轴的交点刻度均为斐波那契数。

图 4.16

螺线与 x 轴的正轴相交于 $1, 2, 5, 13, \cdots$,与 x 轴的负轴相交于 $0, -1, -3, -8, \cdots$。

振荡曲线与 x 轴的正轴相交于 $0, 1, 1, 2, 3, 5, 8, 13, \cdots$。

---

① 梅森是 17 世纪法国著名数学家和修道士,最早系统研究了 2^{p-1} 型的数——现在称为梅森数,若此数同时为素数,则称为梅森素数。——译注

② 实际上,雕刻墓碑的那位雕刻家凿出的那条曲线并不是对数螺线,而是阿基米德螺线!——原注

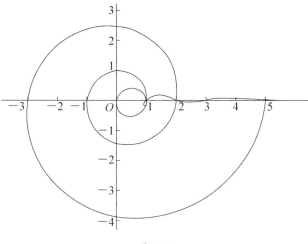

图 4.17

这条曲线不可思议地令人联想到鹦鹉螺和蜗牛的壳(图 4.18)。这并不奇怪,因为它延伸之后趋于一条对数螺线。

图 4.18

斐波那契数惊人乍现

　　我们通常将两个同心圆之间的区域称为环。在图 4.19 中,你会注意到,随着环的面积变小,与两个圆都相切的椭圆面积在变大。在某个时刻,此椭圆的面积会等于环的面积。奇怪的是,当这两个圆的半径之比为 $0.618\cdots$ 或 $\dfrac{1}{\phi}$ 时,椭圆的面积等于环的面积。①

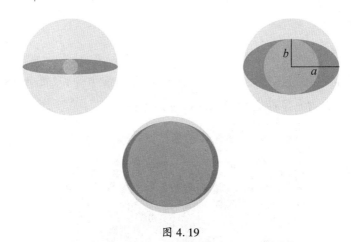

图 4.19

①　这一命题的证明如下:半径为 r 的圆的面积为 πr^2。两个半轴长分别为 a 和 b(如图 4.19 所示)的椭圆的面积是 πab(请注意,当椭圆中的 $a=b$ 时,它变成一个圆,于是两个公式就统一了)。因此外圆半径为 a,内圆半径为 b,它们之间的环的面积是 $\pi(a^2-b^2)$。当 $\pi(a^2-b^2)=\pi ab$,即 $a^2-b^2-ab=0$ 时,环的面积就等于椭圆的面积。

如果我们设**这两个圆的半径之比**为 $R=\dfrac{a}{b}$,那么将上述等式除以 b^2,就得到 $R^2-R-1=0$,这意味着 R 为 ϕ。椭圆的方程为 $\left(\dfrac{x}{a}\right)^2+\left(\dfrac{y}{b}\right)^2=1$。当 $a=b$ 时,我们得到半径为 $a(=b)$ 的圆的方程: $\left(\dfrac{x}{a}\right)^2+\left(\dfrac{y}{a}\right)^2=1$。——原注

再一次,在你完全意想不到的时候,φ 或 $\dfrac{1}{\phi}$ 以及斐波那契数都出现在你面前。

让我们来看看直角三角形,分析一个角度的正切在什么情况下会等于这个角度的余弦,即 $\tan\angle A = \cos\angle A$。

考虑图 4.20 中的 $\text{Rt}\triangle ABC$,其中 $AC=1, BC=a$。根据毕达哥拉斯定理,我们得到

$$AB = \sqrt{a^2+1}$$

$$\tan\angle A = \frac{a}{1}$$

$$\cos\angle A = \frac{1}{\sqrt{a^2+1}}$$

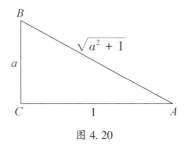

图 4.20

我们希望得到 $\tan\angle A = \cos\angle A$,即

$$\frac{a}{1} = \frac{1}{\sqrt{a^2+1}}$$

解方程得

$$a\sqrt{a^2+1} = 1$$

$$a^2(a^2+1) = 1$$

$$a^4+a^2-1 = 0$$

我们设 $p=a^2$,于是得到方程 $p^2+p-1=0$,到这时你应该很熟悉这个方程了。

于是取正根，有 $p = \dfrac{\sqrt{5}-1}{2} = \dfrac{1}{\phi}$，即 $a^2 = \dfrac{1}{\phi}$。

让我们将这些值代入 Rt$\triangle ABC$ 的各边代数式（见图 4.21）。

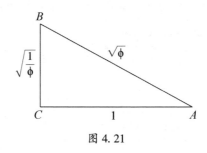

图 4.21

你可以看到，当直角三角形的各边长分别为 1、$\sqrt{a^2+1} = \sqrt{\dfrac{1}{\phi}+1} = \sqrt{\phi}$ 和 $a = \sqrt{\dfrac{1}{\phi}}$ 时，这个直角三角形的一个锐角的正切会等于它的余弦。

黄金分割比，或者如果你愿意的话，也可以说斐波那契数，再次在你最意想不到的时候出现了。

斐波那契数在几何学中的又一次出现

亨特(J. A. H. Hunter)①提出过一个吸引人的问题,要求在图 4.22 所示的矩形 ABCD 中,在边 AB 上和边 BC 上分别确定一点,使得移除中间的三角形(△4)后,会留下三个面积相等的三角形。

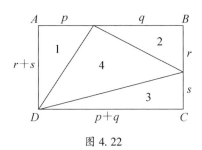

图 4.22

现在你能猜到,这将以某种方式产生斐波那契数——这个奇妙的数列在几何学中又一次出现了。我们首先计算出图 4.22 中外围三个三角形的面积:

$$S_{\triangle 1}=\frac{p(r+s)}{2}, S_{\triangle 2}=\frac{qr}{2}, S_{\triangle 3}=\frac{s(p+q)}{2}$$

因为 $S_{\triangle 1}=S_{\triangle 2}=S_{\triangle 3}$,所以

$$\frac{p(r+s)}{2}=\frac{qr}{2}, \frac{p(r+s)}{2}=\frac{s(p+q)}{2}$$

即

$$p(r+s)=qr, p(r+s)=s(p+q)$$

$$p=\frac{qr}{r+s}, pr=sq$$

根据第二个等式,我们可以建立以下比例:$\frac{p}{s}=\frac{q}{r}$,这告诉我们矩形的边 AB 和边 BC 是按比例分割的。那么这个比例是多少?(你现在能猜

---

① "Triangle Inscribed in a Rectangle," *Fibonacci Quarterly* 1 (1963): 66. ——原注

到吗?)

让我们用上面第一个等式中的 p 值来替换第二个等式中的 p:

$$\left(\frac{qr}{r+s}\right)r = sq$$

即
$$r^2 = s(r+s)$$

如果我们将此等式的两边都除以 s^2,就会得到

$$\frac{r^2}{s^2} = \frac{s(r+s)}{s^2}$$

$$\frac{r^2}{s^2} = \frac{sr}{s^2} + \frac{s^2}{s^2}$$

$$\frac{r^2}{s^2} = \frac{r}{s} + 1$$

将它写成一种更容易识别的形式 $\bigg($ 请记住,ϕ 和 $\dfrac{1}{\phi}$ 是方程 $x^2 - x - 1 = 0$ 的两个根 $\bigg)$:

$$\left(\frac{r}{s}\right)^2 - \frac{r}{s} - 1 = 0$$

我们可以看出(因为 $r > s, q > p$)这个方程的解是 $\dfrac{r}{s} = \dfrac{1+\sqrt{5}}{2} = \phi\left(=\dfrac{q}{p}\right)$。

因此,矩形边 AB、BC 上的这两个点必须位于黄金分割点,才能确保中间的那个三角形被移除后,剩下三个面积相等的三角形。这里又一次出现了斐波那契数!

黄金矩形的对角线

我们用黄金矩形已经做了相当多的事情,然而你能做的事情远不止这些。例如,用一种简洁的方法找出黄金矩形(长和宽成黄金分割比)对角线上的黄金分割点。正是因为这种特殊矩形具有一些独特性质,我们才能够如此轻易地做到这一点。

考虑黄金矩形 $ABCD$,其中 $AB=a$、$BC=b$,且 $\dfrac{a}{b}=\phi$。如图 4.23 所示,分别以 AB 边和 BC 边为直径作两个半圆,它们相交于点 S。现在连接 SA、SB、SC,你发现 $\angle ASB$ 和 $\angle BSC$ 都是直角(因为它们各自内接于一个半圆)。因此,A、S、C 三点共线,即对角线 AC。我们很容易证明:点 S 将对角线 AC 分成的两条线段之比为黄金分割比的平方。

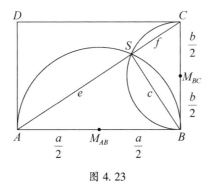

图 4.23

如图 4.23 所示,由相似三角形 $\triangle ABC$、$\triangle ASB$ 和 $\triangle BSC$,我们得到以下结果:

$$\triangle ABC \backsim \triangle ASB : \frac{a}{e+f}=\frac{e}{a}, \text{即 } a^2=e(e+f)$$

$$\triangle ABC \backsim \triangle BSC : \frac{b}{e+f}=\frac{f}{b}, \text{即 } b^2=f(e+f)$$

因此，$\dfrac{a^2}{b^2}=\dfrac{e}{f}$。

又因为 $\dfrac{a}{b}=\phi$，所以 $\dfrac{a^2}{b^2}=\phi^2=\phi+1$。

因此点 S 将黄金矩形的对角线分成了涉及黄金分割的比例 $\left(\dfrac{\phi^2}{1}\text{或}\dfrac{\phi+1}{1}\right)$，从而与斐波那契数列相关联。

又一个产生黄金分割比的奇趣问题

考虑三个全等的圆内接于一个半圆,各切点分布如图 4.24 所示。

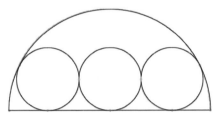

图 4.24

我们设法求大半圆的半径与小圆的半径之比。

在图 4.25 中,$AB = 2R$,$AM = R$。全等小圆的半径都是 r。考虑 Rt$\triangle CKM$,其两条直角边长分别为 r 和 $2r$,因此其斜边 $KM = \sqrt{5}\,r$。于是,由 $MK = \sqrt{5}\,r$ 和 $KP = r$,就有 $MP = (\sqrt{5}+1)\,r = R$。

换言之,$\dfrac{R}{r} = \sqrt{5}+1 = 2\phi$。

由三个全等圆内接于一个半圆这个看似不相关的构形,我们发现了大小圆的半径之比与黄金分割比有关。

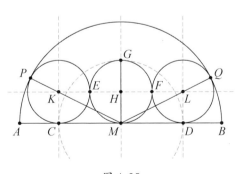

图 4.25

斐波那契数与一个奇异的困境

斐波那契数在几何学中的应用还可以涉及另外一些有趣的方面。现在,我们将研究一个相当奇特的问题。英国数学家道奇森(Charles Lutwidge Dodgson)以笔名卡罗尔(Lewis Carroll)写下了《爱丽丝漫游奇境记》(*The Adventures of Alice in Wonderland*)①,从而使这个问题广为流传。他提出的问题是这样的:图 4.26(a)所示的正方形的面积为 64 个平方单位,将其分割成四块。

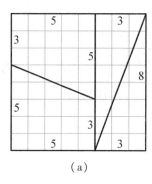
(a)

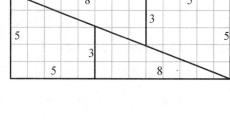
(b)

图 4.26

然后将这四小块重新组合,构成图 4.26(b)所示的矩形。新构成的矩形的面积为 13×5＝65 个平方单位。这个额外的 1 平方单位是从哪里来的? 请先想一想再继续看下去。

好的,我们来揭晓答案。"错误"在于假设这些图形都将沿着所作的对角线排列,事实并非如此。实际上,如图 4.27 所示,图形中间嵌入了一个"狭窄"的平行四边形,其面积为 1 平方单位。

我们可以计算图 4.27 中标出的角 α 和 β 的正切函数,这样我们就可以确定这两个角度的大小,从而发现误差所在。请记住,如果它们紧贴对

① Stuart Dodgson Collingwood, ed., *Diversions and Digressions of Lewis Carrol* (New York：Dover,1961),pp. 316-317. ——原注

角线,那么它们应该是相等的。①

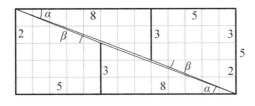

图 4.27

既然 $\tan\alpha = \dfrac{3}{8}$,那么 $\alpha \approx 20.6°$。

既然 $\tan\beta = \dfrac{2}{5}$,那么 $\beta \approx 21.8°$。

它们的差值 $\beta-\alpha$ 仅为 $1.2°$,但足以表明它们不在对角线上。

请注意,图 4.27 中的各线段长分别是 $2,3,5,8,13$——全都是斐波那契数。此外,我们已经发现 $F_{n-1}F_{n+1} = F_n^2 + (-1)^n$,其中 $n \geq 1$。② 这个矩形的长和宽分别为 13 和 5,原来的正方形边长为 8。它们分别是第 7、5、6 个斐波那契数 F_7,F_5,F_6,因此满足以下关系。

$$F_5 F_7 = F_6^2 + (-1)^6$$
$$5 \times 13 = 8^2 + 1$$
$$65 = 64 + 1$$

于是,这个谜题就可以用任意三个相继斐波那契数描述,只要中间的那个数是斐波那契数列中的偶数项(即处于偶数位置的项)。如果我们使用更大的斐波那契数,那么得出的那个平行四边形会更不易被察觉。但如果我们使用较小的斐波那契数,那么我们的眼睛就不会被欺骗了,如图 4.28 所示。

图 4.29 是这种矩形的一般形式。

如果要正确地实现拼接而不产生空缺的面积,那么令人惊讶的是,唯

---

① 平行线的内错角相等。——原注
② 见第 1 章,斐波那契(和卢卡斯数)的第 11 个特性。——原注

一的方法是使用黄金分割比 φ,如图 4.30 所示。

此时矩形和正方形的面积是相等的(图 4.30),它们的面积如下:

$$正方形的面积 = φ \cdot φ = φ^2 = φ + 1 = \frac{\sqrt{5}+3}{2} = 2.618\,033\,988\,7\cdots$$

$$矩形的面积 = (φ+1) \cdot 1 = φ + 1 = \frac{\sqrt{5}+3}{2} = 2.618\,033\,988\,7\cdots$$

因此,该正方形的面积和重新拼出的矩形的面积相等。

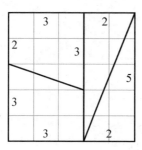
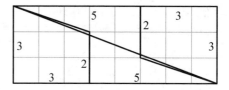

图 4.28

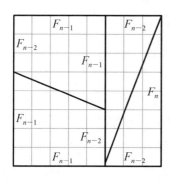
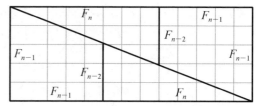

图 4.29

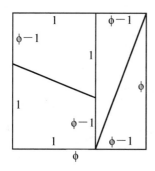
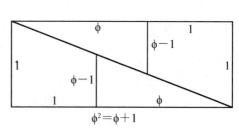

图 4.30

黄金三角形

　　既然我们已经充分研究了著名的黄金矩形,那么我们接下来可以考虑与黄金三角形相关的黄金分割了。正如你所料,黄金三角形很像有斐波那契数贯穿其中的黄金矩形,黄金三角形也展示出黄金分割。让我们考虑一个包含黄金分割的三角形。我们首先设法把一个等腰三角形放到另一个相似的等腰三角形中,其方式有点像我们之前在黄金矩形中嵌入相似的黄金矩形。为此,我们作如图 4.31 所示的构形,则 $\triangle ABC$ 的内角和为 $\alpha+\alpha+\alpha+2\alpha=5\alpha=180°$,因此 $\alpha=36°$。

　　于是,我们可以简单地从一个顶角为 $36°$ 的等腰三角形开始,作 $\angle ABC$ 的角平分线 BD(图 4.32)。

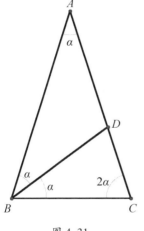

图 4.31

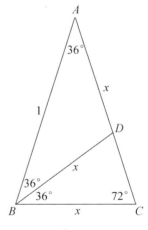

图 4.32

　　因为顶角相等的等腰三角形相似,所以 $\triangle ABC$ 与 $\triangle BCD$ 相似。我们现在令 $AD=x$,$AB=1$。因为 $\triangle ADB$ 和 $\triangle DBC$ 都是等腰三角形,所以 $BC=BD=AD=x$。

　　根据上面的相似性,我们得到了一个熟悉的等式:

$$\frac{1}{x}=\frac{x}{1-x}$$

与之前一样,可以得到 $x^2+x-1=0$,因此 $x=\dfrac{\sqrt{5}-1}{2}$。(负根不能用来表示线段 AD 的长度。)

请回忆一下,$\dfrac{\sqrt{5}-1}{2}=\dfrac{1}{\phi}$。

在 $\triangle ABC$ 中,$\dfrac{腰}{底}=\dfrac{1}{x}=\phi$。

因此我们把这个三角形称为**黄金三角形**。构造黄金三角形的一种简单方法是首先构造黄金分割(在本章前面做过。例如在图 4.6 中,$AB=2$,$BC=1$,两条角平分线分别交 AQ 于点 P 和点 Q,使得 $BP=\dfrac{1}{\phi}$,$BQ=\phi$)。我们以点 O 为圆心作一个半径为 1 的圆。在这个圆上,我们选择一个点 A,以点 A 为圆心作半径为 $x=\dfrac{1}{\phi}$ 的第二个圆。在这两个圆的交点(例如点 B)的帮助下,如图 4.33 所示,就确定了一个黄金三角形 OAB(请与图 4.32 进行比较)。

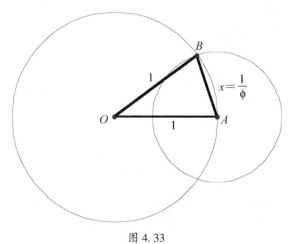

图 4.33

对于每个新形成的、三个内角分别为 36°、72°、72° 的三角形的底角,通过依次作出它们的角平分线 BD、CE、DF、EG、FH,我们就会得到一系列黄金三角形(见图 4.34)。这些黄金三角形(内角为 36°、72°、72° 的三角形)是△ABC、△BCD、△CDE、△DEF、△EFG、△FGH。显然,只要空间允许,我们可以继续作角平分线,从而生成更多的黄金三角形。我们对黄金三角形的考察将类似于对黄金矩形的考察。因此我们要去寻找斐波那契数。

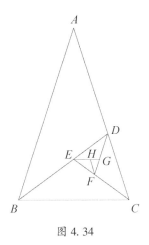

图 4.34

让我们从 $HG=1$ 开始(图 4.34)。由于黄金三角形 $\frac{腰}{底}$ 的值为 ϕ,因此对于黄金三角形 FGH:

$\frac{GF}{HG}=\frac{\phi}{1}$,即 $\frac{GF}{1}=\frac{\phi}{1}$,因此 $GF=\phi$。

类似地,对于黄金三角形 EFG:$\frac{FE}{GF}=\frac{\phi}{1}$,且 $GF=\phi$,因此 $FE=\phi^2$。

在黄金三角形 DEF 中:$\frac{ED}{FE}=\frac{\phi}{1}$,且 $FE=\phi^2$,因此 $ED=\phi^3$。

同样,对于△CDE:$\frac{DC}{ED}=\frac{\phi}{1}$,且 $ED=\phi^3$,因此 $DC=\phi^4$。

对于△BCD:$\frac{CB}{DC}=\frac{\phi}{1}$,且 $DC=\phi^4$,因此 $CB=\phi^5$。

最后,对于△ABC:$\frac{BA}{CB}=\frac{\phi}{1}$,且 $CB=\phi^5$,因此 $BA=\phi^6$。

运用我们在前文已经谈到的关于 ϕ 的幂的知识(这次我们引入斐波

那契数），可得

$$HG = \phi^0 = 0\phi + 1 = F_0\phi + F_{-1}$$

$$GF = \phi^1 = 1\phi + 0 = F_1\phi + F_0$$

$$FE = \phi^2 = 1\phi + 1 = F_2\phi + F_1$$

$$ED = \phi^3 = 2\phi + 1 = F_3\phi + F_2$$

$$DC = \phi^4 = 3\phi + 2 = F_4\phi + F_3$$

$$CB = \phi^5 = 5\phi + 3 = F_5\phi + F_4$$

$$BA = \phi^6 = 8\phi + 5 = F_6\phi + F_5$$

正如我们对黄金矩形所做的那样，我们通过作弧来连接相继黄金三角形的顶点，可以生成近似对数螺线（见图 4.35）。

也就是说，我们按如下方式作弧：

以点 D 为圆心作弧 $\overset{\frown}{AB}$。

以点 E 为圆心作弧 $\overset{\frown}{BC}$。

以点 F 为圆心作弧 $\overset{\frown}{CD}$。

以点 G 为圆心作弧 $\overset{\frown}{DE}$。

以点 H 为圆心作弧 $\overset{\frown}{EF}$。

以点 J 为圆心作弧 $\overset{\frown}{FG}$。

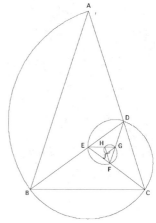

图 4.35

还有许多其他非常迷人的关系也源自黄金分割。既然我们已经阐明了黄金三角形，接下来合乎逻辑的做法是讨论正五边形①和正五角星形，因为它们本质上就是由许多黄金三角形组成的。然后你会看到黄金分割在这些形状中俯拾皆是，斐波那契数也是如此。

———————————

① 正五边形是指各边长相等、各顶角大小也相等的五边形。——原注

黄金角度

让我们先稍微偏离一下正题来看一看黄金角度,这是将一个完整的圆周角(360°)进行黄金分割。请注意,在图4.36中,α和β这两个角度之比接近黄金分割比:

$$\alpha = 360° - \frac{360°}{\phi} = 137.507\ 764\ 0\cdots° \approx 137.5°$$

$$\beta = \frac{360°}{\phi} = 222.492\ 235\ 9\cdots° \approx 222.5°$$

$$\frac{圆周角}{大角} = \frac{360°}{222.5°} \approx 1.618,且\frac{大角}{小角} = \frac{222.5°}{137.5°} \approx 1.618。$$

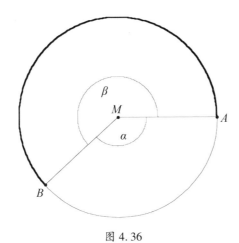

图 4.36

在任何情况下,黄金分割比都可以用相继斐波那契数的商来近似地表示。

五边形和五角星

　　现在我们来看一个美妙的几何形状,这个几何构形包含了许多与黄金分割相关的内容。

　　黄金三角形多次出现在正五角星之中(见图 4.37 和 4.38),而正五角星正是毕达哥拉斯学派的象征。按照毕达哥拉斯的观点,所有几何形状都可以用整数来描述。因此,当他的追随者之一希帕索斯(Hippasus of Metapontum)指出,正五边形的对角线与边长之比不能表示为整数之比时,他感到很失落。换言之,这个比例不是一个有理数! 毕达哥拉斯学派的标志——五角星也有这一特点。这个秘密社团对这种反常现象感到有点不安,如今可将这一反常现象作为无理数概念的开端。无理数即不能表示为两个整数之比(分母不为零)的数,这也是**无理数**这个名字的由来。在正五边形中,对角线与边长之比就是一个无理数。那么希帕索斯发现的是哪个无理数? 你猜对了! 就是黄金分割比 φ。[①]

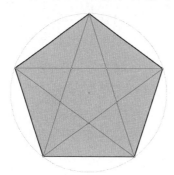

图 4.37

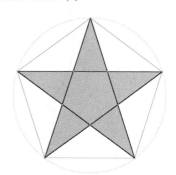

图 4.38

　　为了证明这两个长度之比确实是一个无理数,我们使用以下关系:在一个正五边形中,每条对角线都平行于不与它相交的那条边。在图 4.39

---

① 参见《他们创造了数学——50 位著名数学家的故事》,阿尔弗雷德·S. 波萨门蒂著,涂泓、冯承天译,人民邮电出版社,2022。——译注

中，△AED 和 △BTC 的各对应边相互平行，因此它们相似故 $\dfrac{AD}{AE}=\dfrac{BC}{BT}$。

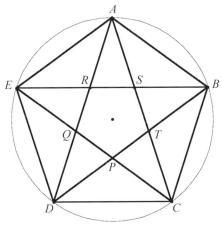

图 4.39

由于 $BT=BD-TD=BD-AE$，所以在正五边形中，以下比例成立：

对角线∶边＝边∶（对角线−边）

我们可以把这一等式写成符号形式

$$\frac{d}{a}=\frac{a}{d-a} \text{或} \frac{d}{a}=\frac{1}{\dfrac{d}{a}-1}$$

其中 d 是对角线长度，a 是边长。

如果我们设 $x=\dfrac{d}{a}$，就有 $x=\dfrac{1}{x-1}$。

这个方程可以改写成二次方程 $x^2-x-1=0$，而 $\dfrac{d}{a}$ 是其正根，恰好就等

于无理数 $\phi=\dfrac{\sqrt{5}+1}{2}$。（记住∶$\sqrt{5}$ 是无理数！）

这就是我们在一开始所说的：一个正五边形的对角线与边的比值是一个无理数。正如无理数 π = 3. 141 592 653 589 793 238 4…与圆有着不可分割的联系，无理数 ϕ = 1. 618 033 988 749 894 848 2…与正五边形也有

着不可分割的联系!

正五边形是一个迷人的图形,具有许多有用的性质。我们现在展示其中的一些,供大家欣赏和思考。你也可以去寻找更多其他的性质。

图 4.39 所示的正五边形 *ABCDE* 具有以下特性:

(a) 每一个内角的大小都是 108°。

$$\angle EAB = \angle ABC = \angle BCD = \angle CDE = \angle DEA = 108°$$

(b) 图形中有下列角度关系:

$$\angle BEA = \angle CAB = \angle DBC = \angle ECD = \angle ADE = 36°$$

$$\angle PEB = \angle QAC = \angle RBD = \angle SCE = \angle TDA = 36°$$

$$\angle CDA = \angle DEB = \angle EAC = \angle ABD = \angle BCE = 72°$$

(c) 下列三角形都是等腰三角形:

△*DAC*、△*EBD*、△*ACE*、△*BDA* 和 △*CEB*,

△*BEA*、△*CAB*、△*DBC*、△*ECD* 和 △*ADE*,

△*PEB*、△*QAC*、△*RBD*、△*SCE* 和 △*TDA*。

(d) △*DAC* 和 △*QCD* 相似(图 4.39 中还有许多对这样的相似三角形)。

(e) 正五边形的所有对角线都具有相同长度。

(f) 正五边形的每一边都与"面对"它的那条对角线平行。

(g) 图中贯穿着等比关系,例如,$AD:DC = CQ:QD$。

(h) 任意两条相交对角线的交点都将这两条对角线进行黄金分割。

(i) *PQRST* 是一个正五边形。

在正五边形中,哪些三角形是黄金三角形?

现在我们可以引入斐波那契数了。我们已经确定,正五边形的很多线段不能用整数来公度。我们说这些线段关系是不可公度的。[①] 不过,我们知道相邻斐波那契数之比接近黄金分割比。在牺牲精度的情况下,我们可以用斐波那契数来显示正五边形和五角星(见图 4.40)。

---

① 参见《从代数基本定理到超越数:一段经典数学的奇幻之旅》,冯承天著,华东师范大学出版社,2021。——译注

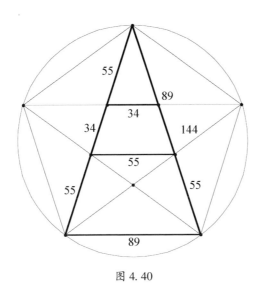

图 4.40

　　这些条件可以大致解释为：

　　如果小五边形的边长和对角线的长度分别近似为 34 和 55，那么大五边形的边长（89）可以由这两个值之和（34+55）得到。我们可以用类似的方法求得其他长度，如图 4.40 所示。由此，我们再次得到了斐波那契数！

　　请回忆一下希帕索斯遇到的那种令毕达哥拉斯学派不安的无理数，例如，$\frac{144}{89}$ 和 $\frac{55}{34}$ 的值都约为 1.618。这只是无理数的一个近似值。如果这些线段正好是 34、55、89 和 144，那么希帕索斯赢得的所有声誉都会被忽视。因此，他仍然是偶然发现无理数的"创始人"。不过，如果没有那些攻击他的人，那么所有这些名声也就都不会存在。希腊哲学家柏拉图（Plato）的一句话表明了希帕索斯的发现对希腊人的影响是多么巨大：

　　　　我认为这样的一种忽视不适合人类，而更适合一群猪。我不仅为自己感到羞耻，而且为所有希腊人感到羞耻。①

---

①　Plato, *Laws for an Ideal State.* ——原注

内接于一个正五边形的五角星拥有大量的黄金分割比 φ，因为它是由许多黄金三角形组成的。设图 4.41 中的正五边形的边长为 1。

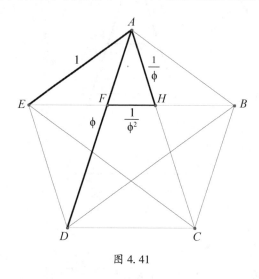

图 4.41

黄金三角形在这张图中随处可见，对每个黄金三角形都有 $\dfrac{\text{腰}}{\text{底}}=\phi$，因此 $\dfrac{AD}{DC}=\phi$。由于 $DC=1$，我们得到 $AD=\phi$。在黄金三角形 AEH 中，我们得到

$$\frac{\text{腰}}{\text{底}}=\phi=\frac{AE}{AH}$$

因此 $AH=\dfrac{1}{\phi}$。

既然 $EH=DC=1$，那么 $FH=EH-EF=1-\dfrac{1}{\phi}=\dfrac{1}{\phi^2}$。①

图 4.41 中的各种面积比也包含着黄金分割比。

---

① 这是由我们现在已经熟悉的方程 $\phi^2-\phi-1=0$ 得出的，因为我们将方程两边同除以 ϕ^2，得到 $1-\dfrac{1}{\phi}=\dfrac{1}{\phi^2}$。另见图 4.9。——原注

大五边形 $ABCDE$ 的面积与小五边形的面积之比为 $\dfrac{\phi^4}{1}$。

大五边形 $ABCDE$ 的面积与五角星的面积之比为 $\dfrac{\phi^3}{2}$。

在图 4.42 中,你可以看到五角星和五边形构成一个不间断的图案,其中包含着黄金分割比,也包含着斐波那契数。

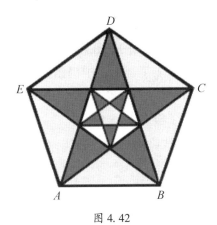

图 4.42

作一个正五边形

正五边形的作图比其他大多数可用尺规作图的正多边形的作图要复杂得多。作出一个正六边形是很容易的。如图 4.43,只需要围绕中心圆再作出四个同样大小的圆,连接它们的交点,就会得到一个正六边形。

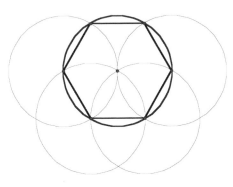

图 4.43

如果你试图以类似的方式构造一个正五边形,那你就会发现自己陷入困境。

对西方文化影响最大的德国艺术家,可能要数丢勒了。他在1525年创作了一件被遗忘的画作:仅用直尺和圆规绘制出一个正五边形几何结构。他知道这只是一个近似的正五边形,但它非常接近完美,以至于肉眼无法察觉到它不够精确。丢勒向数学界公布了这种非常简单的作图方法,作为获得正五边形的一种替代方法,我们知道最终得到的形状会偏差大约半度。① 尽管它与一个完美的正五边形的偏差非常小,但这一偏差也不可忽视。直到最近,很多工程书籍中仍然在介绍丢勒的正五边形作图方法。虽然这种方法稍有点不精确,但我们仍将解释这种方法,因为它很有启发性,而且被使用了很多年。

在图4.44中,我们从线段 *AB* 开始。按以下步骤作5个以 *AB* 为半径的圆:

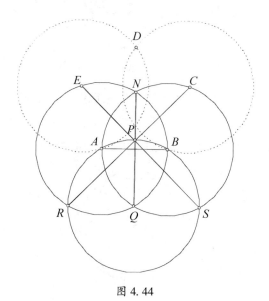

图 4.44

①　C. J. Scriba and P. Schreiber, *5000 Jahre Geometric: Geschichte, Kulturen, Menschen*, Berlin(Germany:Springer,2000),259,289-290.——原注

1. 以点 A 和点 B 为圆心,AB 为半径,作两个圆,它们相交于点 Q 和点 N。

2. 然后以点 Q 为圆心,AB 为半径,作一个圆,与圆 A 和圆 B 分别相交于点 R 和点 S。

3. QN 与圆 Q 相交于点 P。

4. SP 和 RP 与圆 A 和圆 B 分别相交于点 E 和点 C。

5. 以点 E 和点 C 为圆心、AB 为半径作两个圆,它们相交于点 D。①

6. 将点 A、B、C、D、E 依次连接起来(图 4.45),我们就得到了一个五边形 $ABCDE$。它是一个(近似的)正五边形。

虽然这个五边形看起来像是一个正五边形,但它的 $\angle ABC$ 偏大约 $\left(\dfrac{22}{60}\right)^\circ$。换言之,如果 $ABCDE$ 是一个正五边形的话,那么每个角都必须是 108°。而我们会证明 $\angle ABC \approx 108.366\,120\,2^\circ$。

在图 4.46 所示的菱形 $ABQR$ 中,$\angle ARQ = 60^\circ$,$BR = \sqrt{3}\,AB$,因为线段 BR 的长度是等边 $\triangle ARQ$ 的高的两倍。因为 $\triangle PRQ$ 是一个等腰直角三角形,所以 $\angle PRQ = 45^\circ$,$\angle BRC = 15^\circ$。

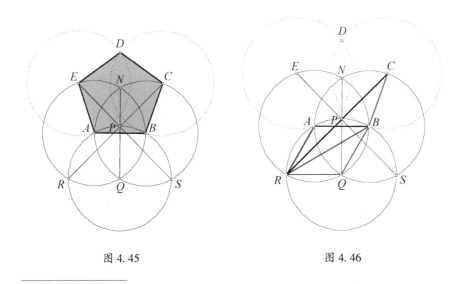

图 4.45　　　　　　　　　　　图 4.46

---

①　请注意,我们只需要这两个圆的交点之一(点 D)。——原注

我们对 △BCR 应用正弦定理：$\dfrac{BR}{\sin\angle BCR}=\dfrac{BC}{\sin\angle BRC}$。也就是说，

$\dfrac{\sqrt{3}\,AB}{\sin\angle BCR}=\dfrac{AB}{\sin15°}$，或者说 $\sin\angle BCR=\sqrt{3}\sin15°$。

因此，$\angle BCR\approx26.633\,879\,84°$。

在 △BCR 中，

$$\angle RBC=180°-\angle BRC-\angle BCR$$
$$\approx180-15°-26.633\,879\,84°$$
$$\approx138.366\,120\,2°。$$

既然 $\angle ABR=30°$，那么

$$\angle RBC-\angle ABR\approx138.366\,120\,2°-30°\approx108.366\,120\,2°$$

所以这个角就不是一个正五边形本该具有的 108°。

丢勒的作图结果：

$\angle ABC=\angle BAE\approx108.37°$，$\angle BCD=\angle AED\approx107.94°$，$\angle EDC\approx107.38°$。

要作出一个精确的正五边形，我们应该先作一个黄金三角形 ABM，然后以它的定点 M 为圆心，边长 MB 为半径，作出一个圆，然后如图 4.47 所示的那样进行下去。

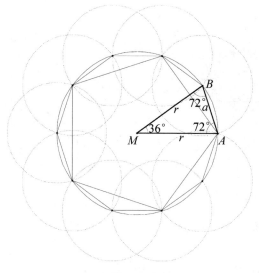

图 4.47

我们甚至可以通过折纸的方法来构造黄金分割比。取一张纸条,确保纸的两边是平行的,然后将其折叠成一个规则的结,如图4.48(a)。再小心地将其拉紧,使其看起来像图4.48(b)。如果你愿意,可以如图4.48(c)所示的那样撕下两端多余的纸条。现在你已经制成了一个正五边形。如果你把这个五边形对着光,透过结看,就应该会看到在你制成的这个五边形内部有一个五角星。

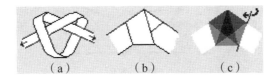

（a）　　　　（b）　　　　（c）

图 4.48

我们已经展示了许多出现斐波那契数的几何构形,它们在你最意想不到的地方出现了,有时是以黄金分割比的形式出现。我们在本章的结尾处给你留下一系列正五边形,它们所处的位置使得每个五边形的各顶点都是另一个五边形的各边的黄金分割点(见图4.49)。

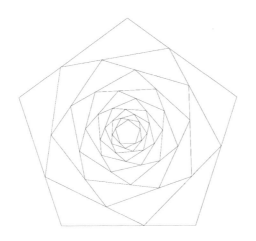

图 4.49

如果我们连接特定的点(图4.50),就可以生成一系列螺线,这使人想起我们在第2章中遇到过的那些螺线。

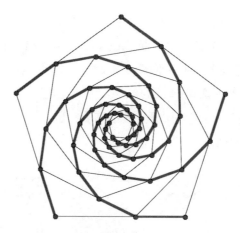

图 4.50

在图 4.51 中,相邻(或毗连)五边形的边长之比等于 φ:1。再一次,我们可以使用斐波那契数来作适当的近似。

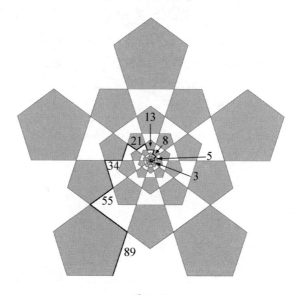

图 4.51

在几何学中还有很多这样的构形,我们留待读者去发现。

第5章　斐波那契数与连分数

我们已经看到了,斐波那契数不仅出现在其他数集、数列中,以及几何学中,还出现在自然界中。此外,在连分数的研究中也可以看到它们。连分数是分数的一种形式,它使我们从另一个角度来认识数的本质。接下来将简要介绍连分数,同样地,在你熟悉了连分数之后,我们将研究它们与斐波那契数之间的关系。

连分数

连分数是分母中含有一个带分数(一个整数加一个真分数)的分数。

我们可以取一个假分数,例如$\dfrac{13}{7}$,并将其表示为带分数:

$$1\frac{6}{7} = 1 + \frac{6}{7}$$

然后在不改变其值的情况下,我们可以将其写成:

$$1 + \frac{6}{7} = 1 + \frac{1}{\dfrac{7}{6}}$$

这又可以写成(同样,数值没有任何变化):

$$1 + \cfrac{1}{1 + \cfrac{1}{6}}$$

这就是一个连分数。我们本可以继续这个过程,但当我们得到一个单位分数$\left(\text{即分子为 1、分母为正整数的分数,在本例中,单位分数为}\dfrac{1}{6}\right)$时,我们实质上就已经完成目标了。

为了更好地掌握这项技术,我们将构建另一个连分数。我们要把$\dfrac{12}{7}$转换为连分数形式。请注意,在每个阶段,当得到一个真分数时,我们就取其倒数的倒数(例如,将$\dfrac{2}{5}$改写为$\dfrac{1}{\frac{5}{2}}$,正如我们在下面的示例中所做的那样),这不会改变其值:

$$\frac{12}{7}=1+\frac{5}{7}=1+\cfrac{1}{1+\cfrac{2}{5}}=1+\cfrac{1}{1+\cfrac{1}{\frac{5}{2}}}=1+\cfrac{1}{1+\cfrac{1}{2+\cfrac{1}{2}}}$$

如果我们将一个连分数不断地拆解,其渐近分数①就会随着级数增大而越来越接近原始分数的实际值。

$\dfrac{12}{7}$的第一级渐近分数 $=1$,

$\dfrac{12}{7}$的第二级渐近分数 $=1+\dfrac{1}{1}=2$,

$\dfrac{12}{7}$的第三级渐近分数 $=1+\cfrac{1}{1+\cfrac{1}{2}}=1+\dfrac{2}{3}=1\dfrac{2}{3}=\dfrac{5}{3}$,

$\dfrac{12}{7}$的第四级渐近分数 $=1+\cfrac{1}{1+\cfrac{1}{2+\cfrac{1}{2}}}=\dfrac{12}{7}$。

上面这些例子都是**有限连分数**,它们等价于有理数(可以表示为简单

---

① 做法是舍弃连分数各级加号右侧的分数部分。——原注

分数的数）。由此可以推断，无理数会产生**无限连分数**。事实正是如此，$\sqrt{2}$也可以转成一个简单的无限连分数。我们不仅要将它展示如下，稍后还要进行更多的变换。

$$\sqrt{2} = 1 + \cfrac{1}{2 + \cfrac{1}{2 + \cfrac{1}{2 + \cfrac{1}{2 + \cfrac{1}{2 + \cfrac{1}{2 + \cfrac{1}{2 + \cdots}}}}}}}$$

我们可以用一种简便的方法来表示一个长（在这个例子中是无限长！）连分式：$[1;2,2,2,2,2,2,2,\cdots]$，当数字无限次重复时，我们还可以将其写成一种更简单的形式$[1;\overline{2}]$，其中 2 上方的横线表示 2 的无限重复。

一般而言，我们可以将一个连分式表示为

$$a + \cfrac{1}{a_1 + \cfrac{1}{a_2 + \cfrac{1}{a_3 + \cdots \cfrac{}{\quad} \cfrac{1}{a_{n-1} + \cfrac{1}{a_n}}}}}$$

其中 a_i 是实数，且对于 $i>0$，$a_i \neq 0$。我们可以将它简写成：

$$[a_0; a_1, a_2, a_3, \cdots, a_{n-1}, a_n]$$

正如我们之前所说，我们将生成一个等于$\sqrt{2}$的连分数。

首先写出恒等式：

$$\sqrt{2} + 2 = \sqrt{2} + 2$$

将左边因式分解，并将右边的 2 拆分：

$$\sqrt{2}(1 + \sqrt{2}) = 1 + \sqrt{2} + 1$$

将两边都除以 $1+\sqrt{2}$,得到

$$\sqrt{2}=1+\frac{1}{1+\sqrt{2}}=[1;1,\sqrt{2}]$$

将右式中的 $\sqrt{2}$ 替换为 $\sqrt{2}=1+\dfrac{1}{1+\sqrt{2}}$,并简化各项,得

$$\sqrt{2}=1+\cfrac{1}{1+\left(1+\cfrac{1}{1+\sqrt{2}}\right)}=1+\cfrac{1}{2+\cfrac{1}{1+\sqrt{2}}}=[1;2,1,\sqrt{2}]$$

继续此过程。其模式现在就变得清晰了:

$$\sqrt{2}=1+\cfrac{1}{2+\cfrac{1}{2+\cfrac{1}{1+\sqrt{2}}}}=[1;2,2,1,\sqrt{2}]$$

以此类推。

最后,我们得出以下结论:

$$\sqrt{2}=1+\cfrac{1}{2+\cfrac{1}{2+\cfrac{1}{2+\cdots}}}=[1;2,2,2,\cdots]$$

于是我们就得到了 $\sqrt{2}$ 的一个周期连分数:

$$\sqrt{2}=[1;2,2,2,\cdots]=[1;\overline{2}]$$

有一些连分数等于一些著名的数,例如:

欧拉的 e($e=2.718\ 281\ 828\ 459\ 045\ 235\ 3\cdots$)[1],

还有著名的 π($\pi=3.141\ 592\ 653\ 589\ 793\ 238\ 4\cdots$)。

---

[1] 数 e 是自然对数系的底。当 n 无限增大时,e 是数列 $\left(1+\dfrac{1}{n}\right)^n$ 的极限。符号 e 是由瑞士数学家欧拉于 1748 年引入的。1761 年,德国数学家朗伯(Johann Heinrich Lambert)证明了 e 是无理数,1873 年,法国数学家埃尔米特(Charles Hermite)证明了 e 是超越数。超越数是指不能作为任何整数多项式方程的根的数,这意味着它不是任何次的代数数。这个定义可确保每个超越数必定是无理数。——原注

$$e = 2 + \cfrac{1}{1 + \cfrac{1}{2 + \cfrac{1}{1 + \cfrac{1}{1 + \cfrac{1}{4 + \cfrac{1}{1 + \cfrac{1}{1 + \cfrac{1}{6 + \cdots}}}}}}}}$$

$$= [2;1,2,1,1,4,1,1,6,1,1,8,1,1,10,\cdots] = [2;\overline{1,2n,1}]$$

这里有两种方法可以将 π 表示为连分数。[①]

$$\pi = \cfrac{4}{1 + \cfrac{1^2}{2 + \cfrac{3^2}{2 + \cfrac{5^2}{2 + \cfrac{7^2}{2 + \cfrac{9^2}{2 + \cdots}}}}}}$$

$$\frac{\pi}{2} = 1 + \cfrac{1}{1 + \cfrac{1 \times 2}{1 + \cfrac{2 \times 3}{1 + \cfrac{3 \times 4}{1 + \cfrac{4 \times 5}{1 + \cdots}}}}}$$

有时,我们可以用连分数来表示这些看起来杂乱无章的著名的数:

$$\pi = 3 + \cfrac{1}{7 + \cfrac{1}{15 + \cfrac{1}{1 + \cfrac{1}{292 + \cfrac{1}{1 + \cfrac{1}{1 + \cfrac{1}{1 + \cfrac{1}{2 + \cfrac{1}{1 + \cfrac{1}{3 + \cdots}}}}}}}}}}$$

---

① 关于 π 的各种表示,请参见《圆周率:持续数知年的数学探索》,阿尔弗雷德·S.波萨门蒂、莱格玛·莱曼著,涂泓、冯承天译,上海科技教育出版社,2024。——原注

$$\pi = [3;7,15,1,292,1,1,1,2,1,3,1,14,2,1,1,2,2,2,2,1,84,2,\cdots]$$

我们现在已经为黄金分割比的出场做好了准备。[①] 我们能否将这个与斐波那契相关的比例用连分数来表示呢？

让我们尝试将这些连分数用于 ϕ。

我们用早已非常熟悉的关系来将 ϕ 表示成一个最佳的连分数。让我们从这个关系开始：$\phi = 1 + \dfrac{1}{\phi}$。

现在将右边分母中的 ϕ 替换为与它相等的 $1 + \dfrac{1}{\phi}$。

这样就得到 $\phi = 1 + \dfrac{1}{1 + \dfrac{1}{\phi}}$。

继续这一过程将得出以下结果：

$$\phi = 1 + \frac{1}{\phi} = [1;\phi]$$

$$\phi = 1 + \cfrac{1}{1 + \cfrac{1}{\phi}} = [1;1,\phi]$$

$$\phi = 1 + \cfrac{1}{1 + \cfrac{1}{1 + \cfrac{1}{\phi}}} = [1;1,1,\phi]$$

$$\phi = 1 + \cfrac{1}{1 + \cfrac{1}{1 + \cfrac{1}{1 + \cfrac{1}{\phi}}}} = [1;1,1,1,\phi]$$

---

① 请回忆一下，$\phi = 1.618\,033\,988\,749\,894\,848\,2\cdots$。——原注

$$\phi = 1 + \cfrac{1}{1 + \cfrac{1}{1 + \cfrac{1}{1 + \cfrac{1}{1 + \cfrac{1}{\phi}}}}} = [\,1\,;1\,,1\,,1\,,1\,,\phi\,]$$

$$\phi = 1 + \cfrac{1}{1 + \cfrac{1}{1 + \cfrac{1}{1 + \cfrac{1}{1 + \cfrac{1}{1 + \cfrac{1}{\phi}}}}}} = [\,1\,;1\,,1\,,1\,,1\,,1\,,\phi\,]$$

$$\phi = 1 + \cfrac{1}{1 + \cfrac{1}{1 + \cfrac{1}{1 + \cfrac{1}{1 + \cfrac{1}{1 + \cfrac{1}{1 + \cfrac{1}{\phi}}}}}}} = [\,1\,;1\,,1\,,1\,,1\,,1\,,1\,,\phi\,]$$

$$\phi = 1 + \cfrac{1}{1 + \cfrac{1}{1 + \cfrac{1}{1 + \cfrac{1}{1 + \cfrac{1}{1 + \cfrac{1}{1 + \cdots}}}}}} = [\,1\,;1\,,1\,,1\,,1\,,1\,,\cdots\,] = [\,1\,;\overline{1}\,]$$

以此类推。

这样,我们现在就由 ϕ 的值得到了一个等于 $\dfrac{1}{\phi}$ 的连分数:

$$\frac{1}{\phi} = \phi - 1 = \cfrac{1}{1+\cfrac{1}{1+\cfrac{1}{1+\cfrac{1}{\cdots}}}} = [0;1,1,1,1,1,1,\cdots] = [0;\overline{1}]$$

这必定是所有连分数中最优美的一个,因为黄金分割数 $\left(\phi = \dfrac{\sqrt{5}+1}{2} \approx\right.$

1.618 033 988 749 89 $\Big)$ 及其倒数 $\left(\dfrac{1}{\phi} = \dfrac{\sqrt{5}-1}{2} \approx 0.618\ 033\ 988\ 749\ 89\right)$ 的连

分数全都由 1 组成。

另一方面,这些连分数虽然优雅,但趋近真实值的速度很慢。你需要很多项才能得到一个较为理想的近似值。我们将借助斐波那契数来实现这一过程:

$$\phi_1 = 1 + \frac{1}{1} = 1 + \frac{F_0}{F_1} = \frac{2}{1} = \frac{F_2}{F_1} = 2$$

$$\phi_2 = 1 + \cfrac{1}{1+\cfrac{1}{1}} = 1 + \frac{1}{\phi_1} = 1 + \frac{1}{2} = 1 + \frac{F_1}{F_2} = \frac{3}{2} = \frac{F_3}{F_2} = 1.5$$

$$\phi_3 = 1 + \cfrac{1}{1+\cfrac{1}{1+\cfrac{1}{1}}} = 1 + \frac{1}{\phi_2} = 1 + \frac{2}{3} = 1 + \frac{F_2}{F_3} = \frac{5}{3} = \frac{F_4}{F_3} = 1.\dot{6}$$

$$\phi_4 = 1 + \cfrac{1}{1+\cfrac{1}{1+\cfrac{1}{1+\cfrac{1}{1}}}} = 1 + \frac{1}{\phi_3} = 1 + \frac{3}{5} = 1 + \frac{F_3}{F_4} = \frac{8}{5} = \frac{F_5}{F_4} = 1.6$$

$$\phi_5 = 1 + \cfrac{1}{1+\cfrac{1}{1+\cfrac{1}{1+\cfrac{1}{1+\cfrac{1}{1}}}}} = 1 + \frac{1}{\phi_4} = 1 + \frac{5}{8} = 1 + \frac{F_4}{F_5} = \frac{13}{8} = \frac{F_6}{F_5} = 1.625$$

$$\phi_6 = 1 + \cfrac{1}{1 + \cfrac{1}{1 + \cfrac{1}{1 + \cfrac{1}{1 + \cfrac{1}{1 + \frac{1}{1}}}}}} = 1 + \frac{1}{\phi_5} = 1 + \frac{8}{13} = 1 + \frac{F_5}{F_6} = \frac{21}{13} = \frac{F_7}{F_6}$$

$$= 1.\dot{6}1538\dot{4}$$

$$\phi_7 = 1 + \cfrac{1}{1 + \cfrac{1}{1 + \cfrac{1}{1 + \cfrac{1}{1 + \cfrac{1}{1 + \cfrac{1}{1 + \frac{1}{1}}}}}}} = 1 + \frac{1}{\phi_6} = 1 + \frac{13}{21} = 1 + \frac{F_6}{F_7} = \frac{34}{21}$$

$$= \frac{F_8}{F_7} = 1.\dot{6}1904\dot{7}$$

于是第 n 级渐近分数可写为

$$\phi_n = 1 + \cfrac{1}{1 + \cfrac{1}{1 + \cfrac{1}{1 + \cfrac{1}{1 + \cfrac{1}{1 + \frac{1}{1 + \cdots}}}}}} = 1 + \frac{1}{\phi_{n-1}} = 1 + \frac{F_{n-1}}{F_n} = \frac{F_{n+1}}{F_n}$$

于是我们看到 ϕ_n 的连分数的极限是①

$$\lim_{n \to \infty} \frac{F_{n+1}}{F_n} = \frac{\sqrt{5}+1}{2} = \phi（见第 4 章）$$

① 这个式子的意思是：当 n 越来越大，趋向 ∞ 时，$\frac{F_{n+1}}{F_n}$ 的极限为 $\frac{\sqrt{5}+1}{2} = \phi$。——原注

1968 年,玛达其(Joseph S. Madachy)[1]引入了一个新的常数 μ 来表示下面的连分数。

$$\mu = 1 + \cfrac{1}{2 + \cfrac{3}{5 + \cfrac{8}{13 + \cfrac{21}{34 + \cfrac{55}{89 + \cfrac{144}{233 + \cfrac{377}{\cdots}}}}}}}$$

= 1. 394 186 550 228 783 672 902 889 649 577 720 966 737 409 643 068 3…

我们看到这个连分数的各项是相继的斐波那契数。

著名的苏格兰数学家西姆森(Robert Simson)阅读了欧几里得的《几何原本》,并撰写了一本相关的英文书,这在很大程度上促进了美国高中几何基础课程的发展,他是认识到两个相继斐波那契数之比 $\dfrac{F_{n+1}}{F_n}$ 会趋向黄金分割比 ϕ 的第一人。

请仔细观察以下分数列表(表 5.1),看看它们如何趋向 ϕ 的值。

表 5.1

	(ϕ_0)	ϕ_1	ϕ_2	ϕ_3	ϕ_4	ϕ_5	ϕ_6	ϕ_7	… ϕ
分子	(1)	2	3	5	8	13	21	34	
分母	(1)	1	2	3	5	8	13	21	
		F_1	F_2	F_3	F_4	F_5	F_6	F_7	

为了展示它们所构成的矩形的形状如何变得越来越像一个黄金矩形,我们绘制一系列图形,其中宽 b 保持不变,而长 $a = \phi_i \cdot b$ 随 i 变化。最右边是一个真正的黄金矩形,可供比较。由此,你就能看到随着 ϕ_i 的分子和分母逐渐变化($i = 1, 2, 3, \cdots, 7$),黄金矩形趋于完美(图 5.1)。

---

[1] "Recreational Mathematics," *Fibonacci Quarterly* 6, no. 6 (1968):385–392. ——原注

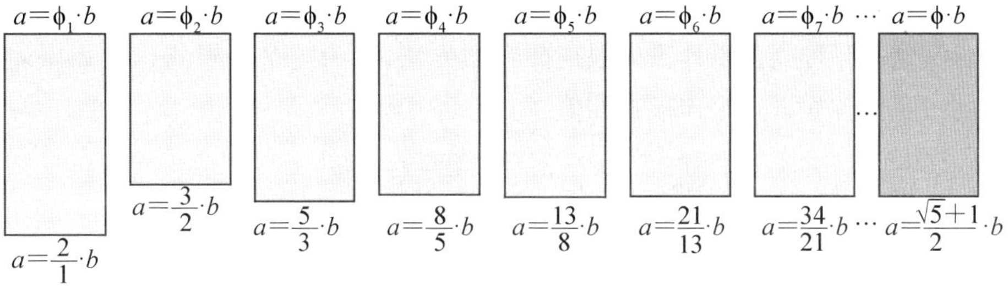

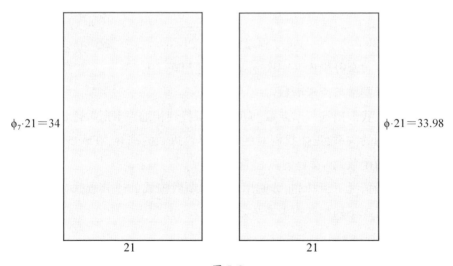

图 5.1

你会注意到 $\phi_5 = \dfrac{13}{8} = 1.625$ 是 $\phi = 1.618\ 033\ 988\ 749\ 894\ 848\ 2\cdots$ 的一个较精确的近似。而对于 $\phi_7 = \dfrac{34}{21} = 1.\dot{6}1904\dot{7}$，我们几乎看不出这样的矩形与真实的黄金矩形之间的差异。在图 5.2 中，左边是近似的矩形，右边是黄金矩形。

$\phi_7 \cdot 21 = 34$

$\phi \cdot 21 = 33.98$

21

21

图 5.2

连根式

有趣的是，1 对于 ϕ 的值还有另一个作用。考虑一下"连根式"

$$\sqrt{1+\sqrt{1+\sqrt{1+\sqrt{1+\cdots}}}}$$

让我们来看看如何求出它的值。

这是一种类似于计算无限连分数的方法,因为这个连根式也是无限的。我们首先设这个连根式的值为 x:

$$x=\sqrt{1+\sqrt{1+\sqrt{1+\sqrt{1+\cdots}}}}$$

然后将这个等式的两边取平方,就得到

$$x^2=1+\sqrt{1+\sqrt{1+\sqrt{1+\sqrt{1+\cdots}}}}$$

由于

$$x=\sqrt{1+\sqrt{1+\sqrt{1+\sqrt{1+\cdots}}}}$$

我们可以用 x 替换上述 x^2 的式子中的连根式,得到 $x^2=1+x$,也可以写成 $x^2-x-1=0$。

于是 x 的正根为 $\dfrac{\sqrt{5}+1}{2}=\phi$。因此我们有

$$\phi=\sqrt{1+\sqrt{1+\sqrt{1+\sqrt{1+\cdots}}}}$$

啊哈!黄金分割比又一次令人惊讶地出现了!

斐波那契数与卢卡斯数

现在让我们回到卢卡斯数。我们希望找到相继卢卡斯数之比与黄金分割比之间的关系,正如我们对斐波那契数所做的那样,在表 5.2 中,你会发现这两个数列①都趋向黄金分割比。

在这种情况下,我们能够使用由卢卡斯数构成的连分数来趋向黄金分割比。考虑下列相继卢卡斯数之比:

$$\frac{3}{1}=1+\frac{2}{1}=1+\cfrac{1}{\cfrac{1}{2}}$$

---

① 四舍五入到小数点后 9 位。——原注

$$\frac{4}{3} = 1 + \frac{1}{3} = 1 + \frac{1}{1+2} = 1 + \cfrac{1}{1+\cfrac{1}{\cfrac{1}{2}}}$$

$$\frac{7}{4} = 1 + \frac{3}{4} = 1 + \cfrac{1}{\cfrac{4}{3}} = 1 + \cfrac{1}{1+\cfrac{1}{1+\cfrac{1}{\cfrac{1}{2}}}}$$

上述式子可以简写成 $\left[1;1,1,1,\cdots,\frac{1}{2}\right]$。这里的最后一项是 $\frac{1}{2}$，而不是由斐波那契数得出的 1。这一事实会随着连分数的项越来越多而变得无关紧要。

连分数的研究还会带来许多其他有趣的惊喜。而现在，我们已经感受到使用这项技术进一步探索斐波那契数和卢卡斯数所带来的乐趣了。

表 5. 2

$\dfrac{F_{n+1}}{F_n}$	$\dfrac{L_{n+1}}{L_n}$
$\dfrac{1}{1} = 1.000\,000\,000$	$\dfrac{3}{1} = 1.000\,000\,000$
$\dfrac{2}{1} = 2.000\,000\,000$	$\dfrac{4}{3} = 1.333\,333\,333$
$\dfrac{3}{2} = 1.500\,000\,000$	$\dfrac{7}{4} = 1.750\,000\,000$
$\dfrac{5}{3} = 1.666\,666\,667$	$\dfrac{11}{7} = 1.571\,428\,571$
$\dfrac{8}{5} = 1.600\,000\,000$	$\dfrac{18}{11} = 1.636\,363\,636$
$\dfrac{13}{8} = 1.625\,000\,000$	$\dfrac{29}{18} = 1.611\,111\,111$
$\dfrac{21}{13} = 1.615\,384\,615$	$\dfrac{47}{29} = 1.620\,689\,655$
$\dfrac{34}{21} = 1.619\,047\,619$	$\dfrac{76}{47} = 1.617\,021\,277$

$\dfrac{F_{n+1}}{F_n}$	$\dfrac{L_{n+1}}{L_n}$
$\dfrac{55}{34} = 1.617\ 647\ 059$	$\dfrac{123}{76} = 1.618\ 421\ 053$
$\dfrac{89}{55} = 1.618\ 181\ 818$	$\dfrac{199}{123} = 1.617\ 886\ 179$
$\dfrac{144}{89} = 1.617\ 977\ 528$	$\dfrac{322}{199} = 1.618\ 090\ 452$
$\dfrac{233}{144} = 1.618\ 055\ 556$	$\dfrac{521}{322} = 1.618\ 012\ 422$
$\dfrac{377}{233} = 1.618\ 025\ 751$	$\dfrac{843}{521} = 1.618\ 042\ 226$
$\dfrac{610}{377} = 1.618\ 037\ 135$	$\dfrac{1364}{843} = 1.618\ 030\ 842$
$\dfrac{987}{610} = 1.618\ 032\ 787$	$\dfrac{2207}{1364} = 1.618\ 035\ 191$

第6章 斐波那契数应用集锦

现在,我们将简要地介绍斐波那契数的一些相当不同寻常的、花样繁多的应用。其中有些是严肃的,有些则是轻松的。这些例子只是人们已经发现的斐波那契数所展示出来的各种用途和表现的一个样本,这绝不是一个完整的集合。这样的集合会是无限大的!

商业应用

我们已经看到斐波那契数在最意想不到的地方显现出来的证据。现在,我们要到股市的动荡世界里去寻找它们。

> 所有人类活动都具有三个显著的特征,即模式、时间和比例,所有这些特征都遵循斐波那契求和级数。
>
> ——艾略特(*Ralph Nelson Elliott*)

1929 年股市大崩盘后,投资者们的信心处于历史最低点,许多美国人将股市视为一种代价高昂的掷骰子游戏。尽管如此,一位成功但鲜为人知的会计师兼工程师艾略特决定仔细研究几十年来的股票行情图表,并追踪交易者的行为,以试图理解这次崩盘。随着研究的深入,艾略特发现市场行为的起起伏伏,或者更确切地说是涨跌,呈现出明显的、重复的之字形模式。他将这些模式称为“波浪”,并将其分为“推动浪”或“调整浪”两类,这些波浪可以被测量,并用于预测市场行为。

柯林斯(Charles Collins)是当时一家全国市场通信的出版商,拥有大批追随者,其中也包括艾略特(图 6.1)。热情的艾略特在给柯林斯的一封信中写道:“道琼斯理论急需一个补充。”他称之为“波浪理论”。他们之间的通信开始于 1934 年 11 月,当时艾略特写信给柯林斯,讲述了他的“发现”,希望能得到柯林斯的支持。柯林斯对艾略特的分析的精确性印象深刻,并邀请他到底特律,以便更详细地解释这一过程。虽然艾略特坚持所有市场决策都应基于波浪理论,导致柯林斯没有直接雇用艾略特,但柯林斯还是帮助他在华尔街设立了一个办事处。后来,在 1938 年,柯林斯以艾略特的名义写了一本书,名为《波浪原理》(*The Wave Principle*)。艾略特则继续通过各种信件和杂志文章进一步宣传他的理论,其中有些文章发表在《金融世界》(*Financial World*)杂志上。1946 年,艾略特在《自然法则——宇宙的秘密》(*Nature's Law—The Secret of the Universe*)一书中拓展了波浪原理。

图 6.1　艾略特

　　艾略特的这本著名的、有影响力的小册子《波浪原理》基于这样一种理念：市场行为不应被视为随机的或混乱的，而应被视为投资者信心（推动浪）和市场机制（调整浪）的一种自然的反映。用通俗的话来说，艾略特感觉到，市场就像"宇宙中的其他事物"一样，一旦建立其行为模式，并能被训练有素的眼睛看到，就会按照可预测的周期运行。此时，在这些模式中能看到斐波那契数，这并不奇怪。

　　可能令人惊讶的是，在艾略特的股市分析中，斐波那契数是那么的普遍。他在追踪大多数熊市的过程中，发现熊市是以 2 个推动浪和 1 个调整浪的形式运行的，总共是 3 个浪（听起来熟悉吗？）。此外，他的研究表明，牛市通常以 3 个推动浪和 2 个调整浪的形式向上跳跃，总共是 5 个浪（认出这些数了吗？）。一个完整的周期是这些波浪的总和，即 8 个浪。斐波那契数列与波浪原理的关系还不止于此。

　　艾略特的波浪原理还指出，每个"主浪"可以进一步细分为"小浪"和"中浪"。假如一个正常的熊市有 13 个中浪。是的（正如你可能猜到的那样），一个牛市有 21 个中浪，两者相加，总共是 34 个中浪。把这个数列延续下去，一个熊市有 55 个小浪，一个牛市有 89 个小浪，总共是 144 个小浪。艾略特自己在追踪这些市场波动时,对于发现斐波那契数列一点也不感到惊讶,因为他一直认为"股市是人创造的,因此反映了人类的特质"。不过,当艾略特为筹备第二部著作《自然法则——宇宙的秘密》着手研究这些浪的大小关系时,他才意识到自己的新发现是基于"'吉萨'(Gizeh)大金字塔的设计者们早已经熟知的一条自然法则,而这座金字塔可能建于 5000 年前"(见第 7 章)。

他说的当然就是黄金分割比。艾略特相信,运用这一最著名的比例,再加上另外一些由斐波那契数生成的比例,就可以精准地预测股票价格。若想理解他是如何得出这个结论的,很重要的一点是要研究这些斐波那契比例究竟是什么。请考虑将斐波那契数分别除以其后续三个数。在经过数轮计算后,结果见表 6.1。你能看出其中呈现的模式吗?

很明显,在前几行之后,各列的结果分别接近黄金分割比 0.618 0、0.382 0 和 0.236 0。将这些数转换成百分比形式:61.8%、38.2% 和 23.6%,它们被称为斐波那契百分比。有趣的是,我们注意到一个非常奇特的性质:后两个百分比的总和等于第一个百分比(38.2% + 23.6% = 61.8%),而前两个百分比(61.8% 和 38.2%)的总和恰好等于 100%,这一论断可以用代数方法证明。

艾略特前提又称斐波那契指标,是指两个浪之间的比例或比例关系,可以用于指示股票价格。艾略特发现,在最初一波价格上涨之后,通常会跟随一个价格向下的第二波,这也就是市场分析师所说的"回撤"初始涨幅。仔细观察后会发现,回撤幅度往往是初始涨幅的斐波那契百分比,最高回撤幅度为 61.8%。黄金分割比再次称雄!

表 6.1

n	F_n	$\dfrac{F_n}{F_{n+1}}$	$\dfrac{F_n}{F_{n+2}}$	$\dfrac{F_n}{F_{n+3}}$
1	1	$\dfrac{1}{1} = 1.000\,000\,000$	$\dfrac{1}{2} = 1.000\,000\,000$	$\dfrac{1}{3} = 0.333\,333\,333$
2	1	$\dfrac{1}{2} = 0.500\,000\,000$	$\dfrac{1}{3} = 0.333\,333\,333$	$\dfrac{1}{5} = 0.200\,000\,000$

n	F_n	$\dfrac{F_n}{F_{n+1}}$	$\dfrac{F_n}{F_{n+2}}$	$\dfrac{F_n}{F_{n+3}}$
3	2	$\dfrac{2}{3} = 0.666\ 666\ 667$	$\dfrac{2}{5} = 0.400\ 000\ 000$	$\dfrac{2}{8} = 0.250\ 000\ 000$
4	3	$\dfrac{3}{5} = 0.600\ 000\ 000$	$\dfrac{3}{8} = 0.375\ 000\ 000$	$\dfrac{3}{13} = 0.230\ 769\ 231$
5	5	$\dfrac{5}{8} = 0.625\ 000\ 000$	$\dfrac{5}{13} = 0.384\ 615\ 385$	$\dfrac{5}{21} = 0.238\ 095\ 238$
6	8	$\dfrac{8}{13} = 0.615\ 384\ 615$	$\dfrac{8}{21} = 0.380\ 952\ 381$	$\dfrac{8}{34} = 0.235\ 294\ 118$
7	13	$\dfrac{13}{21} = 0.619\ 047\ 619$	$\dfrac{13}{34} = 0.382\ 352\ 941$	$\dfrac{13}{55} = 0.236\ 363\ 636$
8	21	$\dfrac{21}{34} = 0.617\ 647\ 059$	$\dfrac{21}{55} = 0.381\ 818\ 182$	$\dfrac{21}{89} = 0.235\ 955\ 056$
9	34	$\dfrac{34}{55} = 0.618\ 181\ 818$	$\dfrac{34}{89} = 0.382\ 022\ 471$	$\dfrac{34}{144} = 0.236\ 111\ 111$
10	55	$\dfrac{55}{89} = 0.617\ 977\ 528$	$\dfrac{55}{144} = 0.381\ 944\ 444$	$\dfrac{55}{233} = 0.236\ 051\ 502$
11	89	$\dfrac{89}{144} = 0.618\ 055\ 555$	$\dfrac{89}{233} = 0.381\ 974\ 249$	$\dfrac{89}{377} = 0.236\ 074\ 271$
12	144	$\dfrac{144}{233} = 0.618\ 025\ 751$	$\dfrac{144}{377} = 0.381\ 962\ 865$	$\dfrac{144}{610} = 0.236\ 065\ 574$
13	233	$\dfrac{233}{377} = 0.618\ 037\ 135$	$\dfrac{233}{610} = 0.381\ 967\ 213$	$\dfrac{233}{987} = 0.236\ 068\ 896$

　　虽然今天的许多市场分析师会把波浪模式和回撤结合起来预测市场,但一些分析师还会进一步研究斐波那契数。他们借鉴以往的日期和结果,在其中寻找斐波那契数。两个主高点或主低点之间可能间隔 34 个月或 55 个月,或者两个小浪之间可能只隔 21 天或 13 天。交易者可以找出重复的模式,并设法针对日期建立起斐波那契关系,以帮助预测未来的市场。

　　在你对斐波那契数在股市中的重要性嗤之以鼻之前,请先想想当时

67 岁的艾略特在没有任何计算机的帮助下,预测了从 1933 年到 1935 年熊市下跌结束的日期,**精确到天**。

　　既然我们正在探讨斐波那契数在金融界中的应用,那么顺便说一下,就连金融交易的主要工具之一——信用卡的尺寸(55 毫米×86 毫米)也非常接近黄金矩形,86 毫米与斐波那契数仅差 3 毫米。

　　费希尔(Robert Fischer)撰写的《供交易员参考的斐波那契应用和策略》(*Fibonacci Applications and Strategies for Traders*)一书阐述了斐波那契数在投资决策中的应用。这是一本既全面又实用的书,展示了如何使用对数螺线来快速准确地判断价格和时间信号。他解释了如何根据这些分析采取行动。这本创新的交易指南首先重新审视了艾略特波浪理论的经典原理和应用,然后引入斐波那契数列,探索其在这本书所讨论的诸多领域中的身影,并且探讨了它在股票市场和商品交易中的身影。

　　费希尔随后解释了如何用斐波那契数列来衡量股票和商品的价格波动,并预测短期和长期调整目标。你可以学习如何在市场拓展中准确分析价格目标,以及如何运用对数螺线,以一定精度进行价格和时间分析。这本书声称能够帮助你计算和预测商品市场的关键转折点,分析商业和经济的周期,并找准进入和退出的时机,从而使规范的交易成为可能并可盈利。我们并不是说这种致富方法万无一失,但斐波那契数的确吸引了投资领域的一些人的注意。

自动售货机

另一种全然不同的应用是设置自动售货机来售卖各种糖果。已知每种糖果的价格都是 25 美分的整数倍。每种糖果都对应不同的投币顺序，因此根据投入机器的硬币数量和顺序就能知道顾客选择了哪种糖果。我们需要计算出这台机器可以容纳多少种糖果。换句话说，假如投币口只接受 25 美分硬币（用 Q 表示）和 50 美分硬币（用 H 表示），那么总金额为 25 美分的整数倍的硬币，可以有几种投币方式？例如，如果选择 75 美分的糖果，那么就有三种可能的支付方式：3 枚 25 美分硬币（QQQ），1 枚 25 美分硬币和 1 枚 50 美分硬币（QH），1 枚 50 美分硬币和 1 枚 25 美分硬币（HQ）。每一种支付方式都会得到不同种类的糖果。当我们制作一张表格（表 6.2）来列出这台机器可以接受的各种金额时，就会出现一组奇怪的数。你能猜出是什么数吗？

再一次，斐波那契数似乎无中生有地出现在表 6.2 的最右列，显示了不同总额的硬币可以通过多少种排列顺序进入投币口。这有助于自动售货机制造商预测顾客支付 3.00 美元的投币方案数。答案对应 25 美分的 12 倍，即斐波那契数列中的第 13 个数，即有 233 种方式。

表 6.2

糖果的价格/美元	25 美分的倍数	支付方式列表	投币方案数
0.25	1	Q	1
0.50	2	QQ，H	2
0.75	3	QQQ，HQ，QH	3
1.00	4	QQQQ，HH，QQH，HQQ，QHQ	5
1.25	5	QQQQQ，HHQ，QHH，HQH，QQQH，HQQQ，QHQQ，QQHQ	8

糖果的价格/美元	25 美分的倍数	支付方式列表	投币方案数
1.50	6	QQQQQQ,QQQQH,QQQHQ, QQHQQ,QHQQQ,HQQQQ,QQHH, HHQQ,HQHQ,QHQH,HQQH, QHHQ,HHH	13
1.75	7	QQQQQQQ,QQQQQH,QQQQHQ, QQQHQQ,QQHQQQ,QHQQQQ, HQQQQQ,QQQHH,QQHHQ, QHHQQ,HHQQQ,QHQHQ, HQHQQ,QQHQH,HQQQH, HQQHQ,QHQQH,HHHQ,HHQH, HQHH,QHHH	21
2.00	8	QQQQQQQQ,QQQQQQH, QQQQQHQ,QQQQHQQ, QQQHQQQ,QQHQQQQ, QHQQQQQ,HQQQQQQ, QQQQHH,QQQHHQ,QQHHQQ, QHHQQQ,HHQQQQ,HQHQQQ, QHQHQQ,QQHQHQ,QQQQHH, HQQHQQ,QHQQHQ,QQHQQH, HQQQHQ,QHQQQH,HQQQQH, QQHHH,HQQHH,HHQQH, HHHQQ,QHQHH,HQHQH, HHQHQ,QHHQH,HQHHQ, QHHHQ,HHHH	34

爬楼梯

类似的情况也出现在以下问题中。假设你要爬上一个有 n 级台阶的楼梯,你可以一步上一级,也可以一步上两级,那么此时爬楼梯的不同方式数(C_n)会是一个斐波那契数,与上述自动售货机的情况大致相同。

假设 $n=1$,这意味着只有一级台阶可爬。那么答案很简单:只有 1 种方式爬上这个楼梯。

如果 $n=2$,因此有 2 级台阶,那么有 2 种不同的方式爬上这个楼梯:一步上一级,走两步;一步上两级,走一步。

如果 $n=3$,因此有 3 级台阶,那么有 3 种不同的方式爬上这个楼梯:1级+1 级+1 级;1 级+2 级;2 级+1 级。可以对此进行归纳(显然你已经是爬楼梯专家了)。对于有 n 级台阶(其中 $n>2$)的楼梯,令爬楼梯方式数为 C_n。当你第一步只上了 1 级之后,还有 $n-1$ 级台阶要爬。因此,爬楼梯剩余部分的方式数是 C_{n-1}。如果你第一步上了 2 级(即已经爬了 2 级),那么可以有 C_{n-2} 种方式爬完楼梯的剩余部分。因此,爬一个有 n 级台阶的楼梯的方式数是这些方式之和:$C_n = C_{n-1} + C_{n-2}$。这个等式是否让你想起了斐波那契递归关系?C_n 的值会遵循斐波那契模式,$C_n = F_{n+1}$。你可以用级数较少的楼梯来检验这一点,看看它是否成立,或者你可以将其与之前的自动售货机问题作比较,看看它们是否等价——25 美分就相当于一级台阶。

另一方面,我们也可以考察一个数值相当大的例子。帝国大厦从地面到最高点——避雷针——之间的高度为 1453 英尺①加 $8\frac{9}{16}$ 英寸②,共1860 级台阶。这里每年都会举办爬楼比赛。一个爬楼梯上帝国大厦的

---

① 1 英尺 ≈0.3 米——译注
② 1 英寸 = 2.54 厘米——译注

人可以通过多少种方式达到最高的台阶？

这是一个难以置信的大数：

$$C_n = C_{1860}$$

$$= F_{1861}$$

$$= 37714947112431814322507744749931049632797687008623480871351609764568156193373680151232412945298517190425833936823942275395680820896518732120268852036861867624728128920239509015217615431571741968260146431901232750464530968296717544866475402917320392352090243657224327657131325954780580843850283683054714131136328674469916443464802738976662616325164306656544521133547290540333738912142760761$$

$$\approx 3.771\ 494\ 711 \times 10^{388}$$

别出心裁地粉刷房子

要将一栋 n 层的房子粉刷成蓝色和黄色，并规定相邻两层不能都是蓝色但可以都是黄色。我们用 a_n 来表示一栋 n 层（$n \geqslant 1$）的房子的可能粉刷方式数。

在图 6.2 中，你会看到粉刷不同楼层数的房子的可能方式数。现在假设我们有一栋五层楼建筑。第五层可以粉刷成黄色或蓝色。如果它被粉刷成黄色，那么剩下的几层就可以像一栋四层楼的房子那样粉刷。如果它被粉刷成蓝色，那么第四层就必须被粉刷成黄色，而下面三层可以像一栋三层楼的房子那样粉刷。

我们发现：$a_5 = a_4 + a_3 = 8 + 5 = 13 = F_6 + F_5 = F_7$。

你认出这里的递归模式了吗？它应该会让你想起用于生成斐波那契数的那种模式。

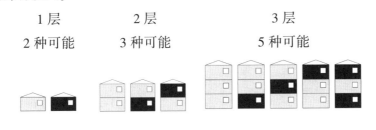

1 层　　　　2 层　　　　　　3 层

2 种可能　　3 种可能　　　　5 种可能

4 层

8 种可能

图 6.2

1 和 2 的有序求和

斐波那契数的另一个很有趣的应用可以参见以下趣题：

　　将自然数 n 写成 1 和 2 的有序求和，共有多少种方式？

让我们观察表 6.3，并计算完成这项任务的方式有几种。

表 6.3

n	1	2	3	4	5	6	7
F_n	1	1	2	3	5	8	13
F_{n+1}	1	2	3	5	8	13	21
1和2的有序求和	1	1+1 2	1+1+1 1+2 2+1	1+1+1+1 1+1+2 1+2+1 2+1+1 2+2	1+1+1+1+1 1+1+1+2 1+1+2+1 1+2+1+1 2+1+1+1 1+2+2 2+1+2 2+2+1	1+1+1+1+1+1 1+1+1+1+2 1+1+1+2+1 1+1+2+1+1 1+2+1+1+1 2+1+1+1+1 1+1+2+2 1+2+2+1 2+2+1+1 2+1+2+1 1+2+1+2 2+1+1+2 2+2+2	1+1+1+1+1+1+1 2+1+1+1+1+1 1+2+1+1+1+1 1+1+2+1+1+1 1+1+1+2+1+1 1+1+1+1+2+1 1+1+1+1+1+2 2+2+1+1+1 2+1+2+1+1 2+1+1+2+1 2+1+1+1+2 1+2+2+1+1 1+2+1+2+1 1+2+1+1+2 1+1+2+2+1 1+1+2+1+2 1+1+1+2+2 2+2+2+1 2+2+1+2 2+1+2+2 1+2+2+2

根据表 6.3 的演变模式，我们可以得出结论：自然数 n 可以用 F_{n+1} 种不同的方式写成 1 和 2 的有序和，其中 F_n 是第 n 个斐波那契数。

在 $n \geq 2$ 时，n 的表示都以 1 或 2 结束。而 1 或 2 前面各项相加之和分别为 $n-1$ 或 $n-2$。这就给出了 $F_{n+1} = F_n + F_{n-1}$，其中 $n \geq 2$。

将正整数表示为斐波那契数之和

我们取任意一个正整数，比如说27，若要将这个数表示为一些斐波那契数之和，我们可以这样做：27＝21+5+1，或者 27＝13+8+3+2+1，或者甚至 27＝13+8+5+1，也可以用其他组合。这对于所有正整数都是可以做到的。[1] 你可能想试试其他随机选择的正整数。通过足够多的例子，你应该会发现，对于任意正整数[2]，若要用**非相继**斐波那契数来表示它，那么**只有一种方式**。在上面这个例子中，第一种示例 27＝21+5+1 是 27 的唯一非相继斐波那契数表示形式。以下是用非相继斐波那契数唯一表示正整数的一些例子：

$$1 = F_2 \qquad\qquad 7 = F_3 + F_5 = 2+5$$
$$2 = F_3 \qquad\qquad 8 = F_6$$
$$3 = F_4 \qquad\qquad 9 = F_2 + F_6 = 1+8$$
$$4 = F_2 + F_4 = 1+3 \qquad 10 = F_3 + F_6 = 2+8$$
$$5 = F_5 \qquad\qquad 11 = F_4 + F_6 = 3+8$$
$$6 = F_2 + F_5 = 1+5 \qquad 12 = F_6 + F_4 + F_2 = 8+3+1$$

覆盖国际象棋棋盘

说来奇怪，斐波那契数可以描述用 2×1 多米诺骨牌来平铺 2×(n−1) 国际象棋棋盘的方式数。也就是说，每块多米诺骨牌恰好会覆盖棋盘上两个相邻的方格。让我们看看在下面的例子中是如何做到这一点的。

平铺 2×1 棋盘的方式只有 1 种（图 6.3）：

---

[1] 附录中对此命题给出了一个证明。——原注
[2] 比利时业余数学家泽肯多夫（Edouard Zeckendorf）对此给出了证明，因此该定理被称为泽肯多夫定理。——原注

图 6.3

平铺 2×2 棋盘的方式有 2 种(图 6.4):

图 6.4

平铺 2×3 棋盘的方式有 3 种(图 6.5):

图 6.5

平铺 2×4 棋盘的方式有 5 种(图 6.6):

图 6.6

平铺 2×5 棋盘的方式有 8 种(图 6.7):

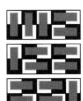

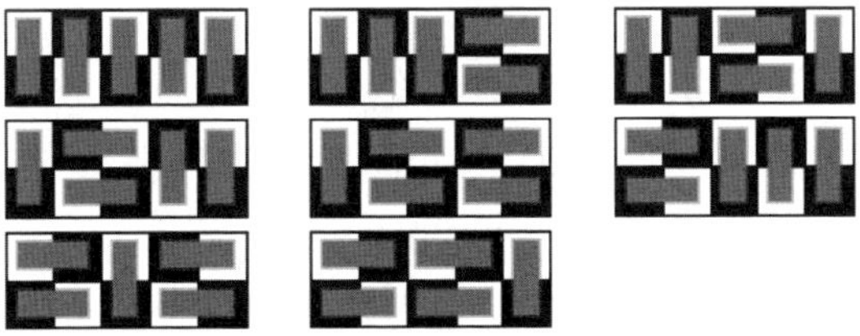

图 6.7

平铺 2×6 棋盘的方式有 13 种 (图 6.8):

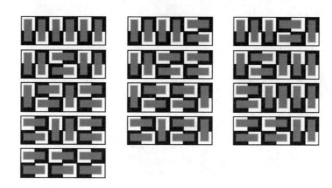

图 6.8

平铺 2×7 棋盘的方式有 21 种 (图 6.9):

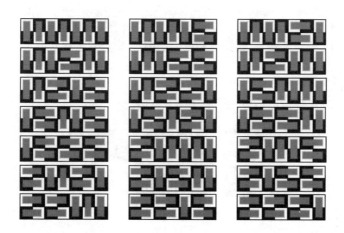

图 6.9

既然我们在讨论国际象棋棋盘的话题,那么就来看一个有趣的问题,其中包含一条非常有用的解题思想。假设你有一副缺少一对对角方格的 8×8 国际象棋棋盘 (见图 6.10)。你能做到用 31 块多米诺骨牌来覆盖它吗?

一旦提出了问题,大多数人就会尝试各种排列组合以覆盖这个正方形。你可以用实物骨牌尝试,也可以在纸上绘制图形网格,然后每次对两个相邻的方格着色。但不久之后,挫折感就会开始出现,因为这样做下去

图 6. 10

是不可能成功的。

　　这里的关键是要回到原始问题。仔细阅读这个问题就会发现,它并没有要求做这种平铺覆盖,而只是问能否做到。然而,由于我们长期接受训练形成习惯,这个问题经常被误读,被理解为"去做"。

　　培养一点聪明的洞察力会对你有所帮助。问你自己这样一个问题:当你把一块多米诺骨牌放在棋盘上时,它会覆盖什么样的方格?放置在棋盘上的每块多米诺骨牌必须覆盖一个黑色方格和一个白色方格。在那副被截去两个对角方格的棋盘上,黑白方格数量相同吗?不!黑色方格比白色方格少两个。因此,不可能用31块多米诺骨牌覆盖这副被截去两个对角方格的棋盘,因为黑白方格的数量必须相等才能被覆盖。当你开始解决一个问题时,提出一些正确的问题,并检查所提出的问题,这是成功解决数学问题的关键点。

斐波那契数和毕达哥拉斯三角形
——生成毕达哥拉斯三元数

大多数成年人印象最深刻的一个数学关系,应该就是著名的毕达哥拉斯定理①。该定理确定了边长为 a,b,c 的直角三角形三边之间的关系为 $a^2+b^2=c^2$。你也许还能进一步回忆起,有一些三个一组的数满足这一关系,如 3,4,5 和 5,12,13 以及 8,15,17,这是因为 $3^2+4^2=9+16=25=5^2$,$5^2+12^2=25+144=169=13^2$,以及 $8^2+15^2=64+225=289=17^2$。满足毕达哥拉斯定理的这些三个一组的数被称为毕达哥拉斯三元数。当这三个数没有公因数②时,例如上面的三个例子,我们就称它们为"本原毕达哥拉斯三元数"。非本原毕达哥拉斯三元数的一个例子是 $(6,8,10)$,因为这组数的所有成员有一个公因数 2。

一开始,我们以为斐波那契数与毕达哥拉斯定理没有任何共同之处,因为它们是各自独立被发现的,也没有任何后续的联系。然而,令我们惊讶的是,我们可以使用斐波那契数来生成毕达哥拉斯三元数。让我们看看如何做到这一点。为了从斐波那契数得到毕达哥拉斯三元数,我们取任意四个相继的斐波那契数,例如 3,5,8,13。我们现在遵循下列规则操作:

1. 将中间的两个数相乘,并将结果翻倍。

这里,5 和 8 的乘积是 40,然后我们将其翻倍得到 **80**。(这是毕达哥拉斯三元数的一个成员。)

2. 将外侧的两个数相乘。

这里,3 和 13 的乘积是 **39**。(这是毕达哥拉斯三元数的另一个成员。)

---

① 毕达哥拉斯定理又叫勾股定理。——译注
② 本书所提及的公因数均不考虑 1 这个数,因为它总是一个公因数。——原注

3. 将中间两个数的平方相加,得到毕达哥拉斯三元数的第三个成员。

这里 $5^2+8^2=25+64=\underline{\mathbf{89}}$。

这样我们就找到了一组毕达哥拉斯三元数:$(39,80,89)$。我们可以验证这确实是一组毕达哥拉斯三元数:$39^2+80^2=1521+6400=7921=89^2$。这是一个令人愉快又惊讶的结果,其证明过程见附录。

斐波那契数与毕达哥拉斯三元数之间的 另一种联系

下面这组等式生成的整数 a, b, c 必然满足毕达哥拉斯定理 $a^2 + b^2 = c^2$，这也是构造毕达哥拉斯三角形(即直角三角形)的一种有效办法。

$$a = m^2 - n^2$$
$$b = 2mn$$
$$c = m^2 + n^2$$

其中 m 和 n 为正整数。

例如，如果 $m = 5, n = 2$，那么我们可以用上述方法得到一组三元数：

$$a = m^2 - n^2 = 25 - 4 = \underline{21}$$
$$b = 2mn = 2 \times 5 \times 2 = \underline{20}$$
$$c = m^2 + n^2 = 25 + 4 = \underline{29}$$

这就是一组毕达哥拉斯三元数 $(20, 21, 29)$。

这三个等式有时被称为**巴比伦公式**。巴比伦人借助它们生成了诸如 $(3456, 3367, 4825)$ 和 $(12\,709, 13\,500, 18\,541)$ 之类的毕达哥拉斯三元数。

请记住，如果 a, b, c 互素(即 a, b, c 没有公因数)，那么毕达哥拉斯三元数 (a, b, c) 被称为**本原**毕达哥拉斯三元数。当 m 和 n 是两个互素的自然数，其中 $m > n$ 且两者奇偶性①不同时，就会生成本原毕达哥拉斯三元数。

现在你一定想知道这与斐波那契数有何关联。好，我们令 m 和 n 从 $m = 2, n = 1$ 开始，依次将斐波那契数列的各项代入 a, b, c 的等式中。你会惊讶地发现，在每种情况下，c 都是斐波那契数，如表 6.4 所示。

---

① 如果两个正整数都是偶数或都是奇数，那么它们就具有相同的奇偶性。——原注

表 6.4

k	m	n	$a = m^2 - n^2$	$b = 2mn$	$c = m^2 + n^2$
1	2	1	3	4	**5**
2	3	2	5	12	**13**
3	5	3	16	30	**34**
4	8	5	39	80	**89**
5	13	8	105	208	**233**
6	21	13	272	546	**610**
7	34	21	715	1428	**1597**
8	55	34	1869	3740	**4181**
9	89	55	4896	9790	**10 946**
10	144	89	12 815	25 632	**28 657**
11	233	144	33 553	67 104	**75 025**
12	377	233	87 840	175 682	**196 418**
…	…	…	…	…	…

我们可以很容易地证明这种现象。我们考虑任意两个相继斐波那契数的情况：

$$m_k = F_{k+2}, \qquad n_k = F_{k+1}$$

使用上述公式,我们得到以下结果:

$$a_k = m_k^2 - n_k^2 = F_{k+2}^2 - F_{k+1}^2$$

$$b_k = 2m_k n_k = 2F_{k+2}F_{k+1}$$

$$c_k = m_k^2 + n_k^2 = F_{k+2}^2 + F_{k+1}^2$$

根据第 1 章中的关系 9,c_k 总是等于另一个斐波那契数 F_{2k+3}。

三角形的边长可以用斐波那契数表示吗?

显然,一个等边三角形,如果边长为 5,那就是一个斐波那契数,或者一个等腰三角形,其各边长为 13,13,5,它们也是斐波那契数。不过,如果我们选用**互不相同**的斐波那契数来作为三角形的各边长,那么结果就完全不同了。这样的三角形是不可能存在的! 我们可以证明,三角形的三边长不可能由三个互不相同的斐波那契数给出。

由三角形不等式很容易确定这一点。① 该不等式表明,一个三角形的任意两边之和必定大于第三边。因此,对于边长为 a,b,c 的三角形,下列三个不等式成立:

$$a+b>c,b+c>a,c+a>b$$

对于任意三个相继的斐波那契数,有 $F_n+F_{n+1}=F_{n+2}$,因此不可能存在各边长分别为 F_n,F_{n+1},F_{n+2} 的三角形。

一般而言,考虑斐波那契数 F_r,F_s,F_t,其中 $F_r \leqslant F_{s-1},F_{s+1} \leqslant F_t$。因为 $F_{s-1}+F_s=F_{s+1}$ 且 $F_r \leqslant F_{s-1}$,所以我们就有 $F_r+F_s \leqslant F_{s+1}$。又因为 $F_{s+1} \leqslant F_t$,所以我们就有 $F_r+F_s \leqslant F_t$。因此,不可能存在各边长分别为 F_r,F_s,F_t 的三角形。

① V. E. Hogatt Jr., *Fibonacci and Lucas Numbers* (Boston:Houghton Mifflin, 1969), p. 85. ——原注

一种使用斐波那契数的相乘算法

据说为了计算两个数相乘,俄罗斯农民采用了一种相当奇怪,甚至可能很原始的方法①。它实际上相当简单,只是看起来有点烦琐。让我们来看一看这种算法,我们将从一个简单的例子开始。如果我们要计算两个整数的乘积,其中一个乘数是 2 的幂,那么事情就变得非常简单了。我们以 65×32 为例②,显然,如果一个乘数加倍,另一个乘数减半,那么这两个整数的乘积保持不变,因此我们以如下方式进行计算:

65×32 =	65	32
	130	16
	260	8
	520	4
	1040	2
	2080	1
65×32 =	**2080**	

因此,如果其中一个乘数是 2 的幂,那么计算起来就会特别简单,因为我们可以从上面的式子中找到 1×2080 = 2080。这样,我们就求出了 65 和 32 的乘积。

我们现在来考虑计算 43×92 这个问题。这次我们不使用 2 的幂。

让我们一起计算。我们首先建立一张由两列数组成的表格,将要相乘的两个数放在列首(表 6.5)。这里我们将 43 和 92 这两个数放在列首。其中一列是这样构成的:通过将每个数加倍得到下一个数,而另一列则是将每个数取半并舍弃余数。为了方便起见,我们的第一列(左列)作为加倍列,第二列作为减半列。请注意,当遇到一个奇数时,比如说要将 23(右列中的第三个数)减半时,我们得到 11 余 1,这时只须舍弃这个 1。

---

① 有证据表明,古埃及人也曾经使用过这种算法。——原注
② 请回忆一下,32 是 2 的幂:$2^5 = 32$。——原注

表中的其余减半情形现在应该很清楚了。

表 6.5

43	92
86	46
172	**23**
344	**11**
688	5
1376	2
2752	**1**

在减半列（右列）中找到所有奇数（用粗体表示），然后在加倍列（左列）中找到与它们对应的数（用粗体表示），并求出这些对应数的总和。这个总和就等于 43 和 92 的乘积。换句话说，使用俄罗斯农民的方法，我们得到

$$43×92 = 172+344+688+2752 = 3956$$

在上面这个例子中，我们选择第一列为加倍列，第二列为减半列。反过来，将第一列中的数减半，而将第二列中的数加倍，也可以用俄罗斯农民的方法进行计算，见表 6.6。

表 6.6

43	**92**
21	**184**
10	368
5	**736**
2	1472
1	**2944**

要完成这一乘法运算，我们先在减半列中找到所有奇数（粗体），然后在第二列（现在是加倍列）中得到与它们对应的那些数（粗体），并求出它们的总和。我们得出了同样的结果 $43×92 = 92+184+736+2944 = 3956$。

显然，在这个高科技时代，我们并不需要模仿俄罗斯农民的方法来做乘法。不过，考察这个原始的算术系统如何运作应该会带来不少乐趣。这种探索不仅有启发性，而且很有趣。

接下来，你将看到在上述相乘算法中隐藏着哪些奥秘。[①]

$$43 \times 92 = (21 \times 2 + 1) \times 92 = 21 \times 2 \times 92 + 1 \times 92 = 21 \times 184 + \mathbf{92} \qquad = 3956$$

$$21 \times 184 = (10 \times 2 + 1) \times 184 = 10 \times 2 \times 184 + 1 \times 184 = 10 \times 368 + \mathbf{184} = 3864$$

$$10 \times 368 = (5 \times 2 + 0) \times 368 = 5 \times 2 \times 368 + 0 \times 368 = 5 \times 736 + \mathbf{0} \qquad = 3680$$

$$5 \times 736 = (2 \times 2 + 1) \times 736 = 2 \times 2 \times 736 + 1 \times 736 = 2 \times 1472 + \mathbf{736} \qquad = 3680$$

$$2 \times 1472 = (1 \times 2 + 0) \times 1472 = 1 \times 2 \times 1472 + 0 \times 1472 = 1 \times 2944 + \mathbf{0} \qquad = 2944$$

$$1 \times 2944 = (0 \times 2 + 1) \times 2944 = 0 \times 2 \times 2944 + 1 \times 2944 = 0 + \underline{\mathbf{2944}} \qquad = 2944$$

$$\mathbf{3956}$$

对于那些熟悉二进制（即基数为 2 的数系）的人，也可以用下列等式来解释这种俄罗斯农民的算法。

$$43 \times 92 = (1 \times 2^5 + 0 \times 2^4 + 1 \times 2^3 + 0 \times 2^2 + 1 \times 2^1 + 1 \times 2^0) \times 92$$
$$= 2^0 \times 92 + 2^1 \times 92 + 2^3 \times 92 + 2^5 \times 92$$
$$= 92 + 184 + 736 + 2944$$
$$= 3956$$

无论你对关于俄罗斯农民乘法的讨论是否完全理解，你现在至少应该对学校教的乘法有了更深的理解，尽管现在大多数人都用计算器来做乘法。虽然乘法运算多种多样，但这里展示的算法可能是最奇特的算法之一。透过这种奇特的算法，我们可以欣赏到数学一致性的强大力量，这使我们能够像变戏法一样提出新算法。现在让我们引入斐波那契数列，借助这个数列，我们可以开发出一种类似的乘法。斐波那契乘法只用到加法而不需要翻倍。让我们再次使用上面例子中那两个相乘的数：43×92。

这一次我们把 92 放在右列的最上方（表 6.7）。在左列，我们会从斐

---

① 我们将算法定义为一个逐步解题的过程，特别是指一个确定的、递归的计算过程，用来在有限个步骤中解决一个问题。——原注

波那契数列的第二个 1 开始，列出该数列的各项，直到我们列出的那个斐波那契数刚好小于另一个乘数，在本例中是 43。因此，我们将列出直到 34 的所有斐波那契数，因为下一个斐波那契数是 55，它会超过 43。

表 6.7

1	92	
2	184	= 92+92
3	276	= 184+92
5	460	= 276+184
8	**736**	= 460+276
13	1196	= 736+460
21	1932	= 1196+736
34	**3128**	= 1932+1196

在右列中，我们将 92 加上 92 得到下一个数 184，然后将 92 加上 184 得到下一个数 276（就像我们对斐波那契数所做的那样）。现在，我们在左列中选择几个相加之和等于 43（原始乘数）的数，例如 1+8+34 = 43。右列中与它们对应的各数之和就是我们所求的乘积：

$$43 \times 92 = 92 + 736 + 3128 = 3956$$

这可能不是最优的算法，但观察到斐波那契数竟然能够帮助我们进行乘法运算，这确实是很有吸引力的。

使用斐波那契数将千米换算为英里，以及将英里换算为千米

世界上大多数国家以千米为单位来度量距离，而美国仍然坚持使用英里。当我们在一个长度单位违背我们的习惯的国家旅行时，就需要单位换算。这种换算可以用专门设计的计算器或某种"技巧"来完成，这就是斐波那契数发挥作用的地方。在讨论这两个度量单位之间的换算之前，让我们先来看看它们的起源。

英里的名字来源于拉丁语中表示千的单词：*mille*。它表示古罗马军团走 1000 行军步（即 2000 步）可前进的距离。1 行军步约为 5 英尺，因此 1 罗马英里约为 5000 英尺。罗马人沿着他们在欧洲修建的许多道路用石头标出里程——因此这些石头被称为"里程碑"（milestone）！

公制可以追溯到 1790 年，当时法国国民议会（法国大革命期间）要求法国科学院建立一种基于十进制的度量标准，后者照做了。这个被他们称为"米"（meter）的长度单位源自希腊单词 *metron*，意思就是度量。1 米的长度被确定为沿着一条靠近法国敦刻尔克和西班牙巴塞罗那的子午线，从北极到赤道距离的一千万分之一。[①] 显然，公制比美国度量衡更适合科学使用。1866 年，美国国会通过了一项法案："在整个美利坚合众国，在所有合同、交易或法庭程序中使用公制度量衡是合法的。"（然而并没有经常使用。）关于英制单位的使用却没有此类法律规定。

现在，为了将英里与千米相互换算，我们需要知道 1 英里与 1 千米的关系。法定 1 英里（如今美国常用的距离单位）的精确长度是 1609. 344 米。将其换算成千米就是 1. 609 344 千米。反过来，1 千米的长度是 0. 621 371 192

181

---

① 关于这个主题，有三本引人入胜的书籍：Dave Sobel, *Longitude*（New York：Walker & Co., 1995）；Umberto Eco, *The Island of the Day Before*（New York：Harcourt Brace, 1994）；and Thomas Pynchon, *Mason & Dixon*（New York：Henry Holt, 1997）.——原注

英里。这两个数的性质(倒数几乎相差 1)很容易让我们想起黄金分割比(约为 1.618,其倒数约为 0.618)。请记住,这是唯一一个倒数与其本身正好相差 1 的数。这意味着相继项之比趋近黄金分割比的斐波那契数可能在这里发挥作用。

让我们来看看 5 英里相当于多少千米。

$$5×1.609\ 344=8.046\ 72≈8$$

我们也可以检查一下,8 千米相当于多少英里。

$$8×0.621\ 371\ 192=4.970\ 969\ 536≈5$$

这使我们能够得出结论:5 英里约等于 8 千米。这里我们得到了两个斐波那契数。

一个斐波那契数与它前面的一个斐波那契数之比近似为 φ。因为英里和千米之间的关系非常接近黄金分割比,所以它们似乎接近于相继斐波那契数之间的关系。利用这一关系,我们可以近似地将 13 千米换算为英里。用 13 前面的那个斐波那契数 8 代替 13,于是 13 千米就约等于 8 英里。类似地,5 千米约等于 3 英里,2 千米约等于 1 英里。越大的斐波那契数会为我们提供越精确的估计值,因为这些较大的相继数之比更接近 φ。

现在假设你想把 20 千米换成英里。我们选择了 20,因为它**不是一个**斐波那契数。我们可以将 20 表示为几个**斐波那契数之和**[1],把其中的每个数分别进行换算,然后将得到的各结果相加。因此,20 千米=13 千米+5 千米+2 千米,将 13 替换为 8,5 替换为 3,2 替换为 1,总和大约等于 12 英里。

要用这个过程来实现逆运算,即将英里换算为千米,我们就要将给出的英里数写成几个斐波那契数之和,然后将每个数都替换为下一个**更大的斐波那契数**。让我们把 20 英里换算成千米。于是,20 英里=13 英里+5 英里+2 英里。现在,将其中的每个斐波那契数都替换为该数列中下一个更大的数,我们得到 20 英里≈21 千米+8 千米+3 千米=32 千米。

---

[1] 将数表示为几个斐波那契数之和。我们可以得出这样的结论(这并非轻而易举):每个正整数都可以表示为几个其他斐波那契数之和,而不重复其中任何一个数。让我们用前几个斐波那契数来表明这一性质,如表 6.8 所示:(**下转下页**)

不需要将待换算的数表示为最少数量的斐波那契数之和。你可以使用任何数的组合,只要其总和等于你要换算的那个数就可以。例如,40千米是20千米的2倍,而我们刚刚看到20千米相当于12英里,所以40千米就是12英里的2倍,也就是24英里(近似值)。

(上接上页)

表 6.8

n	等于 n 的斐波那契数之和
1	1
2	2
3	3
4	1+3
5	5
6	1+5
7	2+5
8	8
9	1+8
10	2+8
11	3+8
12	1+3+8
13	13
14	1+13
15	2+13
16	3+13

你应该开始看出其中的模式了,并注意到在上表中的每个和都使用了最少的斐波那契数。例如,我们也可以将13表示为2+3+8或5+8。请尝试将一些更大的正整数表示为几个斐波那契数之和。每次你都自问一下是否使用了最少的斐波那契数求和。看到逐渐建立起来的模式会是一件有趣的事。顺便提一下,泽肯多夫证明了每个正整数都能(唯一)表示为非相继斐波那契数的和。——原注

物理学中的斐波那契数

光学领域为斐波那契数提供了很好的应用场景。① 假设你将两块玻璃板面对面放置(图 6.11 和图 6.12),并希望计算出可能的反射次数。这可以通过依次遮盖一个表面来实现,比如说遮盖背面。为了方便起见,我们将对各反射面进行编号,如图 6.12 所示。

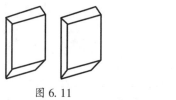
图 6.11

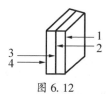
图 6.12

第一种情况,没有任何反射,此时光直接穿过两块玻璃板(图 6.13)。光只有 1 条路径。

图 6.13

下一种情况,有 1 次反射。在这种情况下,光束可以有 2 条可能的路径。它可以在图 6.14 所示的两个表面上发生反射。

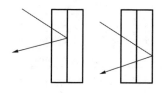
图 6.14

① 提出这个问题的是 L. Moser and Myman,"Problem B-6,"*Fibonacci Quarterly* 1,no. 1(February 1963):74,解答这个问题的是 L. Moser and J. L. Brown,"Some Reflections,"*Fibonacci Quarterly* 1,no. 1(December 1963):75. ——原注

现在,假设光束在这两块玻璃板内部反射 2 次,那么就会有 3 种可能的反射路径(图 6.15)。

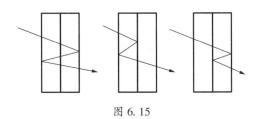

图 6.15

如果光束被反射 3 次,那么光线就会有 5 条可能的路径,如图 6.16 所示。

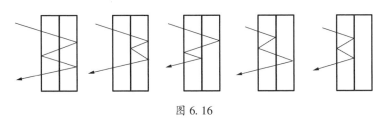

图 6.16

到现在,你肯定会预料到下一种情况,即光束发生 4 次反射的情况,会得出有 8 条可能路径的结果,如图 6.17 所示。

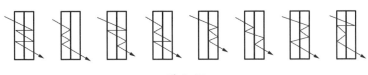

图 6.17

如果你试图把这种情况推广到斐波那契数,那么事实上你是对的!不过,你需要通过数学论证来归纳出其中的规则。让我们用数学语言来证明这一点。

假设最后一次反射发生在面 1 或 3 上,就像偶数次反射的情况那样。那么前一次反射必定发生在面 2 或 4 上(图 6.18)。

如果光束共经历 n 次反射,且最后一次反射发生在面 1 上,那么在此之前必然发生了 $n-1$ 次反射,也就是有 F_{n-1} 条可能路径(见图 6.18)。如果(n 次反射中的)最后一次反射发生在面 3 上,那么其前一次反射,即第

$(n-1)$次,必定发生在面 4 上,并且在此之前必定发生了 $n-2$ 次反射。因此有 F_{n-2} 条可能的路径。由于发生在面 1 或面 3 上的反射都可以被视为最后一次反射,因此我们得到的路径数为 $F_{n-1}+F_{n-2}$,这表明 F_n 就是路径数。这里第一种情况是 0 次反射,得到 1 条路径,然后是 1 次反射,得到 2 条路径,而 2 次反射则得到 3 条路径。这意味着 F_{n+2} 就是 n 次反射的路径数。斐波那契数再次出现!

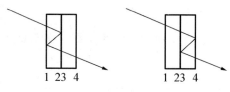

图 6.18

低位数的模式

我们在第 1 章中提到,斐波那契数的个位数有一种模式。也就是说,每隔 60 个数为一个周期,即第一组 60 个斐波那契数 F_1-F_{60} 的个位数字(即最后一位数字)排列分别与第二组 60 个斐波那契数 $F_{61}-F_{120}$、第三组 60 个斐波那契数 $F_{121}-F_{180}$、第四组 60 个斐波那契数 $F_{181}-F_{240}$ 等的个位数字排列相同。

假设我们现在考虑每一个斐波那契数的最后两位数字(以下用粗体表示)。

00,**01**,**01**,**02**,**03**,**05**,**08**,**13**,**21**,**34**,**55**,**89**,1**44**,2**33**,3**77**,6**10**,9**87**, 15**97**,25**84**,41**81**,67**65**,109**46**,177**11**,286**57**,463**68**,750**25**,1213**93**,$\cdots$

如果我们查到第 300 个斐波那契数,我们会发现最后两个数字从第 301 个斐波那契数开始重复。因此,这个周期的长度是 300。是的,如果我们查到 F_{600},就会发现这种模式在继续。你可能在猜测斐波那契数最后三位数的重复周期。好吧,我们不会让你为这一计算费尽心思。对于接下去的几组最后几位数字,我们可以得出以下结论:

- 斐波那契数最后**三位**数字的重复周期为 1500。
- 斐波那契数最后**四位**数字的重复周期为 15 000。
- 斐波那契数最后**五位**数字的重复周期为 150 000。

如果有时间的话,你可以去验证一下,或者你也可以相信我们的话。

斐波那契数的高位数字

既然我们已经检查了斐波那契数的低位数模式,那么现在让我们转向它们的高位数字。人们一般会以为斐波那契数的最高位出现 1-9 这 9 个数的概率相同,然而如果你花点时间去检查前 500 个斐波那契数,就会发现最频繁出现的数字是 1,而出现频率最低的是 9。表 6.9 汇总了前 100 个斐波那契数的最高位出现各种数字的频率。

表 6.9

最高位数字	出现频率/%
1	30
2	18
3	13
4	9
5	8
6	6
7	5
8	7
9	4

这相当令人惊讶! 原因就在于斐波那契数(你将在第 9 章研究比奈公式时看到)可以用 $\sqrt{5}$ 的幂来表示。这在一定程度上也解释了斐波那契数在整个正整数列表中的不均匀分布。这究竟意味着什么? 在前 100 个正整数(即从 1 到 100 的数)中,有 11 个斐波那契数。令人惊讶的是,在接下来的 100 个正整数(从 101 到 200)中,只有 1 个斐波那契数(144)。当我们顺着正整数列表继续往下看时,就会发现在接下去的 300 个正整数中只有 2 个斐波那契数,而且在 500 到 1000 之间只也有 2 个斐波那契数(即 610 和 987),这种减少的现象还在继续。这种奇怪的分布简直难以想象! 将其绘制成曲线,会更直观。这种可视化形式显示了数值增长

得有多快(有多陡)。第 18 个斐波那契数($F_{18} = 2584$)仍然可以在图 6.19 中的图线上读取。第 19 个斐波那契数($F_{19} = 6765$)就远远超出图 6.19 中所示的刻度了。

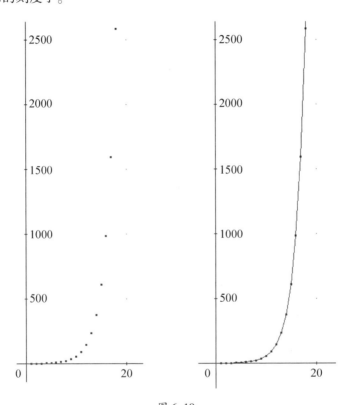

图 6.19

斐波那契数的奇趣[①]

在一些斐波那契数中,存在着一种奇怪的"巧合"。(难道真的是巧合吗?)那就是这些斐波那契数 F_n 的各位数之和等于 n。表 6.10 列出了符合这种关系的斐波那契数。

表 6.10

n	F_n	各位数字之和
0	0	0
1	1	1
5	5	5
10	55	10
31	1 346 269	31
35	9 227 465	35
62	4 052 739 537 881	62
72	498 454 011 879 264	72

这只是一个奇趣之处,目的是进一步吸引你去欣赏这些有趣的数。

①　Leon Bankoff, " A Fibonacci Curiosity, " *Fibonacci Quarterly* 14, no. 1 (1976) : 17.
　　——原注

相继斐波那契数之间的关系

既然我们在仔细考察斐波那契数列的特征,那么我们就可以看看两个相继斐波那契数之间的一些关系。当然,到现在,你已经知道两个相继斐波那契数之比的极值很接近黄金分割比。不过,还有另一些关系也值得注意。例如:没有任何两个相继斐波那契数都是偶数。换言之,它们没有公因数 2。事实上,你会注意到每三个相继斐波那契数中有一个偶数,或者说,每两个相继的偶数斐波那契数之间有两个奇数斐波那契数。

观察公因数为 3 的那些斐波那契数,你会发现它们是 $F_4, F_8, F_{12},$ $F_{16}, \cdots$。项数为 4 的倍数的斐波那契数有公因数 3。虽然我们在第 1 章中曾提到过:没有任何两个相继的斐波那契数会有公因数(我们称没有公因数的两个数是"互素数"),但我们在这里还得强调一下,并在下面对此作一个简单的证明。

- 如果 x 与 y 有一个公因数,那么它也一定是 $x+y$ 的一个因数。
- 如果 x 与 y 有一个公因数,那么它也是 $y-x$ 的一个因数。
- 如果 x 与 y **没有**公因数,那么 y 和 $x+y$ 也没有公因数。这是因为如果 y 与 $x+y$ 有一个公因数,那么 y 与它们的差 $y-(x+y)$ 也会有一个公因数,但这是荒谬的,因为这个差就等于 $-x$!
- 因此,如果一个数列的前两项互素,那么这个数列的所有相继项都互素。
- 我们知道 F_1 与 F_2 是互素的(因为它们没有公因数)。
- 因此,对于所有 n,F_n 和 F_{n+1} 必然互素。

这个简短的证明过程展示了数学定理是如何建立的。

一个可爱的巧合！

考虑四个连续的斐波那契数 F_7, F_8, F_9, F_{10}，或者具体地说，就是 13，21,34,55。现在让我们从另一种角度来看这些数。我们将每个数分解为其素因数：$(13),(7,3),(2,17),(5,11)$。如果我们按升序重新排列这些因数，就会得到 2,3,5,7,11,13,17，即前 7 个素数。这些数的乘积是 510 510，这恰好是杜威图书馆十进制分类法编号！[1] 这是一个很凑巧的有趣事实！

---

[1] 美国图书馆员杜威(Melville Dewey)于 1851 年 12 月 10 日出生在纽约亚当斯森特。他最著名的事迹是发明了后来被称为"杜威十进制分类法"的系统，大多数地方和学校图书馆都用该分类法来编目书籍。该系统是他在 1876 年为小型图书馆而设计的，其优点是具有数量有限的大类，而且索书号很短。该系统基于十个学科类别(000—999)，然后再进一步细分。杜威还推动了公制单位的使用，并在 1876 年帮助成立了美国图书馆协会。1887 年杜威创建了哥伦比亚大学图书馆经济学院，由此他开创了美国的图书馆学领域。——原注

特殊的斐波那契数

可排列成等边三角形的点的个数称为三角形数。如图 6.20 所示,前几个三角形数是 1,3,6,10,15,21,28。

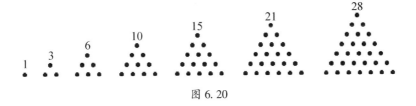

图 6.20

三角形数是形式为 $\dfrac{n(n+1)}{2}$ 的整数,其中 $n=1,2,3,\cdots$。

不过,只有四个斐波那契数是三角形数,它们是 1,3,21,55。

只有三个卢卡斯数是三角形数,它们是 1,3,5778。因此,在三角形数领域中,斐波那契数也会出现。

第 36 个三角形数[①]是 666,这个数字很长时间以来不断勾起大众的想象力(许多人把它与魔鬼联系在一起)。前七个素数的平方和是 666,也就是说,$2^2+3^2+5^2+7^2+11^2+13^2+17^2=666$。

这个不寻常的数还为我们展示了一些很优美的数学关系,例如:

$$666=1^6-2^6+3^6$$

$$666=6+6+6+6^3+6^3+6^3$$

$$666=2\times3\times3\times37 \text{ 和 } 6+6+6=2+3+3+3+7$$

为了增添 666 这个数的趣味性,请把前六个罗马数字按顺序写出来:DCLXVI,它刚好等于 666。

当然,666 这个数也与斐波那契数有关:

---

① 第 36 个三角形数 $=\dfrac{36\times(36+1)}{2}=18\times37=666$。——原注

$$F_1 - F_9 + F_{11} + F_{15} = 1 - 34 + 89 + 610 = 666$$

而它们的下标也有类似的关系：

$$1 - 9 + 11 + 15 = 6 + 6 + 6$$

类似地，对于斐波那契数的立方，有

$$F_1^3 + F_2^3 + F_4^3 + F_5^3 + F_6^3 = 1 + 1 + 27 + 125 + 512 = 666$$

而它们的下标也有类似的关系：

$$1 + 2 + 4 + 5 + 6 = 6 + 6 + 6$$

现在让我们把这个奇怪的数 666 通过黄金分割比与斐波那契数联系起来——这种做法在本书中是很合理的：

$$-2\sin 666° = 1.618\ 033\ 988\ 749\ 894\ 848\ 204\ 586\ 834\ 365\ 638\ 117\ 720\ 309\ 179\ 805\ 7\cdots$$

这个近似值非常接近黄金分割比

$$\phi = 1.618\ 033\ 988\ 749\ 894\ 848\ 204\ 586\ 834\ 365\ 638\ 117\ 720\ 309\ 179\ 805\ 7\cdots$$

最后说一下，1994 年，C. 王（Steve C. Wang）在《趣味数学杂志》（*Journal of Recreational Mathematics*）①上发表了下面这个神秘的等式（标题是"魔鬼的符号"）：

$$\phi = -\left[\sin 666° + \cos(6 \times 6 \times 6°)\right]$$

此前，我们已经得到黄金分割比的较精确的近似值，而这个等式则毫无疑问将 666 这个数与黄金分割比联系在一起了！

斐波那契数列

定义自然法则的数学

---

① *Journal of Recreational Mathematics*, 26, no. 3 (1994): 201–205. ——原注

第 11 个斐波那契数的巧合

第 11 个斐波那契数 F_{11} 是 89。这个数有许多不寻常的特征。例如,如果你取任意一个数,求出其各位数的平方和,并不断重复这个过程,那么你最终要么得到 1,要么得到 89。[①] 我们用一些例子来展示这是如何发生的:

对于 23 这个数

$$2^2+3^2=13$$
$$1^2+3^2=10$$
$$1^2+0=1$$

对于 54 这个数

$$5^2+4^2=41$$
$$4^2+1^2=17$$
$$1^2+7^2=50$$
$$5^2+0=25$$
$$2^2+5^2=29$$
$$2^2+9^2=85$$
$$8^2+5^2=89$$

---

① 如果你再进一步,就会得到 4 这个数,但必然先得到 89。整个过程是这样的:
$$8^2+9^2=145$$
$$1^2+4^2+5^2=42$$
$$4^2+2^2=20$$
$$2^2+0^2=4$$
然后又兜回到 89:
$$4^2=16$$
$$1^2+6^2=37$$
$$3^2+7^2=58$$
$$5^2+8^2=89$$——原注

对于 64 这个数

$$6^2+4^2=52$$

$$5^2+2^2=29$$

$$2^2+9^2=85$$

$$8^2+5^2=89$$

为了提高说服力,请用其他的数再来尝试一番。如果你对研究斐波那契数列的这种特性意犹未尽,那么请考虑 89 的倒数:

$$\frac{1}{89}=0.\ 01123595505617977528089887640449438202247191\_$$

$$01123595505617977528089887640449438202247191\_$$

$$01123595505617977528089887640449438202247191\_$$

$$01123595505617977528089887640449438202247191\cdots$$

$$=0.\dot{0}112359550561797752808988764044943820224719\dot{1}$$

你会注意到 $\frac{1}{89}$ 在小数点后第 45 位开始重复,或者正如我们所说,它有一个 44 位的循环节。奇怪的是,在这 44 位的循环节中间,你会发现 89 这个数。

$$0.\dot{0}112359550561797752808\underline{98}8764044943820224719\dot{1}$$

这种不同寻常的斐波那契特性更加令人惊讶。请注意,循环节的前几位数 0,1,1,2,3,5 就是前几个斐波那契数。此后会发生什么呢?要看后续情况,请考虑以下关系:

$$\frac{1}{89}=\frac{0}{10^1}+\frac{1}{10^2}+\frac{1}{10^3}+\frac{2}{10^4}+\frac{3}{10^5}+\frac{5}{10^6}+\frac{8}{10^7}+\frac{13}{10^8}+\cdots$$

$$\frac{1}{89}=\frac{F_0}{10^1}+\frac{F_1}{10^2}+\frac{F_2}{10^3}+\frac{F_3}{10^4}+\frac{F_4}{10^5}+\frac{F_5}{10^6}+\frac{F_6}{10^7}+\frac{F_7}{10^8}+\cdots$$

写成小数形式也许可以更清楚地看到这一点:

$$0$$

$$+0.\ 01$$

$$+0.\ 001$$

$$+0.\,0002$$

$$+0.\,000\,03$$

$$+0.\,000\,005$$

$$+0.\,000\,000\,8$$

$$+0.\,000\,000\,13$$

$$+0.\,000\,000\,021$$

$$+0.\,000\,000\,003\,4$$

$$+0.\,000\,000\,000\,55$$

$$+0.\,000\,000\,000\,089$$

$$+0.\,000\,000\,000\,014\,4$$

$$+0.\,000\,000\,000\,002\,33$$

$$+0.\,000\,000\,000\,000\,377$$

$$+0.\,000\,000\,000\,000\,061\,0$$

$$+0.\,000\,000\,000\,000\,009\,87$$

$$0.\,011\,235\,955\,056\,179\,77\cdots$$

如果我们继续取小数近似,这一过程继续下去,就会生成上述 44 位数字的循环。

但是有人可能会问:为什么会发生这种情况? 我们可以做一些数值运算,以展示斐波那契数是如何与 89 这个非凡的数(它本身就是第 11 个斐波那契数)联系在一起的。

我们从以下等式开始:

$$10^2 = 89 + 10 + 1 \qquad\qquad (\,\mathrm{I}\,)$$

我们将(I)式两边都乘 10:

$$10^3 = 89 \times 10 + 10^2 + 10$$

然后将(I)式代入上式,得

$$10^3 = 89 \times 10 + (\,89 + 10 + 1\,) + 10$$

$$10^3 = 89 \times 10 + 89 + 2 \times 10 + 1 \qquad\qquad (\,\mathrm{II}\,)$$

继续这一过程,将(II)式两边都乘 10:

$$10^4 = 89 \times 10^2 + 89 \times 10 + 2 \times 10^2 + 1 \times 10$$

然后再次将（Ⅰ）式代入上式,得:

$$10^4 = 89 \times 10^2 + 89 \times 10 + 2 \times (89 + 10 + 1) + 1 \times 10$$

$$10^4 = 89 \times 10^2 + 89 \times 10 + 89 \times 2 + 3 \times 10 + 2 \qquad (\text{Ⅲ})$$

继续这一过程会得到下列各式:

$$10^5 = 89 \times 10^3 + 89 \times 10^2 + 89 \times 2 \times 10 + 3 \times 10^2 + 2 \times 10$$

$$10^5 = 89 \times 10^3 + 89 \times 10^2 + 89 \times 2 \times 10 + 3 \times (89 + 10 + 1) + 2 \times 10$$

$$10^5 = 89 \times 10^3 + 89 \times 10^2 + 89 \times 2 \times 10 + 89 \times 3 + 5 \times 10 + 3$$

$$10^5 = 89 \times (1 \times 10^3 + 1 \times 10^2 + 2 \times 10 + 3) + 5 \times 10 + 3 \qquad (\text{Ⅳ})$$

以及

$$10^6 = 89 \times (1 \times 10^4 + 1 \times 10^3 + 2 \times 10^2 + 3 \times 10 + 5) + 8 \times 10 + 5 \qquad (\text{Ⅴ})$$

这可以推广到:对于一切正整数 n,有

$$10^{n+1} = 89(F_1 \cdot 10^{n-1} + F_2 \cdot 10^{n-2} + \cdots + F_{n-1} \cdot 10 + F_n) + 10F_{n+1} + F_n \qquad (\text{Ⅵ})$$

然后我们可以将其两边都除以 10^{n+1},得到

$$1 = \frac{89}{10^{n+1}}(F_1 \cdot 10^{n-1} + F_2 \cdot 10^{n-2} + \cdots + F_{n-1} \cdot 10 + F_n) + \frac{10F_{n+1} + F_n}{10^{n+1}}$$

我们可以证明 $\lim\limits_{n \to \infty} \dfrac{10F_{n+1} + F_n}{10^{n+1}} = 0$,其证明过程见附录。这样就可得出

$$\frac{1}{89} = \frac{F_0}{10^1} + \frac{F_1}{10^2} + \frac{F_2}{10^3} + \frac{F_3}{10^4} + \frac{F_4}{10^5} + \frac{F_5}{10^6} + \frac{F_6}{10^7} + \frac{F_7}{10^8} + \cdots$$ 这一表达式了。

在我们结束对第 11 个斐波那契数的简短讨论时,请注意它的后继数:第 12 个斐波那契数,$F_{12} = 144 = 12^2$。除了斐波那契数列的前两个数 $F_1 = 1$ 和 $F_2 = 1$ 之外,这是斐波那契数中唯一的平方数。

展示手表

斐波那契数与在橱窗或广告中展示的手表有什么关系？这里我们用的是斐波那契数的几何形式，即黄金矩形。你可能会注意到，广告或橱窗展示的手表上，指针经常被设置为10:10，此时两根指针之间的夹角对应的是 $19\frac{1}{9}$ 分钟①，相当于115°（图6.21）。现在我们来考虑指示10:10时两根指针的指示刻度 $\left(\text{即 2 刻度和 10 刻度又}\frac{1}{6}\text{小格标记处}\right)$ 所构成的矩形。将这两点作为两个相邻顶点作一个矩形（图6.22），使其对角线的交点位于表盘的中心。这个矩形非常接近黄金矩形，它的两条对角线夹角约为116.6°（图6.23）。

图 6.21

---

① 由于10分钟是 $\frac{1}{6}$ 小时，因此从10:00到10:10，时针移动了从10:00到11:00之间圆弧的 $\frac{1}{6}$。因此，时针移动了5分钟的 $\frac{1}{6}$，也就是1分钟标度的 $\frac{5}{6}$。因此，在10:10时两指针的夹角对应的是 $19\frac{1}{6}$ 分钟。为了求出这个夹角的度数，我们只须求出 $19\frac{1}{6}$ 在60中的占比，即 $\dfrac{19\frac{1}{6}}{60}=\dfrac{\frac{115}{6}}{60}=\dfrac{115}{360}$，也就是115°。——原注

图 6.22

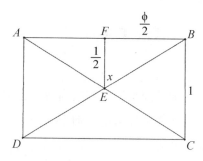

图 6.23

因为黄金矩形(图 6.23)的正切函数值为

$$\tan x = \frac{FB}{FE} = \frac{\dfrac{\phi}{2}}{\dfrac{1}{2}} = \phi$$

对应的角度 x 的大小为 58.28°，即 $\angle AEB = 116.56°$，非常接近许多手表展商所选定的手表指针最佳的摆放位置 115°。有些人可能会推测，10:10 的时间布局是为了使指针不会挡住手表的品牌名称，事实上并不一定如此，以布拉格机场的一则公告为例(图 6.24)，这里无须突出显示品牌名称，但同样显示了时间 10:10。

图 6.24

再举一个例子,图 6.25 是美国 2003 年发行的一枚邮票,上面写着"美国时钟"。

图 6.25

这里显示的时间大约是 8 点 21 分半,两根指针构成的角度约为121.75°[①],这与理想黄金矩形的对角线夹角的角度不同。但就欣赏而言,肉眼看上去已经足够接近了。黄金矩形似乎再次成为理想的选择!

有些人可能还记得,当他们在学习开车时,得到的指示是要握住方向盘的 10 点钟和 2 点钟位置。也许这些体现了某种特殊的平衡。值得深思!

---

① 为了求出它们构成的夹角,我们将分两部分进行。首先,在"6"(30 分钟标记)与 21.5 分钟标记之间构成的角度为 $\left(30-21\dfrac{1}{2}\right)\times 6° = 8.5\times 6° = 51°$。其次,30 分钟标记和 8:21.5 时的时针构成的角度。在 21.5 分钟内,时针在时钟上的 8 和 9 之间移动了 5 分钟标度的 $\dfrac{21.5}{60}$,也就是 30° 的 $\dfrac{21.5}{60}$,即 10.75°。于是,时针与 30 分钟标记之间的夹角为 10.75° + 60° = 70.75°。因此时针与分针所构成的角度为 51° + 70.75° = 121.75°。——原注

斐波那契数帮助我们安排座位

很多有趣的数学现象是由安排座位引起的。我们将考虑一个问题，随后斐波那契数将再次出现。假设在一所男女混合的学校里，你要在舞台上放置一些椅子，你想知道有多少种方式可以适当地安排男孩和女孩的座位，避免让两个男孩坐在一起。（这并不是说如果两个男孩坐在一起，他们就会表现不好！）表 6.11 汇总了各种人数的座位安排方式。

表 6.11

椅子数量	就座方式	可选就座方式数
1	B, G	2
2	BG, GB, GG, ~~BB~~	3
3	GGB, ~~BBG~~, BGB, GBG, GGG, ~~BBB~~, BGG, ~~GBB~~	5
4	GGGG, ~~BBBB~~, ~~BBGG~~, ~~GGBB~~, BGBG, GBGB, ~~GBBG~~, BGGB, ~~BBBG~~, GGGB, ~~GBBB~~, BGGG, ~~BBGB~~, GGBG, ~~BGBB~~, GBGG	8
5	GGGGB, ~~BBBBB~~, ~~BBGGB~~, ~~GGBBB~~, BGBGB, ~~GBGBB~~, ~~GBBGB~~, ~~BGGBB~~, ~~BBBGB~~, ~~GGGBB~~, ~~GBBBB~~, BGGGB, ~~BBGBB~~, GGBGB, ~~BGBBB~~, GBGGB, GGGGB, ~~BBBBG~~, ~~BBGGG~~, ~~GGBBG~~, BGBGG, GBGBG, ~~GBBGG~~, BGGBG, ~~BBBBG~~, GGGBG, ~~GBBBG~~, BGGGG, ~~BBGBG~~, GGBGG, ~~BGBBG~~, GBGGG	13

你可以清楚地看到，在每种情况下，可能的就座方式数都是相继的斐波那契数（从 2 开始）。

现在让我们改变限制规则，坚持任何男孩或女孩都必须有至少一名同性坐在身边，**并且**第一个位置必须是个女孩。表 6.12 展示了各种可接受的就座方式，并向我们表明，斐波那契数给出了可以实现这种就座规则的方式数。若有 6 名学生,则有 5 种可能的座位安排方式。

表 6.12

椅子数量	就座方式	可选就座方式数
1	~~B~~, ~~G~~	0
2	B~~C~~, ~~G~~B, GG, ~~BB~~	1
3	G~~GB~~, BB~~C~~, B~~GB~~, CB~~C~~, GGG, BB~~B~~, B~~GC~~, C~~BB~~	1
4	GGGG, BBBB, BB~~CC~~, GGBB, B~~GBG~~, C~~BCB~~, C~~BBC~~, B~~GCB~~, BBB~~C~~, G~~GCB~~, C~~BBB~~, B~~GCC~~, BB~~CB~~, C~~GBC~~, B~~GBB~~, C~~BCC~~	2
5	G~~GCCB~~, BBBBB, BB~~GCB~~, GGBBB, B~~GBCB~~, G~~BGBB~~, C~~BCBCB~~, B~~GGBB~~, BBB~~GB~~, GGGBB, C~~BBBB~~, B~~GCCB~~, BB~~GBB~~, C~~GBCB~~, B~~GBBB~~, C~~BGCB~~, GGGGG, BBBB~~C~~, BB~~GCC~~, C~~GBBC~~, B~~GBCC~~, C~~BGBC~~, C~~BBCC~~, B~~GGBC~~, BBB~~BC~~, C~~GGCB~~, C~~BBBC~~, B~~GCCC~~, BB~~GBC~~, G~~GBCC~~, B~~GBBC~~, C~~BGCC~~	3

孵化场里的鱼

一个鱼类孵化场被划分为 16 个全等正六边形, 排列成两行(图 6. 26), 各相邻六边形之间都有通道。① 一条鱼从这两排六边形的左上角开始旅行, 最后到达右下角的六边形。我们的问题是, 如果鱼只能向右移动, 请确定它要完成到达六边形 K 的旅程, 有多少条路径可走。

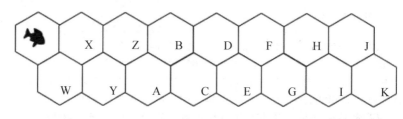

图 6. 26

当这条鱼开始旅行时, 它能游到六边形 W 的路径只 1 条(图 6.27), 因为如果它先水平移动, 它就不能再向左移动到达六边形 W。

要到达六边形 X, 有 2 条路径, 一条是直接向右到达 X, 另一条是通过 W 再到 X(图6.28)。

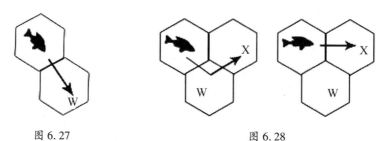

图 6.27   图 6.28

鱼要到达六边形 Y, 有 3 条路径:W-X-Y,X-Y,W-Y(图6.29)。

---

① 这个例子可能不太现实, 但它为我们提供了斐波那契数的一个应用场景。
    ——原注

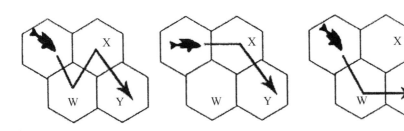

图 6.29

你可能会预计接下去当有 5 个六边形可用时的可能路径数。是的，有 5 条路径，如图 6.30 所示。

它们是 W-Y-Z，W-X-Y-Z，X-Z，W-X-Z，X-Y-Z。

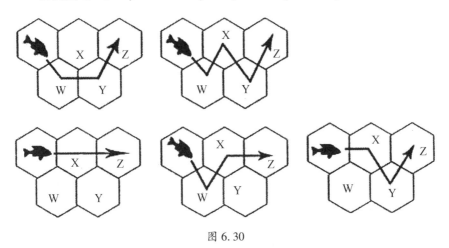

图 6.30

我们可以合理地假设，随着六边形数量递增，这种模式将继续下去。我们汇总在表 6.13 中。

表 6.13

六边形数量	1	2	3	4	5	6	7	…	n
不同路径数	1	1	2	3	5	8	13	…	F_n

由此我们可以得出结论，为了让鱼游到第 16 个六边形 K，我们需要求出 F_{16}，也就是 987。因此，鱼从第一个六边形游到第 16 个六边形 K——总是向右移动——有 987 条可能的路径。

斐波那契数与尼姆取子游戏

本章讲到这里，也许我们该享受一点乐趣了，玩一个取子游戏，它的制胜策略与斐波那契数有关。这个游戏的规则如下。

● 有一堆硬币（数量为一给定正整数）。第一位玩家可以取走任何正整数枚硬币，但不能取走整堆硬币。

● 此后，每位玩家最多可以取走对手在上一步中所取走的硬币数量的两倍。

● 取走最后一枚硬币的玩家获胜。

● 如果你占先手，那么你可以从一开始就定下胜局，但不要犯任何错误！

当我们开始玩这个游戏时，摆在我们面前的问题是：开始时的硬币数量会决定哪位玩家将赢得游戏吗？在玩游戏的过程中应该使用什么策略？这与斐波那契数又有什么关系？

正如你可能已经预料到的，这个游戏的策略是基于斐波那契数的。正如我们可以使用二进制表示法将每个正整数表示为 2 的不同幂之和，我们也可以使用类似的过程将正整数表示为斐波那契数之和。此游戏的制胜策略是要将给定正整数表示为斐波那契数之和，并取走数量为最小的加数的硬币。对于正整数的这种表示，有一种方法可以做到：选择不超过给定正整数的最大斐波那契数，然后用给定的正整数减去这个最大的斐波那契数，然后用所得的差继续这一过程。例如，要将 20 写成斐波那契数之和，就用 20 减去 13 得到 7。用 7 减去 5 得到 2，而 2 本身就是一个斐波那契数。于是我们就有 $20=13+5+2$。另外，由 $20=1\times13+0\times8+1\times5+0\times3+1\times2+0\times1=101\,010$[①]，我们

---

① 我们只是通过显示所有斐波那契数来表示这个数：包含在求和式中的数都乘 1，不包含在求和式中的数都乘 0。请注意：我们不使用斐波那契数列中的第一个 1，而是从第二个 1 开始。——原注

就有了 20 的斐波那契表述 101 010。

所以, 因此制胜的第一招就是取走两枚硬币。这相当于在硬币数量的斐波那契表述 101 010 中取走最右边的那个 1。

请比较一下表 6.14(从左到右的) 第二列和第五列中的斐波那契表述。请注意, 本游戏中的制胜之道相当于在表示这堆硬币数量的斐波那契表述中取走最右边的那个 1。不易察觉的是, 第二位玩家不能采取类似的行动。

找一位朋友一起试试这个策略。这堆硬币是否存在某些初始数量, 使得第一位玩家无法在此策略下确保获胜?

表 6.14

硬币的数量	硬币数的斐波那契表述	斐波那契加数中最小的数	取走后剩下的硬币数	剩下的硬币数的斐波那契表述
20	101 010	2	18	101 000
19	101 001	1	18	101 000
18	101 000	5	13	100 000
17	100 101	1	16	100 100
16	100 100	3	13	100 000
15	100 010	2	13	100 000
14	100 001	1	13	100 000
13	100 000	13	0	0
12	10 101	1	11	10 100
11	10 100	3	8	10 000
10	10 010	2	8	10 000
9	10 001	1	8	10 000
8	10 000	8	0	0
7	1010	2	5	1000
6	1001	1	5	1000
5	1000	5	0	0
4	101	1	3	100
3	100	3	0	0
2	10	2	0	0
1	1	1	0	0

斐波那契数何时等于卢卡斯数？

我们想要确定的是，斐波那契数 F_n 何时可能等于一个卢卡斯数 L_m？让我们考虑一下我们之前建立的数列关系。

对于 $m \geqslant 3$，有

$$L_m = F_{m+1} + F_{m-1} \geqslant F_{m+1} + F_2 > F_{m+1} \text{ 和 } L_m = F_{m+1} + F_{m-1} < F_{m+1} + F_m = F_{m+2}$$

根据第一个式子，我们得到 $L_m > F_{m+1}$，根据第二个式子，我们得到

$$L_m < F_{m+2}$$

于是对于 $m \geqslant 3$，我们有 $F_{m+1} < L_m < F_{m+2}$。

因此，当且仅当 $m < 3$ 时，$F_n = L_m$。

对应的解是

$$F_1 = L_1 = 1$$
$$F_2 = L_1 = 1$$
$$F_4 = L_2 = 3$$

当你看到这里时，你很可能会料想到斐波那契数很可能要出现了，只是尚未露出端倪。探秘神奇的斐波那契数的应用或现象似乎没有尽头。除了这些表象外，斐波那契数之间还有千丝万缕的关系，它们与卢卡斯数之间的关系也很密切，这着实让我们感到惊讶。在本章末尾，我们将列举一些这样的惊人关系。请将它们应用到具体的实例中，以验证它们是正确的，或者对于那些有更高要求的读者，请尝试着去证明它们是正确的。

不胜枚举的斐波那契数的关系

设 k, m, n 为任意自然数, 其中 $k, m, n \geq 1$, 则

$F_1 = 1, F_2 = 1, F_{n+2} = F_n + F_{n+1}$

$L_1 = 1, L_2 = 3, L_{n+2} = L_n + L_{n+1}$

$11 \mid (F_n + F_{n+1} + F_{n+2} + \cdots F_{n+8} + F_{n+9})$

$(F_n, F_{n+1}) = 1$, 即 F_n 与 F_{n+1} 的最大公因数为 1(它们是互素的)。

$$\sum_{i=1}^{n} F_i = F_1 + F_2 + F_3 + F_4 + \cdots + F_n = F_{n+2} - 1$$

$$\sum_{i=1}^{n} F_{2i} = F_2 + F_4 + F_6 + \cdots + F_{2n-2} + F_{2n} = F_{2n+1} - 1$$

$$\sum_{i=1}^{n} F_{2i-1} = F_1 + F_3 + F_5 + \cdots + F_{2n-3} + F_{2n-1} = F_{2n}$$

$$\sum_{i=1}^{n} F_i^2 = F_n F_{n+1}$$

$$F_n^2 - F_{n-2}^2 = F_{2n-2}$$

$$F_n^2 + F_{n+1}^2 = F_{2n+1}$$

$$F_{n+1}^2 - F_n^2 = F_{n-1} F_{n+2}$$

$$F_{n-1} F_{n+1} = F_n^2 + (-1)^n$$

$$F_{n-k} F_{n+k} - F_n^2 = \pm F_k^2, \text{其中 } n \geq 1, k \geq 1$$

$$F_m \mid F_{mn}$$

$$\sum_{i=2}^{n+1} F_i F_{i-1} = F_{n+1}^2, \text{其中 } n \text{ 为奇数}$$

$$\sum_{i=2}^{n+1} F_i F_{i-1} = F_{n+1}^2 - 1, \text{其中 } n \text{ 为偶数}$$

$$\sum_{i=1}^{n} L_i = L_1 + L_2 + L_3 + L_4 + \cdots + L_n = L_{n+2} - 3$$

$$\sum_{i=1}^{n} L_i^2 = L_n L_{n+1} - 2$$

$$F_n F_{n+2} - F_{n+1}^2 = (-1)^{n-1}$$

$$F_{2k}^2 = F_{2k-1} F_{2k+1} - 1$$

$$F_{m+n} = F_{m-1} F_n + F_m F_{n+1}$$

$$F_n = F_m F_{n+1-m} + F_{m-1} F_{n-m}$$

$$F_{n-1} + F_{n+1} = L_n$$

$$F_{n+2} - F_{n-2} = L_n$$

$$F_n + L_n = 2F_{n+1}$$

$$F_{2n} = F_n L_n$$

$$F_{n+1} L_{n+1} - F_n L_n = F_{2n+1}$$

$$F_{n+m} + (-1)^m F_{n-m} = L_m F_n$$

$$F_{n+m} - (-1)^m F_{n-m} = F_m L_n$$

$$F_n L_m - L_n F_m = (-1)^m 2F_{n-m}$$

$$5F_n^2 - L_n^2 = 4 \cdot (-1)^{n+1}$$

$$F_{n+1} L_n = F_{2n+1} - 1$$

$$F_n - F_{n-5} = 10F_{n-5} + F_{n-10}$$

$$3F_n + L_n = 2F_{n+2}$$

$$5F_n + 3L_n = 2L_{n+2}$$

$$F_{n+1} L_n = F_{2n+1} + 1$$

$$L_{n+m} + (-1)^m L_{n-m} = L_m L_n$$

$$L_{2n} + 2 \cdot (-1)^n = L_n^2$$

$$L_{4n} - 2 = 5F_{2n}^2$$

$$L_{4n} + 2 = L_{2n}^2$$

$$L_{n-1} + L_{n+1} = 5F_n$$

$$L_m F_n + L_n F_m = 2F_{n+m}$$

$$L_{n+m} - (-1)^m L_{n-m} = 5F_m F_n$$

$$L_n^2 - 2L_{2n} = -5F_n^2$$

$$L_{2n} - 2 \cdot (-1)^n = 5F_n^2$$

$$L_n = F_n + 2F_{n-1}$$

$$L_n = F_{n+2} - F_{n-2}$$

$$L_n = L_1 F_n + L_0 F_{n-1}$$

$$L_{n-1} L_{n+1} + F_{n-1} F_{n+1} = 6F_n^2$$

$$F_{n+1}^3 + F_n^3 - F_{n-1}^3 = 3F_{3n}$$

第7章 艺术与建筑中的斐波那契数

黄金分割比似乎一直存在于艺术和建筑之中。至于为什么会这样，我们只能推测。我们已经确定，无论在数值上还是几何上，它都被宣称是有史以来最美丽的比例。在这里，我们将简要介绍它在这两个美学领域中的身影。我们将从二维和三维视角来研究这种视觉艺术。

在文艺复兴期间，研究建筑、雕塑和绘画中的比例被视为研究美学的数学手段，这是基于这样一种理念：艺术中的和谐与美可以通过一些特定的数来完美呈现，这通常体现在它们与其他数的关系。这就是黄金分割逐渐取得显赫地位的原因。有无数的文章和书籍都试图表明，杰出的艺术和建筑都能以这样或那样的形式溯源至黄金分割原则。

在很久以前，当毕达哥拉斯学派构造正五边形和正十二面体时，他们就已经知道了黄金分割比（同样被视为优美的比例）。古往今来，许多建筑师都在他们的草图和施工图中，凭直觉或有意地运用了黄金分割，有时是用于整个工程有时是用于零部件的分割。值得一提的是，这种审美上的偏好经常以黄金矩形的形式表现出来。黄金分割比 $\phi = \dfrac{\sqrt{5}+1}{2}$ 是一个无理数，因此我们知道当时的建筑师善于使用长宽比接近 ϕ 的矩形。正如你现在已经知道的，ϕ 的近似值通常用斐波那契数来表示。此外，斐波那契数越大，它们的比值就越接近 ϕ。

建筑中的斐波那契数

很多年前,建筑师就在他们的图纸中运用黄金分割,有时是利用黄金矩形,有时是作为分割比例。为了避免使用无理数(φ)带来的困难,他们所构造的黄金矩形的长和宽通常都是用斐波那契数,这样就非常接近理想的黄金分割了。因为我们已经知道,两个相继斐波那契数之比接近黄金分割比,而这两个斐波那契数越大,所得的比值就越接近φ。

展示黄金矩形的最著名建筑也许是雅典卫城上的帕台农神庙。建造这座宏伟建筑的艺术理念来自菲狄亚斯(Phidias)。建造这座神庙为的是纪念伯里克利(Pericles)在波斯战争期间(公元前447—前432年)拯救了雅典,神庙里供奉的是雅典娜女神的雕像。据信,现今用于表示黄金分割的符号φ就来自菲狄亚斯名字的第一个字母。我们必须强调,目前并没有证据表明菲狄亚斯了解黄金分割,我们只能从神庙的形状结构进行推测。如图7.1所示,帕台农神庙可以与一个黄金矩形完美贴合。此外,在图7.1中,你还可以看到,这座建筑的结构中还包含许多黄金矩形。

图 7.1

如果你测量图 7.1 中那些柱子上方的各种装饰物,黄金分割就会不断出现。图 7.2 展示了贯穿于帕台农神庙的黄金分割。古代建筑师在多大程度上有意识地使用了黄金矩形,这仍是一个谜。有些人认为,我们现代人只是在寻求一些方式,强行将黄金矩形施加于特定的结构,然而没有人能否认它的存在。

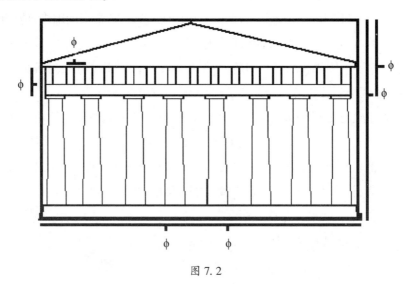

图 7.2

黄金分割的另一个例子是位于雅典卫城入口处的哈德良拱门。拱门顶部的蜗牛等装饰物可以嵌入一个正五边形,如图 7.3 所示。这进一步展示了黄金分割。(请注意,图中的 M 代表黄金分割的较大部分,而 m 代表较小部分。)

图 7.3

根据希腊历史学家希罗多德（Herodotus）的说法，吉萨的胡夫金字塔的构造方式是：其高的平方等于其一个侧面的面积。通过图 7.4 中绘制的三角形以及毕达哥拉斯定理，我们得到以下结果：

$$h_\triangle^2 = \frac{a^2}{4} + h_p^2$$

而每个侧面三角形的面积是 $A = \frac{a}{2} \cdot h_\triangle$。

图 7.4

而根据希罗多德所说的构造原理，侧面三角形的面积等于高的平方，我们得到：

$$h_p^2 = h_\triangle^2 - \frac{a^2}{4} = A = \frac{a}{2} h_\triangle$$

如果我们将等式 $\frac{a}{2} h_\triangle = h_\triangle^2 - \frac{a^2}{4}$ 的两边都除以 $\frac{a}{2} h_\triangle$，就得到

$$1 = \frac{h_\triangle}{\frac{a}{2}} - \frac{\frac{a}{2}}{h_\triangle}$$

首先设 $\dfrac{h_\triangle}{\dfrac{a}{2}}=x$，并将其变形为 $\dfrac{\dfrac{a}{2}}{h_\triangle}=\dfrac{1}{x}$，代入上式后就得到等式 $1=$

$x-\dfrac{1}{x}$，而这个等式恰好可以改写成 $x^2-x-1=0$，我们已知它的解是 $x_1=\phi$

和 $x_2=-\dfrac{1}{\phi}$。到现在，你应该已经意识到 x_2 是负的，所以它在几何上没有

实际意义，因此我们在这里不考虑它。使用现代的测量技术，测得这座大

金字塔的尺寸如表 7.1 所示。[①]

表 7.1

胡夫金字塔	底边长 a	侧面三角形的高 $h_\triangle$	金字塔的高 h_p	$\dfrac{h_\triangle}{\dfrac{a}{2}}$	$\dfrac{C}{2h_p}$
尺寸	230.56 m	186.54 m	146.65 m	1.618 134 71	3.144 357 313

你瞧，侧面三角形的高与底之比 $\dfrac{h_\triangle}{\dfrac{a}{2}}=1.618\,134\,71$。

这是由一位天才建筑师设计的吗？这个问题无从考证了。我们只能
通过测量和历史线索推测当时的技术水平。

埃及人的度量单位是肘尺，而肘尺的定义是男性前臂（即从指尖到肘
部）的长度，相当于 52.25 厘米。英国的埃及文物研究专家皮特里（W.
M. F. Petrie）确定了这座著名金字塔的尺寸如下：

$\dfrac{a}{2}=220$ 肘尺（≈ 114.95 米），即 $a=440$ 肘尺 ≈ 229.90 米

$h_p=280$ 肘尺（≈ 146.30 米）

$h_\triangle=356$ 肘尺（≈ 186.01 米）

侧面三角形的高（$h_\triangle$）与地面夹角的余弦值是一个非常令人惊讶的

---

① 表中的 C 是这座大金字塔的底边周长，$C=4a$。——译注

结果：$\cos \angle \left(\dfrac{a}{2}, h_{\triangle}\right) = \dfrac{220}{356} = \dfrac{55}{89}$。你大概会认为这些分析包含着某种"微调"。然而，我们真的是如实汇报记载的事实。

根据以上内容，我们可以推测，金字塔的底边长为 230.56 米，周长 C 为 922.24 米。如果我们将该周长除以金字塔的高的两倍，那么奇异的事情发生了：我们得到了数学上最著名的数之一——π 的近似值。①

人们已经注意到了墨西哥金字塔、日本宝塔以及英国巨石阵（约公元前 2800 年）都符合黄金分割。此外，还有人猜测，古罗马的凯旋门也是根据黄金分割建造的。

德国最古老的石头结构建筑，是洛尔施镇的"国王大厅"（图 7.5），其历史可追溯到后罗马时期（公元 770 年）。这座中世纪早期建筑的宏伟典范拥有一个令人印象深刻的天井。这座建筑的内部空间呈现一个完美的黄金矩形。时至今日，我们仍然不知道这座建筑的目的和用途。也许有一天我们能找到它的设计图，就能知道其中的斐波那契尺寸是否特意设计的。

图 7.5

---

① 关于 π 的更多信息，请参见《圆周率：持续数千年的数学探索》，阿尔弗雷德·S.波萨门蒂、英格玛·莱曼著，涂泓、冯承天译，上海科技教育出版社，2024。——原注

法国沙特尔大教堂(建于 1194—1260 年)清晰地呈现出黄金矩形。图 7.6 是沙特尔大教堂的正面,图 7.7 是沙特尔大教堂的一扇窗户,展示了著名的黄金矩形。

图 7.6   图 7.7

在文艺复兴时期,许多建筑项目的设计都运用了斐波那契数或黄金分割。例如在佛罗伦萨的圣玛丽亚·德尔菲奥雷大教堂的穹顶设计图中就能看到这些数(见图 7.8)。普拉托(Giovanni di Gherardo da Prato)的草图(图 7.9)显示了斐波那契数 55、89、144、17(斐波那契数 34 的一半)和72(斐波那契数 144 的一半)。这个穹顶实际上是布鲁内莱斯基(Filippo Brunelleschi)于 1434 年建造的,高度为 91 米,直径为 45.52 米。遗憾的是,这组数据没有给出黄金分割比。

佛罗伦萨的这个大教堂的其余部分进一步展示了斐波那契数。但最引人注目的比例如图 7.10 所示,其中 89:55(= 1.618 181 8…)这一比例非常接近黄金分割比 1.618 033 988…。

图 7.8

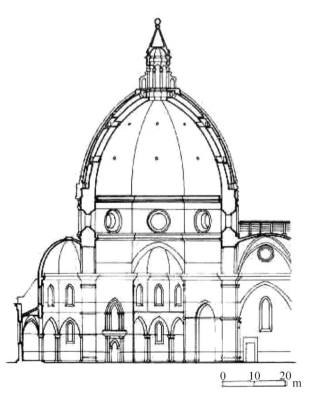

0   10   20
                m

图 7.9

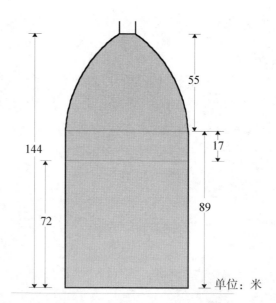

图 7.10

让我们进入更新潮的时代。法国籍设计师柯布西耶在 1946—1952 年设计了法国马赛的联合住宅 (见图 7.11) 再次展现了黄金分割。在这里,中间的塔楼将建筑的其余部分进行黄金分割。这不是偶然的,而是精心的设计! 他自始至终都在展示黄金分割。

图 7.11

此外,这座公寓中的所有尺寸都基于柯布西耶在 1948 年提出的一个关于比例的理论,该理论发表在一本题为《模度:人体尺度的和谐度量,可以广泛用于建筑和结构之中》(*The Modulor: A Harmonious Measure to the Human Scale Universally Applicable to Architecture and Mechanics*)①的书中。这一严格的规定在艺术界引起了较大的反响。柯布西耶在黄金分割的基础上开发了自创的方案。其中包括门的高度应为2.26米,这样身高1.83米的人伸直手臂就可以碰到门的顶部。理由如下:"一个高举手臂的人有几个关键的部位——脚、肚脐、头和高举的指尖,它们之间的三个间隔产生了一系列由斐波那契数确定的黄金分割。"

模度(见图7.12)是一种将人体比例标准化以供建筑师和工程师使用的模式,由两个尺度或等级组成,用两个自然数列进行标记:

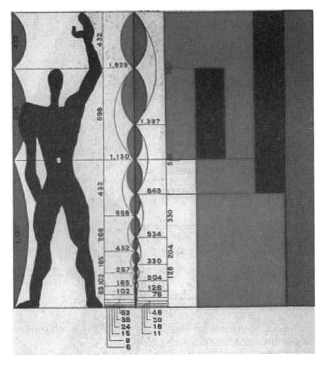

图 7.12

①　Le Corbusier, *The Modulor: A Harmonious Measure to the Human Scale Universally Applicable to Architecture and Mechanics and Modulor*, 2 vols. (Basel: Birkhauser, 2000). ——原注

（＊）6,9,15,24,39,63,102,165,267,432,698,1130,1829

和

（＊＊）11,18,30,48,78,126,204,330,534,863,1397,2260

通常只要多瞥一眼,我们就能看出其中的黄金分割关系。

如果我们将数列(＊)的各项除以3,而将数列(＊＊)的各项除以6,就得到

$$（＊）' \quad 2,3,5,8,13,21,34,55,89,144,232\frac{2}{3},376\frac{2}{3},609\frac{2}{3}$$

和

（＊＊）' 1.8\dot{3},3,5,8,13,21,34,55,89,143.8\dot{3},232.8\dot{3},376.8\dot{3}

如果我们对每个数列中的分数或小数部分四舍五入,那么我们就仅仅与斐波那契数打交道了。

之所以与斐波那契数有关,是因为柯布西耶的两个数列都近似为一个以黄金分割比 φ 为公比的几何级数。柯布西耶在他的《模度》一书中声称找到了一种非常适合视觉艺术的尺度。

柯布西耶深受罗马尼亚律师、工程师和外交官吉卡(Matila Costiescu Ghyka)①的思想影响。吉卡关于黄金分割的著作将帕乔利(Luca Pacioli)②的叙述与蔡辛的美学著作联系了起来。吉卡将黄金分割解释为宇宙的一个根本奥秘,并用自然界的例子来支持这一立场。这种视角进一步激发了柯布西耶的灵感,后者的目标是在特定的生活空间打造出和谐的设计。他在设计居住公寓时也采用了同样的理念。

1947年,柯布西耶作为建筑委员会成员,参与规划纽约联合国总部大楼(见图7.13)。他最终负责策划39层高的秘书处大楼。正如你可能已经预料到的,这座建筑的高度和宽度之比接近1.618。是的,黄金分割

---

① Matila Ghyka, *Esthetique des proportions dans la nature et dans les arts*(Paris,1927); Matila Ghyka, *The Geometry oj Art and Life*(New York:Sheed and Ward,1946;reprint,New York:Dover Science Books,1977). ——原注

② Fra Luca Pacioli, *Divina Proporzione-A Study of the Golden Section First Published in Venice in* 1509(New York:Abaris Books,2005). ——原注

再次与我们见面了!

　　最后,但同样重要的是,在华盛顿特区五角大楼的鸟瞰图中可以明显地看到黄金分割(见图7.14)。到现在,你可能会(正确地)预料其中的两条对角线在交点处彼此进行黄金分割,正如在任何正五边形的情况下那样。

图 7.13

图 7.14

　　在建筑领域,有着无数使用黄金分割的例子,其中当然包括斐波那契数。一个挥之不去的问题依然存在:这些是巧合,还是故意进行黄金分割?在一些建筑的实例中,如柯布西耶设计的建筑,我们有足够的依据知道他是有意运用黄金分割。至于古建筑,我们有时可以推测或假设,如果这位建筑师与某位数学家有联系,那么他就有可能在设计中有意运用黄金分割。总之,人们总是认为黄金分割传递出几何学中最美的分割,因此"训练有素的眼睛"也许仅凭艺术天赋就能达到黄金分割的境界。

斐波那契数与雕塑

黄金分割会赋予艺术品特别舒适和"美"的形状。黄金分割也是通往斐波那契数的桥梁。回想一下,斐波那契数列的相继项之比近似等于黄金分割比:

$$\frac{5}{3} = 1.666\cdots, \frac{8}{5} = 1.6, \frac{13}{8} = 1.625, \frac{21}{13} = 1.615\cdots$$

由较小的斐波那契数得到的比值与黄金分割比 φ 的偏差较大,但即便如此,最大偏差也小于 $\frac{1}{20}$,即 5%。

1509 年,意大利文艺复兴时期学者帕乔利在其关于正多面体的著作《神圣的比例》(*De divina proportione*)[①]中强调了黄金分割的重要性,并激动地称之为"神圣的比例"。他使用了"神圣"这个形容词,以体现黄金分割的美学价值。

在 20 世纪上半叶,有两本关于黄金分割的重要书籍出版:1914 年,库克爵士(Sir Theodore Andrea Cook)的《生命的曲线》(*the Curves of Life*)和 1926 年哈姆比奇(Jay Hambidge)的《动态对称的元素》(*The Elements of Dynamic Symmetry*)[②]。这两本书都对艺术家产生了深远的影响,尤其是后一本书。哈姆比奇发现对称有两种类型:静态对称和动态对称。他对希腊的艺术和建筑,特别是帕台农神庙进行了深入研究并确信,希腊设计之美的秘密在于有意识地运用动态对称——基于人类和植物生长对称性的自然法则。

[①] Luca Pacioli, *De divina proportione*(Venezia, 1509; reprinted in Milan in 1896, and Gardner Pelican, 1961). ——原注

[②] New York, Dover, 1967. 其中的动态对称性基于热力学定律。——原注

学者哈根迈尔(Otto Hagenmaier)①指出,《贝尔维迪宫的阿波罗》(the *Apollo Belvedere*)[古希腊雕塑家莱奥哈雷斯(Leochares)的原作的一件罗马复制品,现藏于罗马梵蒂冈贝尔维迪宫博物馆]②是一件体现黄金分割的著名雕塑典范。在图 7.15 中,你可以看到这座雕塑是如何体现黄金分割的。

图 7.15 《贝尔维迪宫的阿波罗》的罗马复制品

---

① Otto Hagenmaier, *Der Goldene Schnitt-Ein Harmoniegesez und seine Anwendung* (Gräfeling, Germany: Moos & Partner, 1958); 2nd ed. (München: Moos Verlag, 1977). ——原注

② 公元前 4 世纪的雅典雕塑家,罗马的复制品是 15 世纪末在罗马发掘过程中发现的。——原注

伟大的数学家克莱因(Felix Klein)不眠不休地设法用超越黄金分割的数学方式来解释这座宏伟雕塑的美。他在阿波罗的脸上标记高斯曲线①的关键点，以发现其美学奥秘。这难道是我们从数学中得到的吗？也许不是，但它让我们的眼界更加开阔，去探寻美学的奥秘。

巴黎卢浮宫博物馆的《米洛的阿芙洛狄特》(*Aphrodite of Melos*) 又名《米洛的维纳斯》(*Venus de Milo*)（见图 7. 16），其创作年份大约是公元前 125 年。她的肚脐是整个身体的黄金分割点。这是偶然还是有意为之？我们永远都不会确切地知道了。

图 7. 16 《米洛的阿芙洛狄特》

---

① 高斯曲线就是正态曲线。——原注

1912 年,立体派发展到后期,维永(Jacques Villon)①在巴黎创立了"黄金分割"艺术家协会。该协会的名字本身已经凸显了其对黄金分割的推崇。该组织的宗旨是严格按照数学比例绘画,不仅仅是在名义上使用黄金分割,而且将其作为理论基础。匈牙利雕塑家兼画家贝奥西(Étienne Béothy)没有像"黄金分割"协会那样局限于二维绘画,而是扩展到了三维创作。贝奥西为他的所有雕塑作品制订了详细的创作计划,使他的理论得以付诸实践。其作品的长度、曲线和诸多比例在很大程度上依赖于"黄金级数"——这显然就是指斐波那契数。

1926 年,贝奥西在其著作《黄金级数》(La Serie d'Or)②的匈牙利版序言中写道:"它(黄金级数)对于视觉艺术的意义,就如同和声对于音乐的意义……音乐通过和声取得的效果,视觉艺术也必将通过黄金级数实现。"在该书的结尾处,贝奥西得出结论:可以代表黄金级数的最佳数列是叠加数列:

$$\cdots 0,1,1,2,3,5,8,13,21,34,55,89,144,\cdots ③$$

贝奥西创作于 1936 年的木雕作品《飞跃Ⅱ》(Essor Ⅱ)(现藏于德国马尔雕塑博物馆),似乎是从一个狭窄的基座开始扭曲向上生长(见图7.17),看起来像是一簇火焰。不过,在这座雕塑的背后,隐藏着基于斐波那契数的精密计划。正是基于这一数学理论,雕塑家创作出了一件极美的作品。

在 20 世纪 60 年代的极简主义艺术运动期间,斐波那契数的使用形成一股潮流。乌尔里奇(Timm Ulrichs)的一些作品完全依赖黄金分割。在一件雕塑中(图 7.18),他以 φ 为比例切开面包和蔬菜。他还将一本哈

---

① 他的本名是 Gaston Duchamp,法国画家和平面造型艺术家。——原注

② Uwe Rüth, Etienne Beothy, and Helga Müller-Hofstede, *Etienne Beothy: Ein Klassiker der Bildhauerei-Retrospektive*(Sculpture Museum, Marl, Germany, Exhibition 1979, ed. Dr. Uwe Rüth). ——原注

③ Etienne Béothy, *La Serie d'Or*(Paris: Edition Chanth, 1939). ——原注

根迈尔的《黄金分割》(*Section d'or*)①进行了黄金分割!

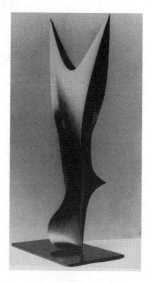

图 7.17　贝奥西的木雕作品《飞跃Ⅱ》(图片经 Uwe Rüth 授权)

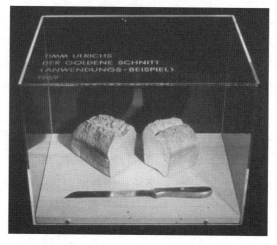

图 7.18　乌尔里奇将黄金分割付诸实践,1969(图片经 Timm Ulrichs 授权)

---

① *Der Goldene Schnitt：Ein Harmoniegeselz und seine Anwendung*, 2nd ed. (Grafe ling, Germany：Moos & Partner, 1958). ——原注

1969 年,乌尔里奇写道:"我拿了几种食品——适合用刀具切开的面包、香肠和腌黄瓜——刻意按黄金分割将它们切开,然后用黄金装饰。"

尼迈耶(Jo Niemeyer)是一位德国平面艺术家和建筑师,他基于黄金分割创作作品。他甚至把自己的作品称为**几何作品**。尼迈耶仍然在继续前进——真正意义上的前进! 他于 1997 年完成的作品《环游地球 20 步》(*20 Steps around the Globe*)是一件令人叹为观止的"乡村艺术"。同样,黄金分割也是这件作品的关键要素,其中包括安装 20 根高级钢柱绕地球一周。① 这 20 根钢柱沿着一个环绕地球的、周长为 40 023 千米的大圆②放置,而黄金分割在决定钢柱的安装位置时起到了至关重要的作用。③

点 1 到点 2 的距离确定为 0.458 米(见图 7.19)。

图 7.19

点 2 到点 3 的距离确定为 φ·0.458 米 = 0.741 米。于是点 3 到点 1 的距离就是 1.198 米。

点 3 到点 4 的距离确定为 φ·1.198 米 = 1.939 米。这意味着点 4 到点 1 的距离为 3.137 米。

点 4 到点 5 的距离确定为 φ·3.137 米 = 5.077 米。于是点 5 到点 1 的距离就是 8.214 米。

以这种方式继续下去,他发现点 20 将与点 1 重合(所有点都在一个大圆上)。

借助黄金角度④,可把这些钢柱的具体位置计算得更加精确。

第一根柱子位于拉普兰(芬兰),在瑞典边境附近,北极圈以北。在起点处的照片上可以看到第 8 根柱子(图 7.20)。

① 球的大圆是可以在球面上画出的最大圆,其圆心位于球心。——原注
② 实际上是 19 个不同的点,因为第 20 个点与第 1 个点是重合的,其中每两点之间称为 1 步,因此总共是 20 步。——译注
③ 各距离值末位数字的误差是由计算过程中的精度引起的。——译注
④ 黄金角度 ≈ 137.507 764 050…°。——原注

尼迈耶相信,只有比例才是感知和理解这一壮举的关键,他说:"不存在量度,只存在比例。"

图 7. 20

起点:芬兰拉普兰的罗平萨尔米

位置:北纬 68°40′06″,东经 21°36′21″(图片经 Jo Niemeyer 授权)

意大利艺术家梅尔兹(Mario Merz)通过一些艺术作品为斐波那契数树立了典范。他是"贫穷艺术"的元老,这种艺术以简陋的材料和简单的姿态而出类拔萃。这是欧洲对美国极简主义艺术的回应。对他来说,斐波那契数既是一盏明灯,也是一种灵感。

《那不勒斯的斐波那契》(*Fibonacci Napoli*)和《动物,1 至 55》(*Animali da 1 a 55*)是梅尔兹最著名的作品。不过,他的黑白色画作《常春藤》(*Ivy*)可能更生动地展示了他对斐波那契数的简洁优雅充满敬意(见图 7.21)。

梅尔兹接触斐波那契数之后,将它的强大力量归因于自然。"斐波那契数能迅速扩张……它具有强大的力量,足以消除隔阂。"这就是梅尔兹对这一具有重大历史意义的设计体系的独特性及影响力的

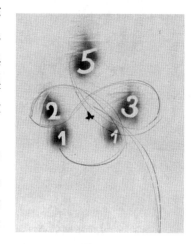

图 7. 21

描述。①

梅尔兹在八块大理石板上,借助铜管和钢连接件组装了"斐波那契圆顶小屋"艺术装置,他在上面贴上带有(白色)数字的胶带。圆顶小屋的八条臂通过一些连接件连接在一起,这些连接件之间的距离成斐波那契比例关系(见图7.22)。

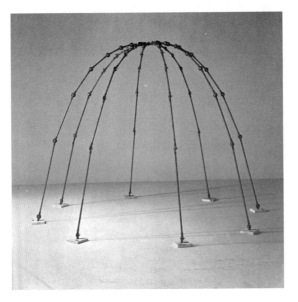

图 7.22　斐波那契圆顶小屋

梅尔兹显然对斐波那契数非常着迷,他用斐波那契数装饰瑞士苏黎世的中央火车站大厅便是又一例证。他还使用斐波那契数装饰大烟囱,如 2001 年在德国乌纳国际灯光艺术中心建造的 52 米高的烟囱(图7.23);1994 年建造的位于芬兰图尔库的烟囱(图 7.24)。

------

① Mario Merz, *Die Fionacci-Zahlen und die Kunst*, in Mario Merz's Exhibition catalogue of the Folkwang-Museum, Essen, Germany, 1979, p. 75. ——原注

图 7.23   图 7.24

奥地利艺术家布鲁赫(Hellmut Bruch)也深受斐波那契数的影响。他的许多设计在其各组成部分的相对长度上清楚地反映出斐波那契数(见图 7.25、7.26 和 7.27),这便是明证。据说,他借助这些长度创造出了引人注目的和谐形状。

这些柱子用不锈钢制成,它们的长度呈现出斐波那契数列(89 厘米、144 厘米、233 厘米、377 厘米、610 厘米)。"向斐波那契致敬"(*Hommage à Fibonacci*)这个名字是一个有力的例证。

布鲁赫在其几乎所有的作品中都使用了斐波那契数列。他说,通过这些数,他试图展示形式的完整性和自然的多样性,并试图理解它们。布鲁赫不只是对展示斐波那契数列感兴趣,更重要的是,他还想看看这些数能为拓展他的艺术前程提供哪些助力。

图 7.25

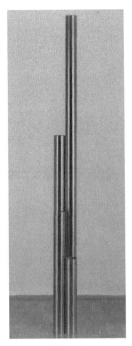
图 7.26

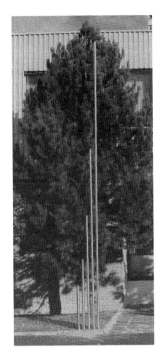
图 7.27

（图片经 Hellmut Bruch 授权）

　　德国雕塑家伯里（Claus Bury）将他的雕塑作品命名为《斐波那契神庙》（*Fibonacci's Temple*），其中包含的主题思想显而易见。《斐波那契神庙》打造于 1984 年，位于德国科隆，由云杉原木制成，长 15 米，宽 6.3 米，中心高 5.70 米（图 7.28）。

图 7.28　斐波那契神庙

（图片经 Claus Bury 授权）

通过伯里筹备这一作品的过程可以看出,他当时已经着迷于斐波那契数,尤其是被柯布西耶在《模度》一书中的理论分析深深吸引。查看一下伯里当时的方案(见图 7.29 和 7.30),我们清楚地看到他是基于斐波那契数打造了这件作品。

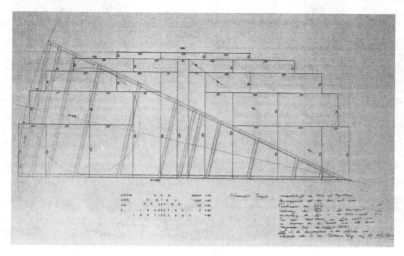

图 7.29

(图片经 Claus Bury 授权)

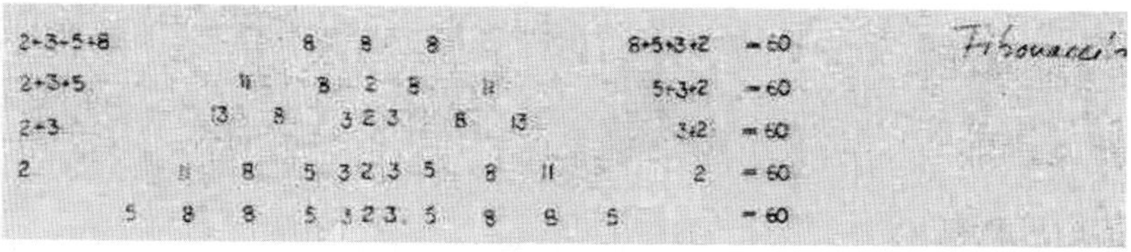

图 7.30

(图片径 Claus Bury 授权)

斐波那契数显然为现代雕塑家的创作带来了灵感。然而,我们仍然无法确定这些神奇的数对古代艺术家是否产生了影响。他们是否知道斐波那契数或黄金分割?还是说他们是凭着直觉做了相关工作,只是碰巧符合黄金分割?这就促使我们借助二维平面画进一步寻求答案。

斐波那契数与绘画

　　达·芬奇为帕乔利的《神圣的比例》一书绘制了插图,其中包含对"维特鲁威"人的解剖学研究。这幅画用于辅助帕乔利对罗马建筑师维特鲁威(Vitruvius)①的讨论。维特鲁威所撰写的建筑学文献表明,他相信人体比例应作为建筑设计的参考。在这张著名的插画(图 7.31)中,正方形的边与圆半径之比与黄金分割比的偏差为 1.7%。

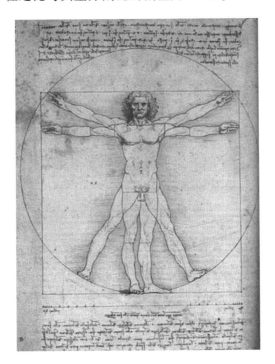

图 7.31

---

① 实际上是维特鲁威·波利奥(Vitruvius Pollio),他是罗马武装军队的技术员和工程师。他出版了 10 本关于建筑和土木工程的书,并建立了一种关于比例的理论。——原注

备受尊敬的德国画家、平面造型艺术家丢勒在 1523 年撰写《人体比例四书》(*Four Books on Human Proportions*)时，大量参考了维特鲁威的著作。丢勒在这部书中对前人的著作进行了提炼，并将它们描述为一个比例系统，其中的度量单位是人体，而人体的各部分则用分数表示。

在丢勒的著作中，当谈及几何学、堡垒建筑和人体比例时，他用数学理论而非美学理论来论证自己的所有观点。事实上，他在几何描述方面的工作影响了文艺复兴时期的一些最伟大的思想家，其中包括开普勒(Johannes Kepler)和伽利略(Galileo Galilei)。

丢勒在他著名的自画像(约 1500 年)中，画了一头波浪形卷发，头发的轮廓形成了一个等边三角形，如图 7.32。丢勒实际上是将三角形和其他一些参考线叠加在自画像上。等边三角形的底将整张图的高进行黄金分割，下巴也将整张图的高(在另一个方向上)进行黄金分割。

图 7.32

丢勒 29 岁时就在自画像中运用了黄金分割的理念,但此后他为何再未将黄金分割与他的正五边形作图法①联系起来,这一点目前尚无定论。

另一件经典的艺术作品是波提切利(Sandro Botticelli)的绘画《维纳斯的诞生》(*The Birth of Venus*,1477 年)。库克爵士借助黄金分割对其进行了分析。他在维纳斯的身形上叠加了一个数字标度,她的身形上有 φ 的前七次方(见图 7.33)。

图 7.33

与我们在前文中回顾斐波那契数在建筑和雕塑中的应用一样,我们在这里也遇到了一个类似的问题:这些作品中是否有意识地使用了黄金分割或斐波那契数? 19 世纪和 20 世纪,许多学者收集信息以寻找黄金分割的应用。对于这些应用,需要严格、谨慎地检查。通常,当我们发现一些比值接近黄金分割比时,就会立即假设这是有意地使用黄金分割。但我们必须小心,在没有充分理由的情况下,不要轻易下结论。

让我们来分析几个出现黄金分割的例子,你完全可以从过去几个世

---

① 参见第 4 章关于丢勒的"正五边形"作图的讨论,它看起来像正五边形,但不完全准确。——原注

纪出现的无数例子中找到类似的"例证"。我们将从西方文明中最著名的画作——达·芬奇的《蒙娜丽莎》(Mona Lisa)(图7.34)开始,这幅画创作于1503年至1506年间,现在巴黎卢浮宫博物馆展出。法国国王弗朗索瓦一世(François I)为这幅画支付了15.3千克黄金。让我们从黄金分割的角度来看这一杰作。首先,你只要在蒙娜丽莎的脸周围画一个矩形,就会发现这个矩形是一个黄金的矩形。在图7.35中,你会看到好几个三角形,其中最大的两个三角形都是黄金三角形。此外,在图7.36中,你还会发现蒙娜丽莎身体上有一些奇特的黄金分割点。由于达·芬奇为帕乔利的《神圣的比例》一书绘制了插图,而这本书又详细论述了黄金分割,因此我们有理由相信他是有意识地运用了这一神奇的比例。

图7.34　　　　　　　图7.35　　　　　　　图7.36

　　另一位伟大的画家拉斐尔(Raphael)也在《西斯廷圣母像》(Sistine Madonna)中展示了黄金分割。如图7.37所示,连接教皇西克斯图斯二世(Pope Sixtus II)的眼睛和圣巴巴拉(Saint Barbara)的头部的水平线,将画面的高度划分为黄金比,并将圣母的肖像划分为两个相等的部分。在图7.38中,你会看到,过图中那些特定点所作的直线从另一个角度确定了黄金分割,图中圣母的肖像也符合黄金分割。你还会观察到,叠加在图7.38上的那个底和高之比接近黄金分割的等腰三角形恰好包围了画中4个人的头部。拉斐尔在选择这些尺寸时是有意识地考虑了黄金分割,还是说这些尺寸仅仅是出于艺术家的眼光？这仍然是这位大师的秘密。

图 7.37

图 7.38

图 7.39 中,在拉斐尔的《阿尔巴圣母像》(*Madonna Alba*)上叠加了一个正五角星。沿着适当的线条部分看,这个几何形状清晰可见。这再次证明了拉斐尔对黄金分割的偏爱,因为我们已经知道在正五角星中隐藏着黄金分割。

图 7.39　阿尔巴圣母像(收藏于华盛顿国家美术馆)

让我们向前越过几百年,来看法国画家修拉(Georges Seurat),他的作品因具有严格的几何结构而闻名。虽然修拉将色彩运用到了出神入"画"的程度,但他更加希望凸显自己对几何空间的运用,并以此作为其画作的主要亮点,从而为现代艺术奠定基础。

修拉的画作《马戏团巡游》(*Circus Parade*,收藏于纽约大都会艺术博物馆,见图 7.40)中运用了许多黄金分割的表现手法。一些观察者看到的黄金分割是由沿着栏杆顶部边缘的水平线构成的,而在竖直方向上则是由主要人物右侧的那根竖直线产生的。另外一些观察者发现,这两条线与图片顶部九盏灯下方的水平线构成了一个黄金矩形。还有人猜测,这幅图中嵌入了黄金螺旋。① 在左上角的那个 8×3 单位矩形进一步证明了这位艺术家可能知道斐波那契数与黄金分割的关系。在修拉的《阿尼埃尔浴场》(*Bathers at Asnières*,收藏于伦敦泰特画廊)中,可以看到黄金分割以及好几个黄金矩形(图 7.41)。

图 7.40

---

① H. Walser. *Der Goldene Schnitt*(Leipzig;EAG. LE. 2004). p. 135. ——原注

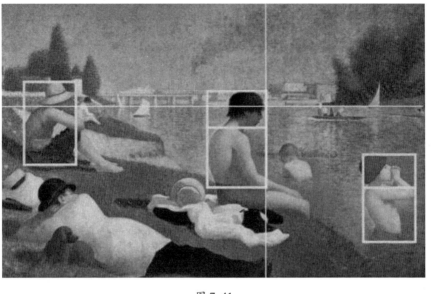

图 7.41

　　前文提到的德国平面造型艺术家、建筑师尼迈耶基于黄金分割创作作品。他甚至把自己的作品称为**几何作品**。在图 7.42 中,你将看到他的名为《乌茨约基》(*Utsjoki*)的作品中多处显示了黄金分割。

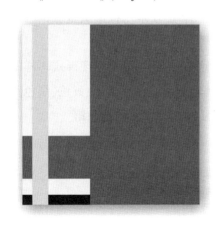

图 7.42　(图片经 Jo Niemeyer 授权使用)

　　对于 1987 年的画作《变奏Ⅵ》(*Variation　Ⅵ*,图 7.43),我们有明确的证据表明,尼迈耶并不是凭直觉创作他的作品,而是基于数学原理画出草图。如果对该草图的视觉评估还不够令人信服,那么请注意,他还在草图的右侧标记了黄金分割比(0.618 03)(图7.44)。

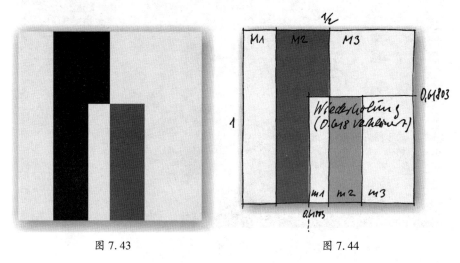

图 7.43 　　　　　　　　　　　　　图 7.44

(图片经 Jo Niemeyer 授权使用)

尼迈耶并不局限于二维艺术,他也创作三维作品。通过他的《模块》(*Modulon*)的草图(图7.45),我们再次得到了他以数学为基础来进行创作的明确证据。《模块》是一件艺术品(一个立方体),根据黄金分割分成16块积木(见图7.46)。

通过摆放、排序、分组和填充空间,这16块积木可以实现形式多样的变化。不过,其用色很简单,仅用几种基础颜色:蓝色、红色、黄色、黑色和白色。该作品自1984年以来一直收藏于纽约现代艺术博物馆。

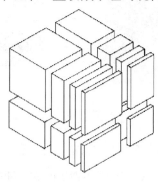

图 7.45

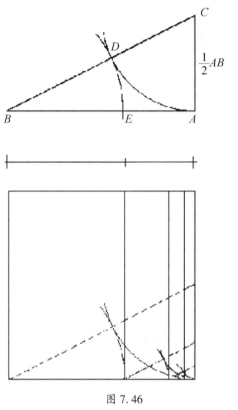

图 7.46

冰岛艺术家弗里德芬森(Hreinn Fridfinnsson)的艺术作品显然是以黄金矩形和黄金螺旋为基础的。他的作品《无题》(收藏于列支敦士登艺术博物馆,瓦杜兹)如图 7.47 所示,这是完全基于黄金分割的艺术作品。

图 7.47　(图片经 Herinn Fridfinnsson 授权使用)

还有一个例子表明艺术家有意识地将斐波那契数用于其作品的基本结构，那就是德国艺术家米尔兹（Rune Mields）。在作品《进化：进步与对称Ⅲ和Ⅳ》（*Evolution: Progres sion and Symmetry Ⅲ and Ⅳ*，图 7.48）中，她展示了一些代表斐波那契数的图形。这位艺术家在导览手册的附文中强调："在一条上升的线上，借助于比萨的莱昂纳多（即斐波那契）在 13 世纪初建立的著名数列（0，1，1，2，3，5，8，13，21，⋯），产生了一系列三角形。据猜测，这种上升的形式与对称法则相对应。"

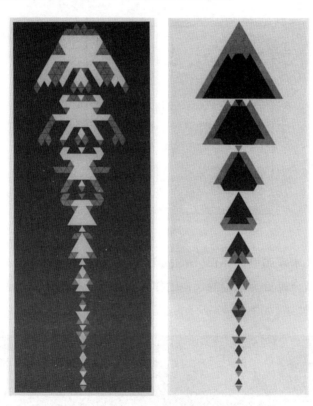

图 7.48　（图片经 Rune Mields 授权使用）

有一些证据表明，黄金分割已经融入以下艺术作品的构图中。是有意为之还是全凭直觉，由你来判断。这些作品中有许多可以在图书、互联网上找到，或者对于环游世界的旅行者来说，他们能亲眼看到！

● 浮雕《狄奥尼修斯的游行》（*Dionysius' Procession*）（罗马阿尔巴尼别墅）

● 乔托(Giotto)①的湿壁画《圣方济各向鸟布道》(*St. Francis Preaching to the Birds*)(意大利阿西西圣弗朗西斯科大教堂)

● 马萨乔(Masaccio)②的湿壁画《三位一体》(*Trinity*)(意大利佛罗伦萨圣玛丽亚诺维拉)

● 维登(Rogier van der Weyden)③的《把耶稣遗体从十字架上放下》(*Deposition from the Cross*)(祭坛画,西班牙马德里普拉多博物馆)

● 弗朗切斯卡(Piero della Francesca)④的《基督洗礼》(*The Baptism of Christ*)(伦敦国家美术馆)

● 佩鲁吉诺(Pietro Perugino)⑤的《圣母子》(*Madonna and Child*)(罗马梵蒂冈博物馆)

● 达·芬奇的《抱貂的女子》(*The Girl with the Ermine*)(波兰克拉科夫国家博物馆)

● 达·芬奇的壁画《最后的晚餐》(*The Last Supper*)(意大利米兰圣玛利亚感恩教堂)

● 米开朗琪罗(Michelangelo)⑥的圆形绘画《圣家族》(*Madonna Doni*)(意大利佛罗伦萨乌菲兹画廊)

● 拉斐尔的绘画《被钉十字架》(*Crucifixion*,画中还有圣母玛利亚、圣杰罗姆、抹大拉的玛丽亚和施洗者约翰)(英国伦敦国家美术馆)

● 丢勒的版画《亚当与夏娃》(*Adam and Eve*)(西班牙马德里普拉多博物馆)

● 拉斐尔的绘画《雅典学院》(*The School of Athens*)(罗马梵蒂冈博物馆)

---

① 本名为 Giotto di Bondone,意大利画家和建筑大师。——原注
② 本名为 Tammaso di Giovanni di Simone Gujdi,意大利画家,被认为是文艺复兴时期绘画的奠基人。三位一体壁画以其中心透视的形式推进了壁画艺术和祭坛的发展。——原注
③ 又名 Roger de Le Pasture,佛兰德斯画家。——原注
④ 本名 Pietro di Benedetto dei Franceschi,又名 Pietro Borgliese,意大利画家。——原注
⑤ 本名 Pietro Vannucci。——原注
⑥ 本名 Michelangelo Buonarroti。米开朗琪罗也是雕塑家、画家、建筑师和诗人。1508 年,米开朗琪罗还为梵蒂冈设计了瑞士卫队的制服。——原注

● 拉斐尔的湿壁画《嘉拉提亚的凯旋》(*The Triumph of Galatea*)(意大利罗马法尔内西纳别墅)

● 雷蒙迪(Marcantonio Raimondi)①的铜版画《亚当与夏娃》(*Adam and Eve*)

● 伦勃朗(Rembrandt Harmensz van Rijn)的《自画像》(*A Self-portrait*)(英国伦敦国家美术馆)

● 费宁格(Lyonel Feininger)的《哥梅尔达》(*Gelmeroda*)(《哥梅尔达Ⅷ》收藏于纽约惠特尼博物馆;《哥梅尔达Ⅶ》收藏于纽约大都会艺术博物馆)

● 达利(Salvador Dalí)的《用一个五米长莫名附件悬挂的半只巨大的杯子》(*Half a Giant Cup Suspended with an Inexplicable Appendage Five Meters Long*)

以下是人们经常提到的与黄金分割相关的一些艺术家:

● 西涅克(Paul Signac)

● 塞律西埃(Paul Sérusier)

● 蒙德里安(Piet Mondrian)②

● 格里斯(Juan Gris)③

● 潘科克(Otto Pankok)④

塞律西埃不仅知道黄金分割,而且在他的草图中也指明了这一点。相反,格里斯、蒙德里安和潘科克则断然否认使用过黄金分割。

令那些着迷于 φ 和斐波那契数的爱好者失望的是,20 世纪末,艺术史学家内弗克斯(Marguerite Neveux)经过仔细检查,将许多绘画从"黄金

---

① 意大利铜版雕刻家。——原注
② 他的作品包括《绘画Ⅰ》(*Painting Ⅰ*)和《上色的区域和灰色线条构图 1》(*Composition with Colored Areas and Gray Lines 1*,1918),以及《灰色和浅棕色构图》(*Composition with Gray and Light Brown*,1918,得克萨斯州休斯敦美术馆)、《红、蓝、黄构图》(*Composition with Red Yellow Blue*,1928)等。——原注
③ 本名是 José Victoriano González Pérez,西班牙画家、平面造型艺术家。——原注
④ 德国画家、平面造型艺术家、木雕艺术家。——原注

分割名单"中剔除了。她分析了各种帆布油画的 X 射线照片,由此得出的结论是,大多数艺术家在开始创作前都会把画布划分为 8 个区域。划分的比例有很多种,但多数情况下选用的是 $\frac{5}{8}$。因此,尽管这位艺术史学家将一些艺术品从"黄金分割列表"中剔除了,但我们仍然可以将它们称为"近似黄金分割",因为它们使用了两个斐波那契数,由此可以产生黄金分割的粗略近似。

几个世纪以来,这种"神奇的"黄金分割支配着艺术家的创作灵感,他们有时是有意为之,有时却全凭直觉,这真是令人着迷。无论人们是有意还是无意地使用了黄金分割,没有人能否认它普遍存在于西方世界的许多经典杰作之中。

第8章 斐波那契数与音乐[①]

互联网上的斐波那契数据

　　既然你正在阅读这本书,那么我们是否可以假设,你已经在互联网上对斐波那契数列及其与音乐的关系进行了一些研究?[②] 你可能会遇到一些非常吸引人的网站,但一般而言,你找到的东西往往会令你感到困惑或枯燥乏味。很不幸,屏幕上显示的大多数信息都没有意义,甚至不准确。这可能是因为这些都是一些好心的作者为小学生写的,他们试图填鸭式地给孩子们灌输关于斐波那契和音乐的一些容易理解的东西。唉,这些东西现在随处可见,它们并没有告诉你任何关于这种关系的重要信息。虽然小提琴确实是 18 世纪意大利乐器制造中应用黄金分割的一个很好的例子,但关于八音符音阶的那些讨论都是完全错误的。人们熟知并喜

---

① 本章的作者是贾布朗斯基(Stephen Jablonsky),他是纽约城市大学城市学院的音乐教授和音乐系主任,也是一位作曲家。——原注

② 你甚至可能看到过一些毫不相干的巧合,"音乐"(music)以字母表的第 13 个字母开头,或者在杜威图书馆十进制分类法(见第 6 章)中,音乐类的编号是 780,而 780＝2×2×3×5×13——它们全都是斐波那契数! ——原注

爱的全音阶有 7 个音符,而不是 8 个,因为 8 是 1 的重复,它将音阶移动并延续到下一个八度。钢琴上的黑色键被分成 2 个一组和 3 个一组,这一事实与斐波那契数列无关,因为不可能区分是 2 在前还是 3 在前,它们只与分隔它们的白色音符有关。一个真正的斐波那契键盘,每个八度应该有 2,3,5,8 个黑色音符构成的 4 组。这样才算得上合理!

有人提出,某些令人愉悦的频率比,如 5:3(大六度)和 8:5(小六度),与斐波那契数列之类的东西有关,这也是误导,因为在众多能够产生令人愉悦的音乐的过程中,频率比与斐波那契数列相关的音程只是少数而已。大三度(5:4)和小三度(6:5)怎么样?它们是储存在音乐播放器中的所有流行音乐的三和弦基础。最后,如果你去听将斐波那契数应用于音调和/或节奏而生成的曲子,那么你会发现这种音乐第一次听起来可能很有趣,但不值得播放第二次。因此,让我们来谈谈与斐波那契数真正有关联的那些应用。

作曲家在作曲过程中主要在两个方面成功地运用了黄金分割。第一个与高潮的位置有关,第二个与结构形式有关。让我们先来谈谈高潮,因为对于未曾上过钢琴课的人而言,这是一个比较容易理解的概念。

肖邦的《前奏曲》

肖邦(Fredetic Chopin)的《前奏曲》(*Preludes*)是 19 世纪的伟大钢琴作品集之一。他的这一系列作品中包含了 24 部最卓越的小型音乐作品,一曲一世界。其中的第 1 首作品基于肖邦自娱自乐的一个有趣游戏。在图 8.1 中,我们看到了右手弹奏的基本旋律,为了便于说明,图中已作了简化。每个小节(最后六个小节除外)都包含两个音符,它们之间的间隔为一个音级,其中一个与左手伴奏构成和声(全音符),另一个则不构成和声(黑色音符)。这部作品的时长只有大约半分钟,由两段不同长短的显著拱形曲式构成。旋律从音符 G–A 开始,上升到第 5 小节的 E–D,在 E–D 保持三个小节,然后下降到第 9 小节的 G–A。从这里开始,旋律上升得更远,在第 21 小节的 D–C 达到高潮。然后在第 25 小节开始下降到 G–A,在这里两次跳跃到 E–D,然后停在下面有 A–G 对的 5 个 C 上。这部小型杰作的精彩高潮恰好出现在其 34 小节中的黄金分割处,即第 21 小节。(还记得这些数吗? 是的,它们确实是出现在斐波那契数列中的那些数! 请再回忆一下,34×0.618≈21。)

图 8.1 肖邦:前奏曲第 1 首(C 大调前奏曲)

在《前奏曲》第9首(E大调前奏曲)中,高潮的位置也同样精确地出现在黄金分割处。这首曲子的长度是 12 个小节,共有 48 拍。高潮正好出现在第 8 小节的开始处的第 29 拍(48×0.618≈29)。这种情况有时发生,有时不发生。无论如何,高潮的确切位置并不总是符合一个规定的数学公式。不过,在许多情况下,它都发生在接近黄金分割的地方。《前奏曲》中的大多数都不符合黄金分割,它们在不够完美的情况下表现完美。显然,肖邦发现不一定要用 φ 来保证音乐的成功。

图 8.2 是图 8.1 的等价图形表示,显示了在音高序列中这个符合黄金分割的高潮的位置。这是为不熟悉乐谱的读者设计的。

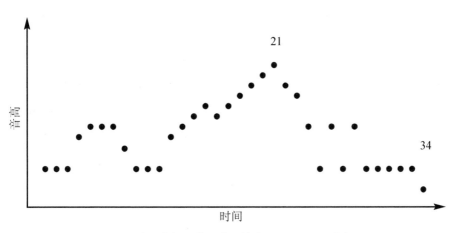

图 8.2　肖邦:前奏曲第 1 首的等价图形(C 大调前奏曲)

二部曲式

现在，让我们来谈谈曲式。这可能会更费力，但请放心，这是值得的。

结构中包含两部分的音乐被称为二部曲式。有两种二部曲式：相等的二部曲式能分为大小基本相等的两部分，而不相等的二部曲式则分为第二部分明显大于第一部分的两部分。很长一段时间以来，作曲家对使用相等的二部曲式得到的结果非常满意。这两个半部似乎很好地彼此协调。当他们使用不相等的二部曲式时，也许会同样成功，但问题是这两部分的比例的确定，这就是黄金分割进入这一关系的地方。

我们常常认为，伟大的作曲家都是灵感极其丰富的创造型人物，他们独自坐在阁楼上，靠着烛光，从遥远的思绪中汲取灵感。我们把他们的创意想象成一些遐想的结果，而事实上，他们所做的大部分事情往往是相当理性的、经过深思熟虑的。虽然在创作过程中有时确实会有一种内心的声音，告诉他们去做一些不同寻常的事情，而他们也确实会听从那个声音，但大多数时候，他们都是依靠多年的训练和经验，培养出专业的技能，从而创作出"可行"的音乐。我们所说的"可行"，是指它遵循一定的创作策略，进行自我限制，从而避免作品成为杂乱无章的大杂烩。作曲家的困难之处在于，既要控制乐曲中的各种元素，使其保持整体和谐，又要听起来充满激情。最重要的是，音乐的表达必须流畅、通顺，令观众愉悦。除了极少数作曲家，大多数作曲家都是非常聪明的人，他们努力磨炼自己的技巧，完善自己的技艺。当他们下笔（或移动鼠标）创作音乐时，他们是慎重地思考如何以抑扬顿挫的声音组合来讲述他们的音乐故事。作曲过程常常像在游戏。这个游戏的一些规则来源于它的风格，还有一些规则则是某支乐曲独有的。作曲家不仅是调音师、旋律专家，他们通常也是游戏玩家。

莫扎特的钢琴奏鸣曲

许多著名的作曲家都玩过一个有趣的游戏,那就是应用黄金分割来确定一首乐曲的曲式。莫扎特(Wolfgang Amadeus Mozart)热爱数字和各种游戏,他尤其喜欢这种游戏。显然,当他坐下来写钢琴奏鸣曲时,他的脑海里总是有着同一个计划——设法利用黄金分割来构建优雅而协调的形式。在莫扎特的时代,独奏键盘奏鸣曲由三个乐章组成,或者说是三段独立的乐曲。第一段是精神饱满、生机勃勃的;第二段是缓慢而抒情的;第三段速度最快,将奏鸣曲推向一个激动人心的结尾。

在我们进一步讨论之前,请注意,对于那些希望用一生的时间去追求真和美的人来说,音乐理论可能是一个迷人的研究方向,因为在理解莫扎特这样的作曲家时,求真和求美这两方面都可能令人难以捉摸,可望而不可即。即使是最娴熟的理论家,在试图揭示和解读像莫扎特的奏鸣曲这样的作品的内涵时,也总是意犹未尽。我们的目标是完全理解,但总是无可奈何地退而求其次。音乐理论就像物理学和数学一样复杂,但它还有美学元素,这似乎将其带入了神秘或魔幻的领域。很多时候,莫扎特看起来更像是一位魔术师,而不是音乐家。当我们研究他的钢琴奏鸣曲最初几个乐章的曲式时,就会有这种感觉。

18 世纪后期音乐领域的重要进展之一,就是奏鸣曲快板曲式的发展。这个名字来源于这样一个事实:它几乎只在所有主要器乐曲式的第一乐章中使用,而所有这些曲式都可以被视为一种奏鸣曲①。交响乐本质上是为管弦乐团谱写的奏鸣曲,而弦乐四重奏是两把小提琴、一把中提琴和一把大提琴的奏鸣曲,协奏曲则是为一名独奏者和一支管弦乐团谱写的奏鸣曲。奏鸣曲快板曲式同奏鸣曲一样,由两个基本部分组成,每个

---

① 由一种或多种独奏乐器演奏的乐曲,其中一种通常是键盘乐器。奏鸣曲通常由三个或四个音调、风格和节奏各不相同的独立乐章组成。——原注

部分都包含重复的段落。第一部分是呈示部,展现了作品的音乐素材。这一部分的旋律会重复出现,这样你就可以将所有内容再听一遍,这是因为你很可能在第一遍时由于节奏太快而没能完全听清楚。当重复完成后,我们进入第二部分,其中包括展开部和再现部。展开部顾名思义,就是将呈示部的素材进行变形、拆散和翻转变换。这部分通常是相当激昂和令人兴奋的。正是在这里,紧张的气氛逐渐升级,将人们带入作品的高潮。随着风波的平息,我们又回到乐曲的开头。这就是再现部的含义——回到开头。这部分往往隐藏着很多技巧,因为如果我们不密切关注,就会以为自己听到的是呈示部的重复,但其实并不是这样。很多细节发生了变化,但它们往往非常微妙,不被人们所注意。

现在你对奏鸣曲快板曲式的了解已经超过了你的预期,但多了解一点知识也不会有什么坏处。下一次当你听到交响乐或奏鸣曲时,你就会知道第一乐章是如何构成的。正如我们所看到的,第一个乐章是二部曲式(由两个部分组成),但是这两个部分的长度不同,这是一个重要因素。对于莫扎特和其同时代的人来说,问题是如何使这两个部分保持平衡,即使它们的长度不同。斐波那契数列和黄金分割 $\frac{0.618\ 033\ 9}{0.381\ 966\ 1}$ 为此提供了一种可能的解决方案①。

应该指出的是,在巴洛克时期(1600—1750年),大量音乐,尤其是舞曲,都是相等的二部曲式——两个部分的长度大致相同,包含相似的音乐,并且通常是重复的。到了古典时期(1750—1825年),作曲家们将这种曲式扩展为我们现在熟知的奏鸣曲快板曲式。这就是我们所说的包含再现部的二部曲式,因为它的特点是第二部分后半段回归开头部分。它的格式是这样的: $\|{:}A{:}\|{:}A^1A{:}\|$ 。

莫扎特创作了18首钢琴奏鸣曲,除一首外,其余的都在第一乐章中

---

① 这个分数是由商 $\frac{1}{\phi}=0.618\ 033\ 988\cdots$ 和 $\frac{F_{15}}{F_{17}}=\frac{610}{1597}=0.381\ 966\ 186\ 5\cdots$ 构成的。——原注

采用了奏鸣曲快板曲式(剩下的一首使用主题与变奏曲式)。从表 8.1 可以看出,在这 17 首钢琴奏鸣曲中,有 6 首(35%)恰好可以分成黄金分割,因而在"精确度"那一列中用"黄金"一词来标识。有 8 首(47%)非常接近黄金分割,在"精确度"那一列中用从−3 到+4 的数来标识。这些量代表与黄金分割偏差的小节数。还有 3 首(18%)从严格意义上说,确实与黄金分割不太相关,因为它们的呈示部分别多了 6 个、8 个和 12 个小节。从统计上看,这无疑会给人留下这样的印象:黄金分割对莫扎特来说很重要。

表 8.1　莫扎特的钢琴奏鸣曲

莫扎特的奏鸣曲	调	长度	呈示部	比例	精确度
第 1 号,K279	C 大调	100	38	0.38	黄金
第 2 号,K280	F 大调	144	56	0.389	黄金
第 3 号,K281	降 B 大调	109	40	0.367	−2
第 4 号,K282	降 E 大调	36	15	0.417	1
第 5 号,K283	G 大调	120	53	0.442	8
第 6 号,K284	D 大调	127	51	0.402	3
第 7 号,K309	C 大调	156	59	0.378	黄金
第 8 号,K310	A 小调	133	49	0.368	−1
第 9 号,K311	D 大调	112	39	0.348	−3
第 10 号,K330	C 大调	149	57	0.383	黄金
第 11 号,K331	A 大调	135	55	主题与变奏	
第 12 号,K332	F 大调	229	93	0.406	6
第 13 号,K333	降 B 大调	170	63	0.371	−1
第 14 号,K457	C 小调	185	74	0.4	4
第 15 号,K545	C 大调	73	28	0.384	黄金
第 16 号,K570	降 B 大调	209	79	0.378	黄金
第 17 号,K576	D 大调	160	58	0.363	−2
第 18 号,K533	F 大调	240	103	0.429	12

在那 6 首没有丝毫偏差的奏鸣曲中,第 1 号奏鸣曲(K279),长度正好为 100 小节,呈示部结束在 38 小节。没有比这更典型的了,因为它是第一首,相当于声明了创作意图。这首奏鸣曲的结构如图 8.3 所示:

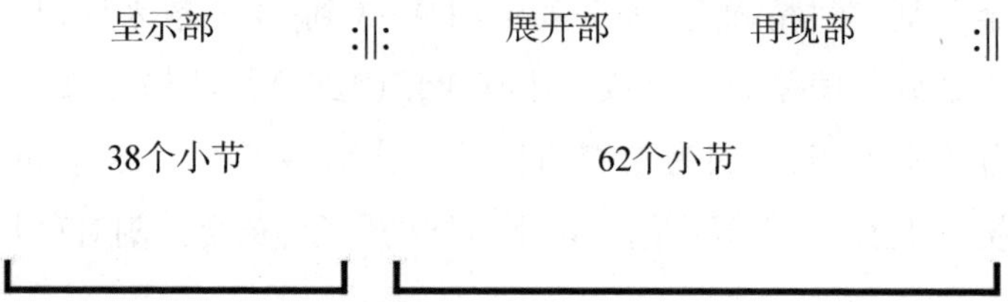

呈示部　　　:‖:　　　展开部　　　再现部　　　:‖

38个小节　　　　　　　　　62个小节

图 8.3

对 18 世纪晚期音乐有所了解的读者可能会问:海顿(Franz Joseph Haydn)是否同样热衷于在钢琴奏鸣曲中使用黄金分割? 毕竟,他是古典时期的另一位巨人,看看他对奏鸣曲快板曲式的处理方式会很有趣。事实证明,他并不像莫扎特那样热衷于 φ。在对他的同等数量随机选择的钢琴奏鸣曲进行分析以后,如表 8.2 所示,我们发现他的奏鸣曲快板曲式中,只有 $\frac{3}{17}\approx18\%$ 符合黄金分割,$\frac{9}{17}\approx53\%$ 接近黄金分割,$\frac{5}{17}\approx29\%$ 完全无法纳入考虑范围。你想怎么理解都行。

表 8.2　海顿的钢琴奏鸣曲

海顿的奏鸣曲	调	长度	呈示部	比例	精确度
第 14 号,1767	E 大调	84	30	0.357	-2
第 15 号,1767	D 大调	110	36	0.327	-6
第 16 号,1767	降 B 大调	116	38	0.327	-6
第 17 号,1767	D 大调	103	42	0.408	2
第 19 号,1773	C 大调	150	57	0.38	黄金
第 21 号,1773	F 大调	127	46	0.362	-3
第 25 号,1776	G 大调	143	57	0.399	2
第 26 号,1776	降 E 大调	141	52	0.369	-2
第 27 号,1776	F 大调	90	31	0.344	-4

海顿的奏鸣曲	调	长度	呈示部	比例	精确度
第 31 号,1778	D 大调	195	69	0.353	−6
第 32 号,1778	E 小调	127	45	0.354	−4
第 33 号,1780	C 大调	172	68	0.395	2
第 34 号,1780	升 C 小调	100	33	0.33	−5
第 35 号,1780	D 大调	103	40	0.388	黄金
第 42 号,1786	G 小调	77	30	0.39	黄金
第 43 号,1786	降 A 大调	112	38	0.339	−5
第 49 号,1793	降 E 大调	116	43	0.371	−1

那么,莫扎特的乐章比海顿的好吗？统计分析能帮助我们得出一个合理的结论吗？莫扎特的乐章的平均比例为 $\dfrac{0.389}{0.611}$,而海顿的平均比例是 $\dfrac{0.364}{0.636}$。不过,莫扎特的双小节线相对于 φ 的位置介于−3 到+12 之间,而海顿的双小节线相对于 φ 的位置仅介于−6 到+2 之间。也许还有其他方法可以利用这些数据来帮助我们,但也有可能这些数与音乐质量无关。这里有一个建议:把这 34 个乐章全部成对地听一遍,每次先听一首莫扎特再听一首海顿,然后看看情况如何。即使你在测试结束时和你在开始时一样感到困惑,但至少你已听到很多很棒的音乐了。

贝多芬的《第五交响曲》

这首交响曲第一乐章的开头 5 个小节可能是古典音乐中受到最普遍认可的音乐表现。赞赏这首曲子的数百万人中,几乎没有人意识到它在西方古典音乐史上是多么非凡、多么具有革命性。这部作品有着太多值得讨论的话题,以至于无数作者写下了诸多文章加以探讨。因为本书是一本关于斐波那契数列的书,所以让我们尽力克制自己的冲动,专注于斐波那契主题(这可能并不容易)。

在你被数据弄得眼花缭乱之前,你需要先了解这个乐章的曲式与莫扎特及海顿的奏鸣曲和交响曲有什么不同。贝多芬(Ludwig van Beethoven)是继这两位奥匈音乐文化大师之后的新一代音乐家,被评价为浪漫主义时期最具革命性和影响力的作曲家。令人惊讶的是,这部惊世之作的呈示部、展开部和再现部的长度几乎相同,因此这三个部分与黄金分割无关。再现部没有用第一乐章收尾,而是仓促地进入了一个完结部①,而这个完结部其实是另一个展开部——这是他的先辈从未考虑过的。更令人震惊的是,完结部之后还增加了一个结束部(最后的一小段),它们组合在一起,就增加了一个重要的、前所未有的第五段。这个结尾大得足以喧宾夺主!因此,我们最终得到的是 5 个部分,而不是 4 个,所有这些部分的长度都在 124 和 128 个小节之间。这是一种新的奏鸣曲快板曲式。

如图 8.4 所示,这种新扩展的奏鸣曲快板曲式包含了 3 个黄金分割,这可能是在某种程度上有意尝试以新的方式运用该原则。首先,再现部在第 372 小节出现,这是整部作品(不包括令人震惊的第二个结尾)的黄金分割点。如果不算结束部,那么这部作品的长度会是 602 个小节;602×0.618≈372。分毫不差!剩下的证据也击中了目标——虽然没有正中靶

---

① 完结部是在一首作品的结尾处添加的一段音乐,旨在使其令人满意地收尾。——原注

心,但对于音乐而言已经足够接近了。

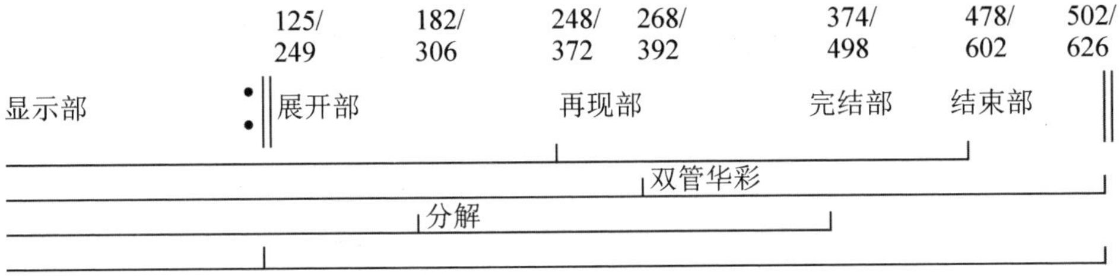

图 8.4　贝多芬《第五交响曲》(Symphony No. 5)第一乐章

呈示部的重复(124 小节×2 = 248 小节)结束在整个乐章的黄金分割

点$\left(\dfrac{248}{626}\approx0.396\right)$附近。如果我们去掉呈示部结束时的两个休止小节(第

123—124 小节),那么比例就更接近了$\left(\dfrac{244}{626}\approx0.389\right)$。如果宽容一点的

话,我们可以认为贝多芬在这里也使用了黄金分割。

有两个非常特殊的创作事件发生在一些关键比例点处。第一个出现在展开部,此处四音符乐旨开始分成两个音符,然后分成一个音符。此前一直保持完整的四音符乐旨在第 306 小节发生分解。这是这一乐章直到

第 498 小节再现部结束前的黄金分割点$\left(\dfrac{306}{498}\approx0.614\right)$。整部交响乐中最

精彩的片段之一出现在再现部中,在第 392 小节,整个交响乐团停止演奏,呈示部中一样,此时只有双簧管继续演奏。双簧管演奏的华彩乐章是史无前例的,对于熟悉奏鸣曲快板曲式的人来说,这非常震撼。这段令人叹为观止的独奏的起始点离整个乐章的黄金分割点仅 6 个小节(626×0.618 = 386 小节)。也许你会说:"很接近了,但是还不够。"好吧,我们永远不会知道贝多芬是否有意让这一特殊时刻发生在黄金分割处,但它已经非常接近了,而且他有可能在激情创作的过程中又增减了一些小节,才得到我们现在所看到的最终结果。不断修订自己的音乐是贝多芬的一贯做法,因为他力求尽善尽美,直至最终完成的乐谱几乎无法辨认,才被送到满脸疑惑的抄写员和出版商手中。

瓦格纳的《特里斯坦与伊索尔德》前奏曲

19世纪50年代末,当瓦格纳(Richard Wagner)坐下来写一部关于拖延和失望的悲剧爱情的神话歌剧时,他有一个计划,要推动曲艺事业产生巨大飞跃。这部作品如此具有革命性,以至于如今的一些理论家对于其结构仍然争论不休。不过,我们将绕过所有这些非凡的东西,进入处于这部杰出前奏曲的核心的 φ。

和莫扎特一样,瓦格纳也是一位喜欢玩游戏的作曲家。瓦格纳在《特里斯坦与伊索尔德》(*Tristan und Isolde*)的前奏曲中刻意使用黄金分割来描绘主调,这也许是他的游戏风格最为突出的证据。我们所说的"调"是指用什么音阶或音符集来作为一段音乐的主要素材。C大调是包含音符C,D,E,F,G,A,B,C的音阶。钢琴初学者喜欢这个音阶,因为它只包含白色音符,比较容易演奏。总之,C大调的曲子就是使用这些音阶的音符作为其基本构成要素。在每一行音乐的开头都有一个我们称之为调号的东西,这是作曲家标记的一组降半音号或升半音号,这样他们就不必在每个音符旁边标注降号或升号。实际上,它是一种音乐速记形式。例如,如果你在调号中的五线谱F线上看到一个升半音号(#),那就意味着演奏者应该只演奏升F调(黑色音符),而不能演奏F自然调(白色音符)。

值得一提的是,19世纪50年代的欧洲知识分子对黄金分割原理很熟悉,因为它在这一时期已经再度流行起来了。瓦格纳当然知道黄金分割,但不会透露他正在运用这一原理。和许多作曲家一样,他不喜欢告诉听众他是如何施展音乐魔法的。这些作曲家认为,训练有素的音乐家会出于好奇而对他们的乐谱寻根究底,以发掘其中隐藏的秘密。直到最近,大多数研究瓦格纳的理论家才意识到黄金分割在这部作品中发挥了作用。140多年来,这些应用一直不为人所知。

仔细研究一下这首前奏曲的乐谱,就会发现一些非常奇怪的东西。这首乐曲的调号既没有降号也没有升半音号,这表明它使用的音阶是C

大调或 A 小调。这首前奏曲用的是 A 小调。在第 43 小节,调号变成了 A 大调(三个升半音号),尽管它的主调不是 A 大调。在第 71 小节,调号回到 A 小调。奇怪的是,你听到的这首美妙而具有颠覆性的音乐实际上从来没有在任何一个调上——它的调性经常从一个调转移另一个调。所以问题是,为什么瓦格纳会在一段淡化调性的乐曲中不厌其烦地两度改变调号?既然调号剧烈波动,那么似乎就不需要调号了,而且这两次变化都发生在乐句的中间。如果你把这种现象画出来,那么它的结构如图 8.5 所示:

|--- 　42小节　 --- ‖--- 　28小节　 --- ‖--- 　41小节　 ---|

图 8.5

看起来熟悉吗?你做过数学运算了吗?第 70 小节结尾的双小节线将 111 个小节划分成近似黄金分割比$\left(\dfrac{70}{111}=0.\dot{6}3\dot{0}\right)$,第 42 小节结尾的双小节线对前 70 个小节做了同样的划分$\left(\dfrac{42}{70}=0.6\right)$。这首曲子的曲调结构有许多有趣的组织方式,而这只是其中之一。从图 8.6 可以看出,黄金分割的运用遍布这首曲子的各处。

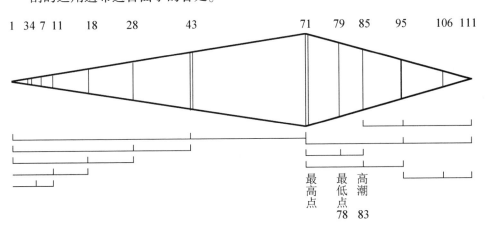

图 8.6　瓦格纳《特里斯坦与伊索尔德》前奏

发生在这些分界点上的和声事件可能对你来说没有多大意义,除非你是一位研究瓦格纳的半音体系和移调特色的学者。但确信无疑的是,这些和声事件对于作品的构建至关重要,而瓦格纳对此了如指掌。那么瓦格纳把乐曲的高潮放在哪里呢?不是在黄金分割点(第 68 小节),而是在第 83 小节,即整首曲子的四分之三处——按照传统的标准,这已经是非常靠后了。

以下信息专供音乐家、猎奇者或酷爱钻研数学问题的人参考。一首长度为 111 小节的曲子,其黄金分割点在第 68 小节(计算方法为 $111 \times 0.618 \approx 68.6$)。这里的问题是:我们是否该预期瓦格纳会在黄金分割处安排一些真正特别的事情?答案是:当然啦,为什么不呢?他确实将双小节线放在了第 70 小节的末尾,由此,第 68—69 小节显得非常重要,因为它们包含了从第 63 小节开始的那个 A 小调(E^9)中的最后一个属音[1],而这个最后的属音之前是一个上主音 B♭。这是整首曲子的主音调[2](Am)中唯一真正的 ii–V 行进!第 69—71 小节对全局的重要性是通过以下方面得到加重的:一是回归到开始的调号,二是从 E^9 转到了 G^9(C 大调的属音),以及达到最高潮——在旋律或低音线中都唯一相继回归到开头的 A–F 强力和弦![3]

---

① 属音是一个音阶的第五个音符,或者是在该音符上构建的和弦。——原注

② 主音是一个音阶的第一个音符。——原注

③ 强力和弦是(相继或同时)弹奏任何两个音符或音调,也称为音程,当所讨论的两个音调很重要时,强力和弦听起来更好。——原注

巴托克的《为弦乐、打击乐与钢片琴而作的音乐》

1936 年,巴托克(Bela Bartok)受萨彻尔(Paul Sacher)的委托,为室内乐团创作一部作品,他决定为这位富有的指挥家提供一些非常特别的东西。为此他创作了《为弦乐、打击乐与钢片琴而作的音乐》(*Music for Strings, Percussion, and Celesta*),这是 20 世纪的开创性作品之一。这首乐曲在合奏中不使用木管乐器或铜管乐器。我们听到的是一个小型弦乐团与各种打击乐器的组合:侧鼓、小军鼓、钹、锣、低音鼓、定音鼓、木琴、钢片琴、竖琴和钢琴。这种乐器组合此前从未被用过,此后也再未被使用。它的声音非常独特,这就是典型的巴托克曲风。

这部杰作由 4 个乐章组成,第一个乐章是赋格。如果你忘记了你在音乐入门课程中学到的东西,那么我们解释一下。赋格是一种复调(同时有两个或多个旋律)的附加音乐过程,以赋格主题(旋律)的独奏乐段开始。当独奏结束时(可以是几个音符或一段长旋律),会用另一个声部(或乐器)以不同的音高(更高或更低)模仿这段独奏。此时,你可以听到第二个声部的赋格主题,伴随着第一个声部延续的复调旋律。大多数赋格都有 3—4 个声部,每个声部都会陈述在名为"呈示部"的开头部分出现的那个主题。当每个声部都有机会演奏主题,并且有 3—4 个复调旋律一起演奏时,我们就进入了展开部。在这里,几乎任何事情都可能发生。主题可以由一个或多个声部上下颠倒、反向演奏,也可能改变节奏或把节奏打散,还可能有很多主题乐段的重叠,我们称之为**紧接段**。总之,没有任何规矩需要遵守。这就留给作曲家更多想象和创造的空间。这种形式在巴洛克时期非常流行,巴赫(Johann Sebastian Bach)无疑是赋格大师。巴赫之后很多作曲家都尝试过这种复杂的复调挑战,但赋格在 19 世纪和 20 世纪已经很罕见,到如今的 21 世纪更是如此。写赋格并非易事,因为它类似于在音乐中玩纵横字谜,在竖直和水平方向上都要有意义。

在巴赫之后的两个世纪,巴托克在他的《为弦乐、打击乐与钢片琴而作的音乐》的第一乐章中设计了一段真正了不起的赋格。他的方法是旧瓶装新酒。这事实上是一首 20 世纪的超级赋格。最引人注目的创新,在于以 A 开关的半音音阶的所有 12 个音级(一个八度音阶内的所有黑白音符)都出现了赋格主题。第 56 小节中第 12 个音调(降 E)的到来也是该作品的高潮,其位置非常接近黄金分割点 $\left(\dfrac{56}{88}=0.6\dot{3}\right)$。从这一点到乐曲的结尾,这些乐段依次返回所有 12 个音调,直到最后的乐段结束在 A 调。图 8.7 显示了这些主题的引入与音高有何关联。第一个乐段从 A 开始调,第二个乐段提高一个五度,从 E 开始。第三个乐段进入时比 A 低一个五度(D),紧接着的乐段进入时比 E 高一个五度(B)。这种五分音符的模式一直持续到第 56 小节,在这里我们发现所有的弦乐都在降 E 调上一起演奏。这个方案从这里开始逆向运作,直到结束。

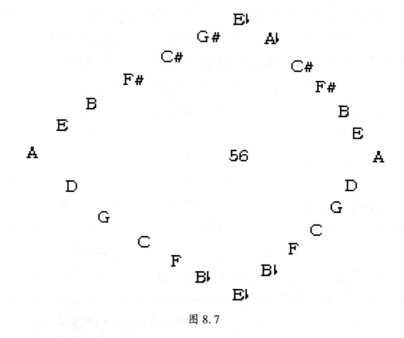

图 8.7

　　如果你仔细看图 8.8,就会发现它与图 8.6 有着惊人的相似之处。两者之间的主要区别在于高潮的位置,巴托克比 77 年前的瓦格纳更传统。图 8.8 显示出重要的黄金分割点及其与主题乐段或新的器乐音色进入点的关系。从音调布局和黄金分割的使用可以明显看出,这首乐曲是一个极其复杂的游戏。还有其他玩法也在这里发挥着作用,但它们需要读者受过更多训练、有更大的耐心才能看出,因此在这里讨论可能就不合适了。但是,为了避免你有受骗的感觉,多吃一两口美味也无妨。这一赋格主题由 4 个短小的乐句组成,每一个乐句的起伏都像这部乐曲的宏伟体系的一个缩影。当我们来到赋格的最后一个乐句时,我们会发现主题的第二个乐句是由第一小提琴演奏的,而第二小提琴则演奏它的转位。这种同时的、镜像的弓形曲式(A–降 E–A)看起来和听起来都像下图的缩影。

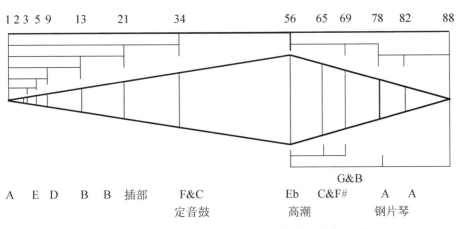

图 8.8　巴托克《为弦乐、打击乐与钢片琴而作的音乐》

好的数学，不好的音乐

许多当代音乐从未受到好评的一个原因可能是众多作曲家20世纪的数字游戏中迷失了方向。确实，所有作曲家在音乐创作过程中都会与自己玩心理游戏，但其中也有许多杰出人物，包括布列兹（Pierre Boulez）和巴比特（Milton Babbitt），他们都忽略了这样一个事实，即人主要是情感生物，而不是数字计算器（有神圣的心，而不是神圣的大脑）。那个时期有太多的作品都是经过精妙计算的，但缺乏让观众流泪或欣喜若狂的色彩、情绪、激情或音乐表现力。

当勋伯格（Arnold Schönberg）运用他的十二音法（1924年制定）时，他将自己年轻时的19世纪浪漫主义注入了他的音景。他始终是一位浪漫主义者，是一个才华横溢的人。当时他正在寻找全音阶系统的替代品，在这个过程中，他创作了一些几乎没人想听的精致作品。他的音乐采用了一种新技术，但带有过时的美学色彩。他的学生韦伯恩（Anton von Webern）似乎运用了一种真正现代的美学，更加与时代合拍，也更符合新的拾音系统。在很长一段时间里，演奏韦伯恩的音乐的人都没有意识到韦伯恩也是一个浪漫主义者，而他们的演奏就反映了这种无知——他们的演奏平淡无味。韦伯恩只是比勋伯格更好地掩饰了他的浪漫主义。他的稀疏和谐统一感必须以与演奏勃拉姆斯（Johannes Brahms）和马勒（Gustav Mahler）的音乐所需的同样激情来演奏，只是把注意力集中在少得多的音符上。

对韦伯恩潜藏的浪漫主义的这种误解，导致许多追随他的年轻作曲家都相信，他们也可以玩那些精彩的数字和结构的思维游戏，一切都会顺利进行，但事实并非如此。几十年来，那些在音乐上敢于冒险的人已经听了太多的音乐会，他们的认知为之叹服，但内心却无动于衷。他们回到家时，常常连一个音乐表情都记不起。他们经常听到大量的音乐数据，却没有听到任何有意义的东西。这种音乐通常缺乏的是内敛。莫扎特玩的智力游戏不比世界上的任何音乐家少，只是他把自己的计算隐藏在只有敏锐的耳朵和眼睛才能发现的地方。他那率直的、优美的抒情风格掩盖了他隐藏着的根本手法。他的音乐吸引我们一起歌唱，一旦我们被他的魔法吸引，就会花毕生的时间去弄清楚他是如何做到的。

音乐是心灵与心灵、思想与思想之间的交流——它必须告诉我们，对于人类，而不是计算机，它意味着什么。作为一名作曲家，最困难的部分是要设法均衡心灵与思想，它很容易向错误的方向稍稍倾斜，其结果就是极端的乏味和空洞。有些人，比如极简主义作曲家约翰逊（Tom Johnson），却不这么认为。他在作曲过程中使用了大量的数学计算，其结果就不太理想。在 20 世纪，许多艺术形式都有一些实践者回避自己的情感。对他们而言，情感在艺术创作过程中不起任何作用。约翰逊也对个人因素予以否定，他的表述如下：

> 我经常试图解释，我的音乐是对过去的浪漫主义和表现主义音乐的一种反抗，我在寻求更客观的东西，某种不表达我的情绪的东西，某种也不试图操纵听众情感的东西，某种超出自我的东西。有时我解释说，我之所以成为一个极简主义者，希望用最少的音乐素材来创作，是因为这有助于我尽量减少随意的自我表达。有时我会说："我想找到音乐，而不是创作音乐。"

这与凯奇（John Cage）最初倡导的理念是一致的。凯奇是一位具有影响力的思想家，然而他的音乐从未得到付费听众的广泛接受。许多听过约翰逊的音乐的人都认为他最有效地实现了他的极简主义意图。他的作品《纳拉亚纳的奶牛》（Narayana's Cows）采用斐波那契数列作为音调发生器，有些人很喜欢，但并没有得到广泛接受。许多人在听他的音乐时会失望地离开，因为他们感受不到情感生物的真情流露。他们所体验到的音乐盛宴等同于一顿素食快餐，虽然在音乐会上，他们对一系列巧妙的声音感兴趣，但一小时后，他们就会渴望更深刻的东西。

通常情况下，好的数学并不会创造出好的音乐。

完结部

如果你还在继续阅读,那就说明你有着坚定的意志和顽强的精神,因为这原本应该是一本论述数学的书,但你已经被大量的音乐理论淹没了。不过,如果你已经看到这里,那么你就会发现,尽管黄金分割在音乐中扮演着重要的角色,但它绝非无所不能。下面是关于音乐中的斐波那契数的一个小小提示:一张小提琴的照片,它的一些比例与 φ 相关。毫无疑问,这看起来是一个可爱的形状,如果把它交给一位行家,那么它就可以成为一件表达激情的非凡载体。斯特拉迪瓦里(Antonio Stradivarius)非常知名的小提琴制作师。他制作的乐器树立了一个至今仍在沿用的标准。所有试图制作出一种能自由歌唱并能响彻音乐厅的乐器的人,都研究并模仿了他制作的乐器的比例、结构、部件和装配。如今,如果市场上偶然出现他的乐器,那么其价格必然高达数百万美元。如果你负担不起一把"斯特拉"乐器,而想去商店里看看可以把什么拼到一起做成一把乐器,那么你可以从图8.9所示的这些斐波那契比开始。祝你好运!

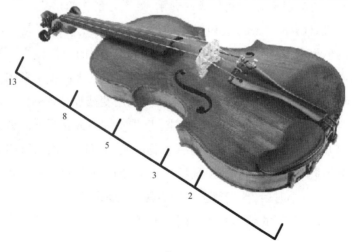

图 8.9

第9章 比奈公式

到目前为止,我们一般通过斐波那契数在数列中的位置来查找它们。如果我们想找到第 10 个斐波那契数,那么我们就写出这个数列的前 10 个数,于是就得到了第 10 个数。换言之,我们可以简单地将斐波那契数一一列出:1,1,2,3,5,8,13,21,34,55,并在该数列中数到第 10 个数。这样我们就会得出 55 是第 10 个斐波那契数。不过,如果我们要找的是第 50 个斐波那契数,那么这样的过程就可能会有些烦琐。毕竟,列出 50 个斐波那契数并不是一件容易的事。

法国数学家比奈(Jacques-Philippe-Marie Binet,图 9.1)提出了一个公式,不必写出整个数列就可以找到任何一个斐波那契数。为了推导出这个公式,我们将深入浅出地带你复习一些初等代数,并一步步地解释推导过程。在我们开始这项有点乏味的任务之前,需要先理解推导这样一个公式有什么意义。因此,我们将研究一种简单且非常著名的数——平方数,以确定研究一个递归数列(如斐波那契数)

图 9.1 比奈

的意义何在。

斐波那契数的递归性质来自其定义关系：$F_{n+2}=F_n+F_{n+1}$，其中已知 $F_1=1$ 和 $F_2=1$。我们已习惯了利用这个关系，只要知道任何斐波那契数前的两个数，就可以求出它的值。

假设我们要求第 6 个平方数（请记住，平方数是 1，4，9，16，25，36，49，64，81，等等），那么我们将 6 平方就得到 36。如果我们要求第 118 个平方数，那么我们将 118 平方就得到 $118×118=13\,924$。这是平方数的明确定义。让我们来尝试为平方数建立一个递归定义。

我们从 S_n 的定义开始，用它来表示第 n 个平方数。我们知道 $S_1=1$，于是就会得到 $S_{n+1}=S_n+(2n+1)$①。基于此定义，我们会得到以下结果②：

$$S_1=S_0+(2×0+1)=0+1=1$$
$$S_2=S_1+(2×1+1)=1+3=4$$
$$S_3=S_2+(2×2+1)=4+5=9$$
$$S_4=S_3+(2×3+1)=9+7=16$$
$$S_5=S_4+(2×4+1)=16+9=25$$

这说明，我们可以用以下方法得到一个平方数：将该数的前一个平方数加上这个平方数的位置数的两倍加一。当然，你可能会认为对于一个原本相当简单的问题，用这种方式来做是愚蠢的——因为你原本只要将这个数平方就可以了。不过，我们是在试图证明存在着一种递归关系，可以直接生成平方数——尽管它把原本简单的事情搞得复杂了。

由此我们还可以得出结论：（从 1 开始的）相继奇数之和总是一个平方数。于是我们得出如下的递归关系：

由于 $1+3+5+\cdots+(2n-1)+(2n+1)=(n+1)^2$，并且 $(n+1)^2=n^2+(2n+1)$，因此对于任意自然数 n，我们就得到了前面提到的递归关系 $S_{n+1}=S_n+(2n+1)$。

---

① 由 $S_n=n^2$，可得 $S_{n+1}=(n+1)^2=n^2+2n+1=S_n+(2n+1)$。——译注
② 我们也可以使用 $S_0=0$，即第 0 个平方数。——原注

尽管我们可以通过数学归纳法很轻松地证明这一点①,但我们还需要在几何作图中看到这一点(表9.1),它们殊途同归。

表 9.1

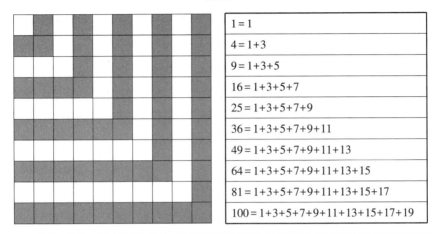

1 = 1
4 = 1+3
9 = 1+3+5
16 = 1+3+5+7
25 = 1+3+5+7+9
36 = 1+3+5+7+9+11
49 = 1+3+5+7+9+11+13
64 = 1+3+5+7+9+11+13+15
81 = 1+3+5+7+9+11+13+15+17
100 = 1+3+5+7+9+11+13+15+17+19

　　我们现在已经从明确定义(我们更常见的定义)和递归定义(更麻烦的定义)这两方面查看了平方数。到目前为止,我们一直是从递归关系的角度来考察斐波那契数。1843 年,比奈②陈述了斐波那契数的一个明确定义。就像在数学中司空见惯的那样,当一个公式以一位数学家的名字命名时,就会出现争议:究竟是谁第一个发现了它。即使在今天,当一位数学家提出了一个看似新颖的想法时,其他人通常也会犹豫是否要将这项工作归功于此人。他们常会这样说:"这看起来像是原创的,但我们怎么知道之前有没有别人做过呢?"对于比奈公式也有同样的情况。比奈公

----

① 数学归纳法的证明方法如下:

由于 $1+3+5+\cdots+(2n-1)+(2n+1)=(n+1)^2$ 在 $n=0$ 时成立,故设在 $n=k$ 时,有
$$1+3+5+\cdots+(2k-1)+(2k+1)=(k+1)^2$$
因此在 $n=k+1$ 时,有
$$(k+1+1)^2=(k+1)^2+2(k+1)+1=1+3+5+\cdots+(2k-1)+(2k+1)+[2(k+1)+1]$$
于是原式在 $n=k+1$ 时成立。——译注

② "Memoire sur l'integration des equations lineaires aux diffeences finies d'un ordre quelconque, a coefficients variables," *Comples rendus de l'academie des sciences de Paris*, vol. 17, 1843, p. 563. ——原注

布自己的成果时,没有受到任何质疑,但随着时间的推移,有人声称棣莫弗(Abraham de Moivre)在 1718 年就知道了,尼古拉斯第一·伯努利(Nicolaus I Bernoulli)在 1728 年就知道了,他的表兄丹尼尔·伯努利(Daniel Bernoulli)①似乎也在比奈之前知道了这个公式。据说多产的数学家欧拉在 1765 年也知道了。不过,今天人们还是将它称为**比奈公式**(Binet formula)。

现在让我们一步步设法建立这一关系。我们将首先回顾一下黄金分割比 $\left(\dfrac{1}{x}=\dfrac{x}{x+1}\right)$,它使我们得出方程: $x^2-x-1=0$。这个方程的两个根是 ϕ 和 $-\dfrac{1}{\phi}$,其中 $\phi=\dfrac{\sqrt{5}+1}{2}$ 被称为黄金分割比,因此 $\dfrac{1}{\phi}=\dfrac{2}{\sqrt{5}+1}=\dfrac{\sqrt{5}-1}{2}$ 也被称为黄金分割比。

到现在,你可能已经熟悉了这两项的和与差:

$$\phi+\frac{1}{\phi}=\frac{\sqrt{5}+1}{2}+\frac{\sqrt{5}-1}{2}=\sqrt{5}, \qquad \phi-\frac{1}{\phi}=\frac{\sqrt{5}+1}{2}-\frac{\sqrt{5}-1}{2}=1$$

下一步,我们将取 ϕ 和 $\dfrac{1}{\phi}$ 的相继各次幂的和与差,如表 9.2 所示。

表 9.2

n	和		差	
1	$\phi+\dfrac{1}{\phi}$	$=\mathbf{1}\sqrt{5}$	$\phi-\dfrac{1}{\phi}$	$=1$
2	$\phi^2+\dfrac{1}{\phi^2}$	$=3$	$\phi^2-\dfrac{1}{\phi^2}$	$=\mathbf{1}\sqrt{5}$
3	$\phi^3+\dfrac{1}{\phi^3}$	$=\mathbf{2}\sqrt{5}$	$\phi^3-\dfrac{1}{\phi^3}$	$=4$
4	$\phi^4+\dfrac{1}{\phi^4}$	$=7$	$\phi^4-\dfrac{1}{\phi^4}$	$=\mathbf{3}\sqrt{5}$

---

① 伯努利家族是 17—18 世纪瑞士的一个出过多位数理科学家的家族,共产生过 11 位数学家和物理学家。——译注

n	和		差	
5	$\phi^5 + \dfrac{1}{\phi^5}$	$= \mathbf{5}\sqrt{5}$	$\phi^5 - \dfrac{1}{\phi^5}$	$= 11$
6	$\phi^6 + \dfrac{1}{\phi^6}$	$= 18$	$\phi^6 - \dfrac{1}{\phi^6}$	$= \mathbf{8}\sqrt{5}$
7	$\phi^7 + \dfrac{1}{\phi^7}$	$= \mathbf{13}\sqrt{5}$	$\phi^7 - \dfrac{1}{\phi^7}$	$= 29$
8	$\phi^8 + \dfrac{1}{\phi^8}$	$= 47$	$\phi^8 - \dfrac{1}{\phi^8}$	$= \mathbf{21}\sqrt{5}$
9	$\phi^9 + \dfrac{1}{\phi^9}$	$= \mathbf{34}\sqrt{5}$	$\phi^9 - \dfrac{1}{\phi^9}$	$= 76$
10	$\phi^{10} + \dfrac{1}{\phi^{10}}$	$= 123$	$\phi^{10} - \dfrac{1}{\phi^{10}}$	$= \mathbf{55}\sqrt{5}$

　　检查这些和与差生成的值,我们就会发现,它们可以用斐波那契数(F_n)和卢卡斯数(L_n)来表示,如表9.3所示。

表9.3

n	和		差	
1	$\phi + \dfrac{1}{\phi}$	$= \mathbf{1}\sqrt{5} = F_1\sqrt{5}$	$\phi - \dfrac{1}{\phi}$	$= 1 = L_1$
2	$\phi^2 + \dfrac{1}{\phi^2}$	$= 3 = L_2$	$\phi^2 - \dfrac{1}{\phi^2}$	$= \mathbf{1}\sqrt{5} = F_2\sqrt{5}$
3	$\phi^3 + \dfrac{1}{\phi^3}$	$= \mathbf{2}\sqrt{5} = F_3\sqrt{5}$	$\phi^3 - \dfrac{1}{\phi^3}$	$= 4 = L_3$
4	$\phi^4 + \dfrac{1}{\phi^4}$	$= 7 = L_4$	$\phi^4 - \dfrac{1}{\phi^4}$	$= \mathbf{3}\sqrt{5} = F_4\sqrt{5}$
5	$\phi^5 + \dfrac{1}{\phi^5}$	$= \mathbf{5}\sqrt{5} = F_5\sqrt{5}$	$\phi^5 - \dfrac{1}{\phi^5}$	$= 11 = L_5$

n	和		差	
6	$\phi^6+\dfrac{1}{\phi^6}$	$=18=L_6$	$\phi^6-\dfrac{1}{\phi^6}$	$=\mathbf{8}\sqrt{5}=F_6\sqrt{5}$
7	$\phi^7+\dfrac{1}{\phi^7}$	$=\mathbf{13}\sqrt{5}=F_7\sqrt{5}$	$\phi^7-\dfrac{1}{\phi^7}$	$=29=L_7$
8	$\phi^8+\dfrac{1}{\phi^8}$	$=47=L_8$	$\phi^8-\dfrac{1}{\phi^8}$	$=\mathbf{21}\sqrt{5}=F_8\sqrt{5}$
9	$\phi^9+\dfrac{1}{\phi^9}$	$=\mathbf{34}\sqrt{5}=F_9\sqrt{5}$	$\phi^9-\dfrac{1}{\phi^9}$	$=76=L_9$
10	$\phi^{10}+\dfrac{1}{\phi^{10}}$	$=123=L_{10}$	$\phi^{10}-\dfrac{1}{\phi^{10}}$	$=\mathbf{55}\sqrt{5}=F_{10}\sqrt{5}$

如果我们重点关注斐波那契数，就会注意到它们作为系数交替出现在 $\phi=\dfrac{\sqrt{5}+1}{2}$ 和 $\dfrac{1}{\phi}=\dfrac{\sqrt{5}-1}{2}$ 的各次幂的和与差中。对于偶数次幂，斐波那契数出现在差中，对于奇数次幂，则出现在和中。这可以通过使用 -1 的各次幂来处理，因为当取 -1 的奇数次幂时，结果为负，而当取 -1 的偶数次幂时，结果为正。这可以概括为以下表达式：

$$\phi^n-(-1)^n\frac{1}{\phi^n}=\phi^n-\left(-\frac{1}{\phi}\right)^n$$

请记住，在表 9.3 中，每个斐波那契数都乘了 $\sqrt{5}$，所以为了得到一个等于斐波那契的表达式，我们需要将结果除以 $\sqrt{5}$。因此，

$$F_n=\frac{1}{\sqrt{5}}\left[\phi^n-\left(-\frac{1}{\phi}\right)^n\right]$$

表 9.4 总结了这样相除的结果。

表 9.4

n	$\phi^n-\left(-\dfrac{1}{\phi}\right)^n$		$\dfrac{1}{\sqrt{5}}\left[\phi^n-\left(-\dfrac{1}{\phi}\right)^n\right]$	F_n
1	$\phi-\left(-\dfrac{1}{\phi}\right)$	$=1\sqrt{5}$	$\dfrac{1}{\sqrt{5}}\left[\phi-\left(-\dfrac{1}{\phi}\right)\right]$	$=1$
2	$\phi^2-\left(-\dfrac{1}{\phi}\right)^2$	$=1\sqrt{5}$	$\dfrac{1}{\sqrt{5}}\left[\phi^2-\left(-\dfrac{1}{\phi}\right)^2\right]$	$=1$
3	$\phi^3-\left(-\dfrac{1}{\phi}\right)^3$	$=2\sqrt{5}$	$\dfrac{1}{\sqrt{5}}\left[\phi^3-\left(-\dfrac{1}{\phi}\right)^3\right]$	$=2$
4	$\phi^4-\left(-\dfrac{1}{\phi}\right)^4$	$=3\sqrt{5}$	$\dfrac{3}{\sqrt{5}}\left[\phi^4-\left(-\dfrac{1}{\phi}\right)^4\right]$	$=3$
5	$\phi^5-\left(-\dfrac{1}{\phi}\right)^5$	$=5\sqrt{5}$	$\dfrac{5}{\sqrt{5}}\left[\phi^5-\left(-\dfrac{1}{\phi}\right)^5\right]$	$=5$
6	$\phi^6-\left(-\dfrac{1}{\phi}\right)^6$	$=8\sqrt{5}$	$\dfrac{1}{\sqrt{5}}\left[\phi^6-\left(-\dfrac{1}{\phi}\right)^6\right]$	$=18$
7	$\phi^7-\left(-\dfrac{1}{\phi}\right)^7$	$=13\sqrt{5}$	$\dfrac{1}{\sqrt{5}}\left[\phi^7-\left(-\dfrac{1}{\phi}\right)^7\right]$	$=13$
8	$\phi^8-\left(-\dfrac{1}{\phi}\right)^8$	$=21\sqrt{5}$	$\dfrac{1}{\sqrt{5}}\left[\phi^8-\left(-\dfrac{1}{\phi}\right)^8\right]$	$=21$
9	$\phi^9-\left(-\dfrac{1}{\phi}\right)^9$	$=34\sqrt{5}$	$\dfrac{1}{\sqrt{5}}\left[\phi^9-\left(-\dfrac{1}{\phi}\right)^9\right]$	$=34$
10	$\phi^{10}-\left(-\dfrac{1}{\phi}\right)^{10}$	$=55\sqrt{5}$	$\dfrac{1}{\sqrt{5}}\left[\phi^{10}-\left(-\dfrac{1}{\phi}\right)^{10}\right]$	$=55$

为了检验我们是否已经建立了一个生成任何斐波那契数的公式,我们需要将该公式应用于我们现在已经熟悉的递归关系 $F_{n+2}=F_n+F_{n+1}$。

这需要通过数学归纳法来证明。(请参阅附录。)

将 ϕ 的值代入 $\left[\phi^n-\left(-\dfrac{1}{\phi}\right)^n\right]$,我们就得到了实数形式的比奈公式。[1]

$$F_n=\frac{1}{\sqrt{5}}\left[\phi^n-\left(-\frac{1}{\phi}\right)^n\right]=\frac{1}{\sqrt{5}}\left[\left(\frac{\sqrt{5}+1}{2}\right)^n-\left(\frac{1-\sqrt{5}}{2}\right)^n\right]$$

---

[1] 可以把斐波那契数列看成常系数线性递推数列的一种,由此也能推导出比奈公式。参见冯承天著,《从代数基本定理到超越数:一段经典数学的奇幻之旅》,华东师范大学出版社,2019。——译注

现在让我们试着使用这个公式来求第 128 个斐波那契数。我们通常难以用斐波那契数的递归定义来计算它的值,也就是说,通过写出斐波那契数列,直到我们得到第 128 个数。我们对 $n = 128$ 应用比奈公式,得到

$$F_{128} = \frac{1}{\sqrt{5}}\left[\phi^{128} - \left(-\frac{1}{\phi}\right)^{128}\right] = \frac{1}{\sqrt{5}}\left[\left(\frac{\sqrt{5}+1}{2}\right)^{128} - \left(\frac{1-\sqrt{5}}{2}\right)^{128}\right]$$

$$= 251\ 728\ 825\ 683\ 549\ 488\ 150\ 424\ 261$$

这样,我们就得到了**比奈公式**:

$$F_n = \frac{1}{\sqrt{5}}\left[\phi^n - \left(-\frac{1}{\phi}\right)^n\right] = \frac{1}{\sqrt{5}}\left[\left(\frac{\sqrt{5}+1}{2}\right)^n - \left(\frac{1-\sqrt{5}}{2}\right)^n\right]$$

对于任何自然数 n,它都给出了对应的斐波那契数。

让我们停一停,来感受一下这个奇妙的结果。对于任何自然数 n,以 $\sqrt{5}$ 形式出现的无理数似乎在计算中消失了,一个具有正整数形式的斐波那契数出现了。换言之,比奈公式提供了借助于黄金分割比 ϕ 来获得任何斐波那契数的可能性。

此时,你可能想知道比奈公式的实用性。好吧,如果你猜测我们可能会在计算机的帮助下获得那些较大的斐波那契数,那么你是对的。不过,知道比奈公式,并且知道可以通过两种方式得到斐波那契数,即通过明确的方式和递归的方式,正如我们前面看到的平方数的情况一样,这里有着一种内在的价值。

卢卡斯数的比奈公式

如果有一个类似的公式来求一个卢卡斯数,而不必列出直到要找的那个数的卢卡斯数列,那就再合适不过了。对卢卡斯数使用与我们用于斐波那契数相似的一个论证,就可以从表 9.3 中得到比奈公式。我们在表中看到,当 n 为奇数时,卢卡斯数的表达式为 $\phi^n - \dfrac{1}{\phi^n}$;而当 n 为偶数时,卢卡斯数的表达式为 $\phi^n + \dfrac{1}{\phi^n}$。我们可以将其以数学形式(正如我们之前所做的那样)表述如下:

$$L_n = \phi^n + (-1)^n \frac{1}{\phi^n}$$

这就意味着(参见比奈公式):对于一切 $n \in \mathbf{N}$[①],有

$$L_n = \phi^n + (-1)^n \cdot \left(\frac{1}{\phi}\right)^n = \phi^n + \left(-\frac{1}{\phi}\right)^n = \left(\frac{1+\sqrt{5}}{2}\right)^n + \left(\frac{1-\sqrt{5}}{2}\right)^n$$

为了"归纳地"检验这一点,我们可以用 n 的几个值来验证它。让我们用一个奇数和一个偶数进行尝试。

对于 $n = 3$,我们得到

$$L_3 = \phi^3 + (-1)^3 \frac{1}{\phi^3} = \phi^3 + \left(-\frac{1}{\phi}\right)^3 = \phi^3 - \frac{1}{\phi^3} = 4$$

我们可以使用表 9.3,而不用再次计算。

对于 $n = 6$,我们得到

$$L_6 = \phi^6 + (-1)^6 \cdot \frac{1}{\phi^6} = \phi^6 + \frac{1}{\phi^6} = 18$$

为了更好地理解如何计算在这张表格之外的那些值,让我们来计算

---

① 意为一切自然数。——原注

比奈公式给出的第 11 个卢卡斯数 L_{11}。

$$L_{11} = \phi^{11} + (-1)^{11} \left(\frac{1}{\phi}\right)^{11} = \phi^{11} - \frac{1}{\phi^{11}} = \left(\frac{\sqrt{5}+1}{2}\right)^{11} - \left(\frac{\sqrt{5}-1}{2}\right)^{11}$$

$$= \frac{89\sqrt{5}+199}{2} - \frac{89\sqrt{5}-199}{2} = 199$$

这就是第 11 个卢卡斯数。因此,你可以看到我们如何求得任何卢卡斯数,而不需要列出直到这个数的卢卡斯数列,要列出这个数列可能是一项非常烦琐的任务!因此,我们不仅有一个生成斐波那契数的比奈公式,还有一个生成卢卡斯数的比奈公式。

求单个斐波那契数

假设你刚刚求出了第 25 个斐波那契数,现在你想要知道第 26 个斐波那契数,但又不知道第 24 个斐波那契数是什么。我们可以使用比奈公式去做,但还有另一种可能更简单的方法。这是因为我们知道两个相继斐波那契数之比近似为黄金分割比 $\phi \approx 1.618$。也就是说:

$$\frac{F_{26}}{F_{25}} \approx 1.618\ 033\ 99$$

因此,我们得到 $F_{26} \approx 1.618\ 033\ 99 \cdot F_{25}$,然后将答案四舍五入。也就是说,为了求第 26 个斐波那契数,我们只要将第 25 个斐波那契数乘 1.618 033 99,即 75 025×1.618 033 99 ≈ 121 393.000 1,然后将答案四舍五入就得出了第 26 个斐波那契数 121 393。通过尝试你可以很容易看出,这种仅借助前一个斐波那契数便求出后续斐波那契数的方法,可以用于第一项之后的所有斐波那契数,即可用于求 F_n,其中 $n>1$。

求一个特定斐波那契数的
另一种方法（使用计算器或计算机）

到现在为止，我们已经阐明，可以通过多种方法求一个特定的斐波那契数。此外，我们还有另一种选择，那就是使用计算机或计算器。如果要求第 1000 个斐波那契数 F_{1000}，那么即使使用一些电子设备，按照定义来求也会是一项艰巨的任务。如果使用如下定义：$F_0 = 0$，$F_1 = 1$，$F_n = F_{n-1} + F_{n-2}$（其中 $n > 1$），那么就必须将 F_{1000} 之前的 999 个数全都求出来。

考虑下面这两个关系[①]：

$$F_{2n-1} = F_{n-1}^2 + F_n^2 \text{ 和 } F_{2n} = F_n(2F_{n-1} + F_n)$$

有了这两个关系，我们只需要 F_n 和 F_{n-1} 就可以计算出 F_{2n} 和 F_{2n-1}。因此，下面就是我们利用这些关系求出 F_{1000} 的方法（自然是有电子设备的帮助）：

为了求出 F_{1000}，我们必须先求出 F_{500} 和 F_{499}。

为了求出 F_{500} 和 F_{499}，我们必须先求出 F_{250} 和 F_{249}。

为了求出 F_{250} 和 F_{249}，我们必须先求出 F_{125} 和 F_{124}。

为了求出 F_{125} 和 F_{124}，我们必须先求出 F_{61}、F_{62} 和 F_{63}。

为了求出 F_{61}、F_{62} 和 F_{63}，我们必须先求出 F_{30}、F_{31} 和 F_{32}。

为了求出 F_{30}、F_{31} 和 F_{32}，我们必须先求出 F_{14}、F_{15} 和 F_{16}。

为了求出 F_{14}、F_{15} 和 F_{16}，我们必须先求出 F_6、F_7 和 F_8。

为了求出 F_6、F_7 和 F_8，我们必须先求出 F_2、F_3 和 F_4。

为了求出 F_2、F_3 和 F_4，我们必须先求出 F_0、F_1 和 F_2。

请回忆一下，$F_1 = F_2 = 1$，$F_0 = 0$。

虽然我们必须先计算 22 个斐波那契数，但这仍然比先计算 999 个斐波那契数来得到第 1000 个斐波那契数的计算量要小很多。

[①] 其中的第一个关系在第 1 章第 9 条中讨论过。第二个关系对我们来说是新的，但也是成立的。有关证明，请参阅附录。——原注

检验斐波那契数

现在让我们来看看反过来的情况。假设有一个数，我们想确定这个数是不是一个斐波那契数。有一种非常奇怪的方法可以用来检验一个数是不是斐波那契数列中的一项。检验方法如下：

当且仅当 $5n^2+4$ 或 $5n^2-4$ 是一个完全平方数时，n 是一个斐波那契数。

我们对这种检验方法不作证明，但可以用一些我们熟悉的数来测试。比如说，首先来测试 $n=5$。我们可以计算出 $5\times5^2-4=125-4=121$，这是一个完全平方数，即 11^2。由此可知，5 是一个斐波那契数，因为它通过了这个平方根检验。事实上，我们知道 $5=F_5$。现在我们选择 $n=8$。然后我们可以计算 $5\times8^2+4=320+4=324$，这是一个完全平方数，即 18^2。因此，8 是一个斐波那契数，因为它通过了这个"平方根"检验。事实上，我们知道 $8=F_6$。我们还应该注意到，4 不是斐波那契数，所以它无法通过这个平方根检验。也就是说，当 $n=4$ 时，$5n^2\pm4$ 都不是完全平方数，因为 $5\times4^2+4=84$ 和 $5\times4^2-4=76$。你可以去找更多的例子，从而确定这种强大的检验方法确实有效。

我们现在已经看到，尽管斐波那契数与产生它们的数列紧密相关，但它们也可以被视为独立的存在。我们现在可以识别出特定的斐波那契数，而且可以检验某个给定的数到底是不是斐波那契数列中的一项。

第10章　斐波那契数与分形[①]

　　除非你足够年轻，经历了近期美国学校数学课程的改革，否则你对几何学的概念很可能还停留在对理想形状的学习，例如直线、圆、正方形和矩形。更准确地说，你可能学习的还是 2000 多年前希腊数学家欧几里得（公元前 365—前 300 年）编纂的几何图形和数学关系。欧几里得几何研究的是点、线、平面和类似圆和多边形这样的对象。对大多数人而言，这些对象准确地代表了**几何图形**这个概念。当我们识别出轮子上的圆形或桌面的矩形时，我们通常会联想到对应的几何图形。毕竟，在人造的物品中要找到这些图形并不难。不过，我们在自然界中会经常发现平整的平面、均匀的直线或光滑的曲线吗？

　　自然界的物体通常是不规则的。它们的表面和线条通常是不平整的、碎裂的或断开的。例如，一张制作完成的木桌表面很光滑，而树皮则很粗糙；也可将真实的松树等针叶树的满是枝杈的树冠与名为圆锥体的立体图形相比较。此外，再想想各种凹凸不平的崎岖海岸线的外观，将其与圆形之类的光滑曲线的外观相比较：圆周上的所有点与圆心的距离都相同。我们可以看到，尽管欧几里得几何对于人类的创造活动很有用，但它绝对不是描述和理解自然物体或现象的最佳工具。

---

①　本章由中密歇根大学数学教授迪亚斯（Ana Lúcia B. Dias）撰写。——原注

19 世纪末 20 世纪初,朱利亚(Gaston Julia)、法图(Pierre Fatou)和康托尔(Georg Cantor)等数学家对曲线进行了研究,因为曲线显然更合适于表现和模拟自然现象,尽管他们的同时代人对这些新的研究对象并不十分热衷,认为它们是畸形的和病态的。不过,最近几十年来,数学家和非数学家们都被计算机绘制的分形图像之美吸引(图 10.1)。

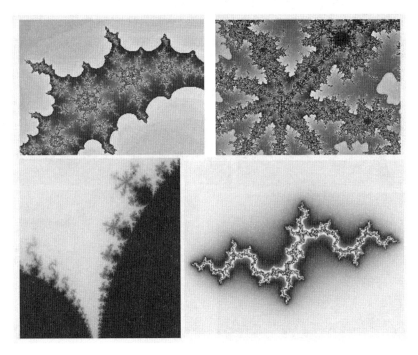

图 10.1　一些分形图像

在计算机的帮助下,数学家芒德布罗(Benoît Mandelbrot)[1]在 1980 年揭示了朱利亚创建的数学对象的图形并不是畸形,而是非常美。更重要的是,他阐明了这些图形的粗糙轮廓和重复模式没毛病,而是经常出现在自然界中(图 10.2)。他在拉丁文单词 *fractus*(意思是破碎的或断裂的)基础上创造了一个单词**分形**(*fractal*)来表示这些新的数学对象。

①　参见《他们创造了数学——50 位著名数学家的故事》,波萨门蒂著,涂泓、冯承天译,人民邮电出版社,2022。——译注

图 10.2

在图 10.2 中,位于左边的图片是真实场景的图像,位于右边的是分形模型。

有趣的是,斐波那契数列也出现在一些分形的分析中。在本章中,我们将讲述斐波那契数列的两个案例,它们出现在两种不同的分形之中,而在创建这些分形的过程中并无意嵌入斐波那契数列的构造。这使得斐波那契数的发现尤其令人着迷!

分形的特征是自相似性:在一个分形的大图中看到的几何模式在局部以越来越小的尺度重复出现。

生成分形的过程包括对原始图形或一个点集重复应用几何规则或变换,我们将原始图形或点集称为该分形的**种子**。

一旦确定了分形的生成过程和种子,我们就可以通过重复应用生成过程来构造分形——首先应用于种子,然后再一次应用于前面的结果,以此类推。这里包含了构造分形的另一个关键要素:分形是由称为**迭代**的相继阶段组成的。迭代是一种多次重复的行为模式,每次都应用同一种算法或步骤。

在构造分形时,生成过程的迭代是递归进行的。也就是说,每次迭代的输入都是前一次迭代的输出,但第一次迭代除外,它作用于一个种子。在某些情况下,每次后续迭代都会比前一次迭代更难处理!在这些情况下,编程技术无疑会提供很大的帮助。

理想的分形要求将一个过程迭代无限次,但实际上我们只能将一个过程迭代有限次。我们可以使用计算机或计算器帮忙执行任意多次迭代,这将为我们展示分形过程中不同阶段的结果。或者我们可以用数学方法来推断执行了这个无限过程后的结果。

在讨论产生斐波那契数的那些分形之前,我们将通过一个经典的例子,即科赫雪花①(图 10.3),来说明上面所描述的生成过程和一些专业术语。

图 10.3　科赫雪花的生成过程

构造这个分形的种子必须是一个等边三角形。因为分形的生成是通过连续迭代发生的,所以我们将每次迭代的结果称为分形构造过程中的一个**阶段**。

分形构造过程是这样的:在每个阶段,先擦除每条线段的中间三分之一,再以两条相同长度(原线段的三分之一)的线段来替换,它们与原线

---

① 以瑞典数学家科赫(Helge von Koch)的名字命名。——原注

段成 60°角。这样就会在原线段的缺口处构成一个尖角(看起来像一个不完整的等边三角形),整个过程如图 10.3 所示。

每次迭代都要对一个分形阶段中的每条线段应用分形构造过程,从而构造出下一个阶段。图 10.4 显示了科赫雪花构造过程中的前两次迭代,但现在我们是在一个等边三角形的 3 条边上进行迭代。

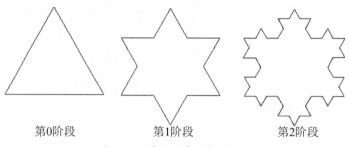

第0阶段　　　　　第1阶段　　　　　第2阶段

图 10.4　科赫雪花的构造过程

你可能想在纸上画出科赫雪花的第 3 阶段,或者使用计算机绘图程序来画。请记住,这一迭代需要将构造过程应用于第 2 阶段中的每条线段。这会比前一次迭代耗费更多的工作量。第一次迭代需要将构造过程应用于 3 条线段,但在第二次迭代中,这个数增加到了 12 条。在第三次迭代中,你需要处理 48 条线段。复杂程度的增加如表 10.1 所示。经过每一次迭代,一个阶段中的每条线段都被替换为下一阶段中的 4 条线段,从而形成一个尖角。因此,如果我们知道在一个阶段中有多少条线段,那么只要将这个数乘 4,就可以计算出在下一阶段中的线段条数。这个关系可以用代数和递归的形式写成:$S_n = 4 \cdot S_{n-1}$(恰好等于 $3 \cdot 4^n$),其中 S_n 是第 n 阶段中的线段条数,S_{n-1} 是前一阶段中的线段条数。

表 10.1

阶段(n)	线段条数(S_n)
0	3
1	12 = 4×3
2	48 = 4×12
3	192 = 4×48
n	$S_n = 4 \cdot S_{n-1}$

在这个分形中,每条线段都被替换为一个看得见的尖角,并且线段条数加速增加,导致其具有一个分形的主要特征:锯齿状外观和自相似性。无论你放大任何一个尖角,都会发现它有许多越来越小的复制品。放大这个分形揭示出与大尺度特征相似的小尺度细节。

另一种很受欢迎的分形是谢尔宾斯基三角形①(1915)(图 10. 5)。它的种子也是一个等边三角形。每次迭代都要这样进行:以原来的三角形的 3 条边的中点作为新的顶点,将原来的三角形分割成 4 个较小的等边三角形,然后去除中间的那个三角形,即去除四分之一的面积,使它不再参与以后的操作。通过反复迭代这个过程来继续构造这个分形:从每个三角形的内部去除一个三角形。这不仅导致表面粗糙、破碎,还产生自相似性——这是分形的两个主要特征。

| 第0阶段 | 第1阶段 | 第2阶段 | 第3阶段 |

图 10. 5　谢尔宾斯基三角形的构造过程

现在我们已经准备好了,来迎接我们的主角——斐波那契数。在分形以及其他领域中,这些数都会有趣地、出乎意料地出现。

这一次,斐波那契数列意外出现在最近创建的一个分形——格罗斯曼桁架②——的研究中。让我们来看看这个分形是如何构造的:我们首先将一个等腰直角三角形作为种子。这个等腰直角三角形的两条等长的边构成一个直角(图 10. 6)。

现在,我们从它的直角顶点向其对边作垂线并与之相交。然后,我们从垂足向左边的那条直角边作垂线。最后,我们将去除在图形内部创建

斐波那契数与分形　第10章

287

① 以波兰数学家谢尔宾斯基(Waclaw Sierpinski)的姓氏命名。——原注
② 格罗斯曼(George W. Grossman)论述了这种分形的创建,并对其特性给出了数学分析。Construction of Fractals by Orthogonal Projection Using Fibonacci sequence, *Fibonacci Quarterly* 35, no. 3(August 1997).——原注

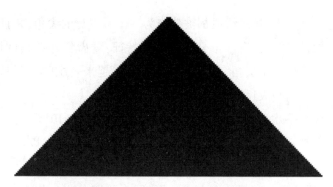

图 10.6　构造格罗斯曼桁架的第 0 阶段

的三角形。这样就完成了第一次迭代。在得到的新图形中,原来的等腰直角三角形似乎被分割成另外两个三角形,它们之间有一个三角形空隙。如果你仔细观察这个图,就会发现其中形成的两个三角形也都是等腰直角三角形,也就是说,它们与原始种子是相似的,但它们出现在不同的位置(图 10.7)。

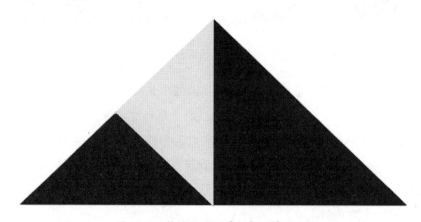

图 10.7　构造格罗斯曼桁架的第 1 阶段

现在可以继续第二次迭代了。在这个分形中,每次迭代都是对每个阶段中的最大三角形重复上述过程。看一看第一阶段后仍然存在的那些三角形(请记住,中间的三角形已经被去除,不再是图形的一部分,它的位置留下一个空白),你可以看到此时有两个大小不同的三角形。因此,下一次迭代将对这个最大的三角形应用生成过程,并且仅对这个最大的三角应用生成过程,结果如图 10.8 所示。

图 10.8　构造格罗斯曼桁架的第 2 阶段

现在我们的分形又多了一个空隙。我们该如何描述剩下的这 3 个三角形呢? 它们的大小都一样吗? 仔细检查图 10.8 中的 3 个深色三角形,可以发现在这个阶段有两种大小的三角形:2 个大三角形和 1 个小三角形。因此,对于下一次迭代,需要对 2 个大三角形执行生成过程。

这种分形的构造过程是这样进行的:总是将生成过程应用于一个阶段中最大的那些三角形。其结果就会使我们得到一个漂亮的分形,其基本形状如图 10.9 所示。这种基本形状在整个分形中以越来越小的尺度在不同的位置重复出现。图 10.9 显示了经过 8 次迭代后的分形。

图 10.9　构造格罗斯曼桁架的第 8 阶段

在图 10.9 中,我们同样可以看到留下来的那些三角形具有两种大小。你能说出有多少个较大的三角形和多少个较小的三角形吗? 也许在查看较少次迭代后得出的分形会对此有所帮助。图 10.10 显示了 4 次迭代后的格罗斯曼桁架。同样,有两种大小的三角形。它们被填充成不同深浅的灰色,这会有助于我们计数。

图 10.10 经过 4 次迭代后的格罗斯曼桁架

如果我们观察图 10.10 中的这些灰色三角形,就会看到 5 个较大的三角形和 3 个较小的三角形。这些数恰好是斐波那契数列中的第 5 项和第 4 项。

再迭代一次后会发生什么呢? 现在,较大三角形的数量是 8 个,还有 5 个较小的三角形(图 10.11)。

图 10.11 构造格罗斯曼桁架的第 5 阶段,其中用深灰色表示 8 个较大的三角形,用浅灰色表示 5 个较小的三角形

如果你有一双训练有素的眼睛,就应该能够在图 10.9 中发现有 21 个较小的三角形和 34 个较大的三角形。这种模式无限延续下去——在格罗斯曼桁架中,具有相同大小的三角形的数量总是一个斐波那契数!

斐波那契数还在其他许多地方出现。我们还可以将视线转移到从这个分形中删除的那些三角形上,即那些三角形空隙。在一个确定的阶段中有多少种不同大小的空隙?每种大小的空隙有多少个?

图 10.12 显示了格罗斯曼桁架在第 3 阶段时的三种空隙。在第 3 阶段中有多少种不同大小的三角形空隙?有一个最大的空隙,有一个次大的空隙,还有两个较小的空隙。你看出其中正在形成的模式了吗?

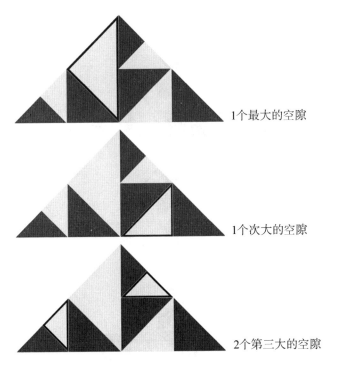

1个最大的空隙

1个次大的空隙

2个第三大的空隙

图 10.12　计算在格罗斯曼桁架第 3 阶段中的空隙数量

你能预测再经过一次迭代之后会有多少个不同大小的空隙吗?请记住,一个阶段中的所有空隙在后续迭代中都仍然存在,这些空隙已被去除了,因而在进一步的操作中就需要再考虑它们了。但将迭代过程应用于该分形中仍未被去除的区域,结果将产生越来越小的更多空隙。每次迭代会产生多少个新的空隙?

    如果我们继续观察进一步的各次迭代,图 10.12 所示的模式将变得更加引人注目。图 10.13 显示了此分形的第 5 阶段的 5 个复本,每一个复本给出了一种大小的空隙的数量。

图 10.13　计算格在罗斯曼桁架第 5 阶段中的各种空隙的数量

这里又有斐波那契数列了！计算格罗斯曼桁架的三角形数量可以在每个阶段得到两个斐波那契数,而计算空隙数量则可以在单独一个阶段就得到整个数列。更准确地说,计算经过 n 次迭代后的格罗斯曼桁架中的空隙数量,就会得到斐波那契数列的前 n 项!

这种分形非常令人惊奇的方面在于,尽管在生成的过程中并未直接涉及斐波那契数列,但这个数列却在其中出现了。

格罗斯曼桁架的创建方式并没有迹象表明分形结果中可能会有斐波那契数。这个数列既在自然界中又在人造物体(如分形)中出现,这就使得它越发显得神秘和令人惊讶。它使我们对数学的真正本质感到疑惑:虽然数学对象是人为创造的,但它们之间的关系似乎是必然的。即使我们没有把它们放在那里,它们也会出现。

德瓦内尔(Robert Devanel)①展示了另一种神奇方法,使我们能在分形中找到斐波那契数。斐波那契数列已经进入了最著名的分形之一:芒德布罗集(图 10.14)。

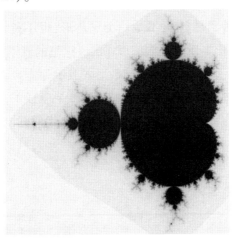

图 10.14

① 关于这些概念的数学阐述,请参见 Robert L. Devaney,"The Fractal Geometry of the Mandelbrot Set," in *Fractals. Graphics. and Mathematics Education*, ed. Michael Frame and Benoît Mandelbrot (Washington,DC:Mathematical Association of America,2002),pp. 61-68。——原注

首先让我们看看芒德布罗集是什么。它的图形非常受欢迎,甚至赢得了"分形几何的象征"这一称号。它那奇特的美让外行和专家都为之着迷。那么这个图形是什么样的呢?与我们研究的其他分形一样,它的构造涉及一些元素:一个种子、一条规则或一种变换,以及无限多次迭代。但与我们之前的那些例子不同的是:以前的例子主要是几何图形,而芒德布罗集是一个数集。图10.14 所示的图形只是将属于该集合的数绘制在复平面①上得到的效果图。

我们如何判断一个数是否在芒德布罗集中?我们必须测试每个数才能判断。这项艰巨的任务只有在计算机的帮助下才能完成,而且只能做有限次判断,只不过这个次数会非常多。事实上,只有时机合适[芒德布罗的远见卓识,结合国际商业机器公司(缩写为 IBM)的沃森研究中心(Watson Research Center)的研究环境],朱利亚在 20 世纪 20 年代开启对这一集合的研究才使它得以复兴。

因此,要构造芒德布罗集的图形,除了需要前面讨论过的分形必备的种子、规则和迭代之外,还需要做一件事情:对数进行测试。假设我们正在测试的数是 c。

这个分形的种子是数 0,不是一个三角形,也不是一条线段,而是一个数,因为这个分形本质上是数值形式的。这里的规则或变换是:对输入值取平方,然后加上 c。这可以用代数形式表示为 x^2+c。

假设我们想测试 $c=1$ 这个数。我们的变换就成了 x^2+1。

从种子 0 作为输入开始,然后使用每次迭代的输出作为下一次迭代的输入,让我们看看经过几次迭代后的结果:

$$0^2+1=1$$

$$1^2+1=2$$

$$2^2+1=5$$

$$5^2+1=26$$

$$26^2+1=677$$

$$677^2+1=458\ 330$$

---

① 复平面是复数的二维表示,它有一根实轴和一根虚轴。——原注

我们可以看到,迭代次数越多,输出的数就越大,得到的数列的项将无限增大。我们说:"它趋向无穷大。"

让我们来测试另一个数,$c=0$。对于这个 c 值,我们的规则是 x^2+0。

从相同的种子 0 开始,从几次迭代后的那些结果可以看出,这个数列会固定在 0。

第一次迭代:$0^2+0=0$

第二次迭代:$0^2+0=0$

对于 c 的每个值,经过"测试"(反复迭代整条规则),我们就能知道其结果是否会趋向于无穷大。会导致逃逸到无穷大的那些 c 值**不在**我们考虑的集合中,而所有其他的值都**在**此集合中。芒德布罗集的图形实际上是每个数字 c 在这一测试下的命运记录①。理解该图形的关键是要揭示所使用的代码。绘制这些测试结果的最常用代码是使用黑色表示平面上**在**芒德布罗集中的那些点,其他点则根据其"逃逸速度"着色。也就是说,使用不同颜色表示某个值从原点到达一定距离所需的迭代次数。绘制芒德布罗集的另一种传统方法是,用黑色表示在该集合中的点,用白色表示不在该集合中的点。

现在我们会用分类的眼光观察芒德布罗集的图形。在图形的中心,我们可以看到一个心形图形,即**主心形**②。我们还可以注意到许多圆形装饰物,或者称为**球形**(图 10.15)。我们将任何与主心形直接相连的球形称为**主球形**。主球形上又附有许多更小的装饰品。在其中,我们可以识别出一些看起来像**天线**的东西(图 10.16)。

---

① 事实上,图 10.14 只是芒德布罗集的一个近似。我们实际上无法确切地知道数值 c 是否位于芒德布罗集中,因为要绝对确定这一点,我们就需要将"测试"迭代无限次。但是,即使是用计算机,我们显然也只能将任何事物迭代有限次。但碰巧的是,对某个 c 值以此规则迭代而形成的数列只有在经过大量迭代之后才会表现出不同的行为,所以,我们可以通过多次迭代来改进我们的近似。不过,这并不会带来绝对的准确性。——原注

② 心形线是由一个圆在另一个半径相等的静止圆的外侧滚动而得到的心形曲线,此时滚动圆上固定一点的轨迹即心形线。——原注

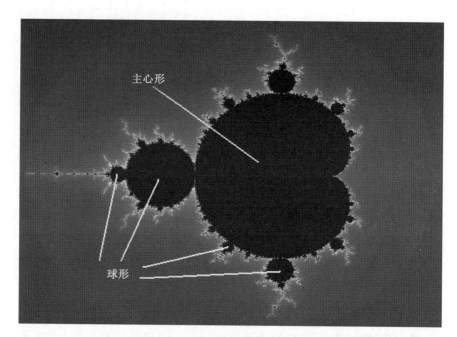

图 10.15　芒德布罗集中的主心形和球形

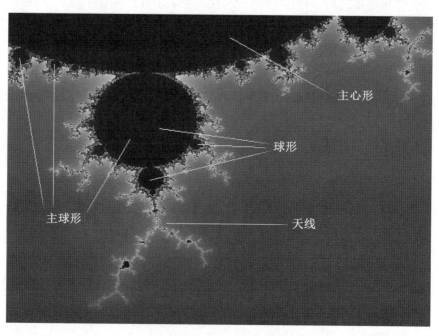

图 10.16　芒德布罗集中的装饰细节

我们将这些天线中最长的那些称为**主天线**。最后，主天线显示出数根"辐条"(图 10.17)。请注意，主天线中的辐条数量在不同的装饰中是不同的。我们将这个辐条数称为该球形或装饰的**周期**。要确定该球形的周期，只须数出一根天线上的辐条数，不要忘记数出从主要装饰到主要连接点的那些辐条。图 10.18 显示了各主球形及其周期。

图 10.17　主天线以及它们的"辐条"

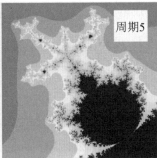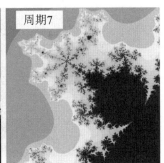

图 10.18　通过数出球形的主天线的"辐条"来确定各球形的周期

如何才能在芒德布罗集中看出斐波那契数列？我们将主心形的周期定为 1。然后通过数出那些最大球形的主天线的辐条数来确定它们的周期。这样计数的结果——主心形和一些较大主球形的周期——记录在图 10.19 中。

检视图 10.19 就可以惊奇地看到，在周期为 1 的球形和周期为 2 的球形之间的最大球形是一个周期为 3 的球形。在周期为 2 的球形和周期为 3 的球形之间最大的球形是一个周期为 5 的球形。在周期为 5 的球形和周期为 3 的球形之间最大球形是一个周期为 8 的球形。看！斐波那契数又出现了。为什么会这样？其中的原因不甚明了。虽然斐波那契数与计算主球形周期的方法并没有直接的关系，但是斐波那契数神秘而引人注目地再次出现了。

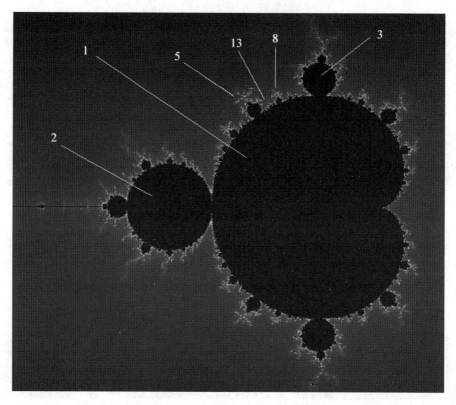

图 10.19　芒德布罗集中的斐波那契数

那么，斐波那契数列还会在哪里出现呢？显然，如果我们养成了计数的习惯，对我们能想到的形形色色的物体（种子、尖刺、三角形等）进行计数，那么我们一定会在许多物体中找到斐波那契数列。

如果你养成了对各种各样的不同组合进行计数的习惯，那么你也许会对斐波那契数列有自己的惊人发现。它几乎无处不在，我们只需要仔细观察。

结　语

既然你已经体验了数学中最著名的数列的各种奇迹，那么无疑你会热衷于寻找它的其他表现形式。你应该知道了，在不断产生的新发现中，斐波那契数会惊人地出现其中。即使有些人可能会争辩说我们的一些例子可能有点牵强或刻意，但没有人能够否认这个数列是多么无所不在！

我们在自然界和艺术中发现了斐波那契数。它们由于比萨的莱昂纳多(斐波那契，也是他使西方注意到了那串数字)的开创性研究而声名鹊起。人们发现，斐波那契数作为黄金分割的一个组成部分(或生成器)以最优美的方式使各种结构联系在一起。与数学中的任何其他对象相比，斐波那契数将更多不同的数学分支结合在了一起。它们甚至表现在股市投资中。

斐波那契数不仅展示了大多数数学家极力主张的数学之美，而且它们时而成为我们的社会所认可的美的一个不可或缺的组成部分，时而有助于评判美。许多新老艺术作品都体现了黄金分割，而黄金分割比则可以通过斐波那契数来确定。虽然对一些艺术家和作曲家来说，黄金分割所起的作用不像对其他人那么大(当然，音乐和艺术远不只是一个数学公式)，但是黄金分割在艺术中的重要性是无可争辩的。无论是斐波那契数本身的美，还是为了寻找它们的新表现而不断摆在我们面前的挑战，这些数从未让人们停止惊叹。数学家们于1963年成立斐波那契协会，继续在数学领域内外寻找这些数的应用,并创办了每年出版四期的季刊来讨论这些应用。

斐波那契数列很容易记忆,但如果你不能记住哪怕前 12 个(请记住,F_{12} 恰好等于 $12^2 = 144$),那么你可以依赖相加过程,而对于非常大的斐波那契数,比奈公式则较方便,它可以帮我们快速得到斐波那契数。当你在任何领域中寻找斐波那契数时,请谨记切勿夸大它们的应用。并非所有的美都与斐波那契数一致——正如我们在音乐中发现的那样,并非所有的艺术之美都依赖黄金分割。不过,只要我们客观地观察,而不是强迫它们出现,那么斐波那契数在这两个领域都占据了一席之地。自然界的案例有很多,因此我们不必人为地声称这些数的存在。

我们希望,通过阅读这本书,你不仅会有动力去寻找斐波那契数列的一些新显现,而且会对数学产生一种新的热爱或重新感受这份热爱,并且更加欣赏这门最重要的科学的美。数学,被德国著名数学家高斯(Carl Friedrich Gauss)称为"科学的女王"。

跋

数十年来,斐波那契数列一直强烈地吸引着我。不过,当有人要求我说出自己的看法时,我决定看看我是否能够发现一些前人可能没有发现过的模式。人们永远不会知道自己的发现是不是新的,因为如果有人问数学家这些发现之中是否有一些是新的,那么得到的回答往往是:"嗯,这个我以前没有见过,但这并不意味着它从未被发表过。"1963 年,斐波那契协会(这个协会在本书中的其他地方也曾提到过)创办了一份季刊,论述关于斐波那契数的那些似乎无穷无尽的关系。我在这里介绍我的一些"发现",希望它们能提供进一步参考,并激励读者去寻找其他的种种关系。

1. 一些看似合理的推测

我们首先要从最基本的概念之一开始:单位元的概念,或者说数字 1 这个概念。我们以这种方式继续下去,进行同样是最原始的算术运算:加法运算。我们通过这种方式到达本书的主题,一个非常美的结构,一个奇妙的数列,它被称为斐波那契数列:1,1,2,3,5,8,13,…。正如读者已经知道的那样,在最前面的两个数之后,这个数列中的每一个数都是由其前两个数相加得到的。你能想象出一个更简单的结构吗?然而,这个数列却有着一些极为引人注目的特性,本书已描述了其中的许多特性。在这篇跋中,我们采用一种略微不同的观点,简要地概述斐波那契数的整除性,并预示令人兴奋的进一步发展,请读者去探索。①

1.1 符号表示

用 F_n 表示第 n 个斐波那契数,于是 $F_1=1,F_2=1,F_3=2,F_4=3,F_5=5,\cdots$。

1.2 斐波那契数中的偶数

我们问一个简单的问题:哪些斐波那契数能被 2 整除?查阅斐波那契数表,我们发现 $F_3,F_6,F_9,F_{12},F_{15},\cdots$ 都能被 2 整除,事实上,这些就是斐波那契数中的所有偶数。因此,这就会引导我们推测偶斐波那契数由集合 $F_3,F_6,F_9,F_{12},F_{15},\cdots$ 组成。此外,我们还注意到偶斐波那契数的下标 $3,6,9,12,\cdots$ 本身构成了一个等差数列,其首项和公差都等于 3,换言之,它们由所有能被 3 整除的数组成。

受到这个发现的鼓舞,我们接下来要问:哪些斐波那契数能被 3 整除?

1.3 能被 3 整除的斐波那契数

再次查阅斐波那契数表,我们发现能被 3 整除的斐波那契数是 $F_4=3,F_8=21,F_{12}=144,F_{16}=987,F_{20}=6765,\cdots$。下标 $4,8,12,16,20,\cdots$ 再次构成了一个等差数列,这一次的首项和公差都等于 4,因此它们由所有能被 4 整除的数组成。因此,我们推测,所有能被 3 整除的斐波那契数的下标集合是由所有能被 4 整除的数组成的。

1.4 能被 4 整除的斐波那契数

上述模式已经很清楚了。我们现在发现,能被 4 整除的斐波那契数是 $F_6=8,F_{12}=144,F_{18}=2584,F_{24}=46\,368,\cdots$,它们的下标构成一个等差数列,其首项和公差都等于 6。因此,所有能被 4 整除的斐波那契数的下标本身都能被 6 整除,实际上是由 6 的所有倍数组成的。

按照 1.2、1.3 和 1.4,可演绎出以下结论:能被 5(或 6,或 7)整除的斐波那契数 F_n 都具有能被 5(或 12,或 8)整除的下标 n,事实上,n 由 5(或 12,或 8)的所有倍数组成。

---

① 这在第 1 章,第 12 条中简要提到过。——原注

2. 小模 $m(n)$

在本节中,我们将更一般地系统阐述我们在前一节中得到的结论。设 n 为任意正整数。鉴于我们之前的研究,我们做一个基本假设:存在无穷多个正整数 x,使得斐波那契数 F_x 能被 n 整除。其中最小的这样一个数 x 显然取决于 n。我们称它为 n 的小模,用 $m(n)$ 表示。因此,$m(n)$ 是使得 F_x 能被 n 整除的最小正整数 x。参考我们之前的研究可以推断出: $m(2)=3, m(3)=4, m(4)=6, m(5)=5, m(6)=12, m(7)=8$。使用前一节所阐明的方法,很容易得出一张包括更多小模 $m(n)$ 值的表,如表 A.1 所示。假设读者已经将这张表至少扩展到了 $n=200$,那就可以令人满意地证实这里作出的几个猜想了。

表 A.1　$m(n)$ 表,$1 \leqslant n \leqslant 100$

n	$m(n)$	n	$m(n)$	n	$m(n)$	n	$m(n)$	n	$m(n)$
1	1	21	8	41	20	61	15	81	108
2	3	22	30	42	24	62	30	82	60
3	4	23	24	43	44	63	24	83	84
4	6	24	12	44	30	64	48	84	24
5	5	25	25	45	60	65	35	85	45
6	12	26	21	46	24	66	60	86	132
7	8	27	36	47	16	67	68	87	28
8	6	28	24	48	12	68	18	88	30
9	12	29	14	49	56	69	24	89	11
10	15	30	60	50	75	70	120	90	60
11	10	31	30	51	36	71	70	91	56
12	12	32	24	52	42	72	12	92	24
13	7	33	20	53	27	73	37	93	60
14	24	34	9	54	36	74	57	94	48
15	20	35	40	55	10	75	100	95	90
16	12	36	12	56	24	76	18	96	24
17	9	37	19	57	36	77	40	97	49
18	12	38	18	58	42	78	84	98	168
19	18	39	28	59	58	79	78	99	60
20	30	40	30	60	60	80	60	100	150

我们将我们的主要猜想总结如下：设 n 为任意正整数，用 $m=m(n)$ 表示 n 的小模，当且仅当 x 能被 $m(n)$ 整除时，斐波那契数 F_x 能被 n 整除。

小模 $m(n)$ 本身有许多有趣的性质，我们稍后将对这些性质做一个总结，通过表 A.1 可以发现这些性质看来是合理的。不过，我们先离一下题，对于在这一发展过程中发挥了特殊作用的素数做一个简单介绍。

3. 素数

定义：每个大于 1 的数都可以被 1 和自身整除。如果它只有这两个因数，那么它就是素数。因此，17 就是素数，因为它只能被 1 和 17 整除。同样，2、3、4、7、11 和 13 也都是素数。欧几里得的一条著名定理指出，素数有无穷多个。另一方面，像 $6=2×3$ 或 $8=2^3$ 这样的数则不是素数，因为 6 能被 2 整除（还能被 1、3 和 6 整除），8 能被 2 整除（还能被 1、4 和 8 整除）。它们被称为合数。读者可以很容易地确定前几个合数是 4、6、8、9、10 和 12。显然，除了 2 以外，所有素数都是奇数。

4. $m(p^k)$，其中 p 是一个素数，k 是一个正整数

素数幂的小模在后续讨论中特别重要。查阅表 A.1 可以得出以下推测：

4.1

$$m(2^1)=m(2)=3, k=1$$
$$m(2^2)=m(4)=6, k=2$$
$$m(2^k)=3 \cdot 2^{k-2}, 其中\ k>2$$

4.2

$$m(5^k)=5^k$$

4.3

若 p 是奇素数,则 $m(p^k)=p^{k-1}m(p)$。

例如,要验证 4.1,请注意:

当 $k=1$ 时,$F_3=2$,它能被 2 整除,而 $x=3$ 是 F_x 能被 $2^1=2$ 整除的 x 最小值,因此根据定义,$m(2)=3$;

当 $k=2$ 时,$F_6=8$,它能被 2^2 整除,而 $x=6$ 是 F_x 能被 $2^2=4$ 整除的 x 最小值,因此 $m(2^2)=6$;

当 $k=3$ 时,$F_6=8$,它能被 2^3 整除,而 $x=6$ 是 F_x 能被 $2^3=8$ 整除的 x 最小值,因此 $m(2^3)=6$;

当 $k=4$ 时,$F_{12}=144$,它能被 2^4 整除,而 $x=12$ 是 F_x 能被 $2^4=16$ 整除的 x 最小值,因此 $m(2^4)=12$;

当 $k=5$ 时,$F_{24}=46\,368$,它能被 2^5 整除,而 $x=24$ 是 F_x 能被 $2^5=32$ 整除的 x 最小值,因此 $m(2^5)=24$;

当 $k=6$ 时,$F_{48}=4\,807\,526\,976$,它能被 2^6 整除,而 $x=48$ 是 F_x 能被 $2^6=64$ 整除的 x 最小值,因此 $m(2^6)=48$;

以此类推。

接下来,要验证 4.2,请注意:当 $k=1$ 时,$F_5=5$,它能被 5 整除,而 $x=5$ 是 F_x 能被 5 整除的 x 最小值。

因此根据定义,$m(5)=5$。当 $k=2$ 时,$5^2=25$,$F_{25}=5^2\times 3001$,它能被 5^2 整除,而 $x=25$ 是 F_x 能被 5^2 整除的 x 最小值。

因此,再次根据定义,$m(5^2)=5^2$。当 $k=3$ 时,$5^3=125$,$F_{125}=5^3\times 3001\times 158\,414\,167\,964\,045\,700\,001$,它能被 5^3 整除,而 $x=125$ 是 F_x 能被 5^3 整除的 x 最小值。

因此,根据定义,$m(5^3)=5^3$。当 $k=4$ 时,$5^4=625$,$F_{625}=5^4\cdot P$,其中 P 是 5 个素数的乘积,它能被 5^4 整除。

因此,根据定义,$m(5^4)=5^4$,以此类推。

最后,我们会对奇素数 $p=3,5,7$ 和 $k=1,2,3$ 验证 4.3,请读者对奇素数 $p=11,13,17,19$ 和 $k=1,2,3$ 验证 4.3。

于是，当 $p=3, k=2$ 时，我们由表 A.1 和斐波那契数列表就能得到

$m(3)=4, m(3^2)=3^1 \cdot m(3)=3 \times 4=12$

当 $p=3, k=3$ 时，

$m(3)=4, m(3^3)=3^2 \cdot m(3)=9 \times 4=36$

当 $p=3, k=4$ 时，

$m(3)=4, m(3^4)=3^3 \cdot m(3)=27 \times 4=108$

当 $p=5, k=2$ 时，

$m(5)=5, m(5^2)=5^1 \cdot m(5)=5 \times 5=25$

当 $p=5, k=3$ 时，

$m(5)=5, m(5^3)=5^2 \cdot m(5)=25 \times 5=125$

当 $p=5, k=4$ 时，

$m(5)=5, m(5^4)=5^3 \cdot m(5)=125 \times 5=625$

当 $p=7, k=2$ 时，

$m(7)=8, m(7^2)=7^1 \cdot m(7)=7 \times 8=56$

当 $p=7, k=3$ 时，

$m(7)=8, m(7^3)=7^2 \cdot m(7)=49 \times 8=392$

我们很容易从表中确定，当 $x=392$ 时，F_x 能被 $7^3=343$ 整除，但对于更小的 x 值都不行。

5. n 为正整数时的特殊素数 $p=10n \pm 1, q=10n \pm 3$

如果素数 p 除以 10 的余数为 1 或 9，就称其为 $10n \pm 1$ 素数，因为在这种情况下，存在一个正整数 n，使得 $p=10n \pm 1$。例如，前几个 $10n \pm 1$ 素数是 $p=11, 19, 29, 31, 41, 59, 61, 71$ 和 79，因为 $11=10 \times 1+1, 19=10 \times 2-1,$ $29=10 \times 3-1, 31=10 \times 3+1$，等等。

请注意，$10n \pm 1$ 素数的最后一位要么是 1，要么是 9。

另一方面，如果素数 q 除以 10 的余数为 3 或 7，就称其为 $10n \pm 3$ 素数，因为在这种情况下，存在一个正整数 n，使得 $q=10n \pm 3$。例如，前几个

$10n\pm3$ 素数是 $q=3,7,13,17,23,37,43,47$ 和 53。

请注意,$10n\pm3$ 素数的最后一位要么是 3,要么是 7。

除了 5 以外,每一个奇素数要么是 $10n\pm1$ 素数,要么是 $10n\pm3$ 素数。$10n\pm1$ 素数和 $10n\pm3$ 素数的特殊重要性在于下面的 5. 1 和 5. 2,请读者加以验证。

5. 1 若 p 是一个 $10n\pm1$ 素数,则 $m(p)$ 是 $p-1$ 的一个因数

利用表 A. 1,对素数 $p=11,19,29,31,41,59,61,71,79$ 和 89 的情况加以验证。

5. 2 若 q 是一个 $10n\pm3$ 素数,则 $m(q)$ 是 $q+1$ 的一个因数

利用表 A. 1,对素数 $q=3,7,13,17,23,37,43,47,53,67,73,83$ 和 97 的情况加以验证。

6. 一个简单的练习

对于每一个固定的正整数 $n=2,3,4,\cdots$,请利用表 A. 1 计算序列 n,$m(n),m(m(n)),m(m(m(n))),\cdots$。

你得出了什么结论?

7. 最大公因数

我们将以一个非凡的公式来结束这篇后记。在此之前我们需要先离一下题,简短地讲一点预备知识。

两个指定正整数 r 和 s 的最大公因数表示为 $g=(r,s)$。

它具有这样的性质:r 和 s 的任何公因数也是 g 的一个因数。

因此,如果 $r=30$,$s=75$,那么 $g=(30,75)=15$。我们看到 15 是 30 和 75 的所有公因数中最大的。请注意,30 和 75 中的公因数 5 也是 15 的一个因数,但不是最大的。如果 r 和 s 除了 1 以外没有其他公因数,我们就

说 r 和 s 是互素的,写成 $(r,s)=1$。

8. 一个非凡的公式

我们用斐波那契数的四条引人注目的性质来结束这篇跋。在上面的第 4 条中,我们描述了 $m(2^k)$ 和 $m(p^k)$ 的性质,其中 p 是一个奇素数,这条性质加上表 A.1 就能使我们方便地计算 $m(n)$,其中 n 是一个素数的任意幂。在这里,我们给出一个公式,同样通过表 A.1,它能帮助我们对任意正整数 n 计算 $m(n)$。这个公式用 $m(r)$ 和 $m(s)$ 来表示 $m(rs)$,其中 r 和 s 是互素的。读者可以很容易证实,如果 $(r,s)=1$,那么

$$m(rs)=\frac{m(r)m(s)}{(m(r),m(s))}$$

换句话说,如果 r 和 s 是互素的,也就是说,它们除了 1 以外没有其他公因数,那么 $m(rs)$ 就等于 $m(r)$ 和 $m(s)$ 的乘积除以 $m(r)$ 和 $m(s)$ 的最大公因数。请通过查阅扩展的表 A.1 来验证这个公式。一旦找到 $m(2^k)$ 和 $m(p^k)$ 的值,其中 p 是奇素数,那么很明显,这个公式就可以使我们更容易地计算 $m(n)$。这个公式是斐波那契数的第一条引人注目的性质。

再次总结一下关于小模 $m(n)$ 的一些概念。

设 n 为任意正整数。于是存在无穷多个正整数 x,使得斐波那契数 F_x 能被 n 整除。最小的这样一个数 x 显然取决于 n。我们称它为 n 的小模,用 $m(n)$ 表示。因此,$m(n)$ 是使得 F_x 能被 n 整除的最小正整数 x。

设 n 为任意正整数。于是当且仅当 x 能被 $m(n)$ 整除时,斐波那契数 F_x 能被 n 整除。换言之,同余关系

$$F_x\equiv 0(\bmod\ n)$$

的所有解都由

$$x\equiv 0(\bmod\ m(n))$$

给出。

对于 $m(p^k)$,其中 p 是素数,我们还有下列性质:

定义自然法则的数学　斐波那契数列

1. $m(2)=3, m(4)=6$，而当 $k>2$ 时，$m(2^k)=3\cdot 2^{k-2}$。

2. $m(5^k)=5^k$。

3. 若 p 是奇素数，则 $m(p^k)=p^{k-1}m(p)$。

4. 若 p 是一个 $10n\pm 1$ 素数，则 $m(p)$ 能整除 $p-1$。

5. 若 q 是一个 $10n\pm 3$ 素数，则 $m(q)$ 能整除 $q+1$。

此外，若 $(r,s)=1$，则 $m(rs)=\dfrac{m(r)m(s)}{(m(r),m(s))}$。

我们现在考虑本原因数。对于方程 $m(x)=x$，有无穷多个解。它们都由

$$x=1,5,25,125,625,\cdots,5^k,k=1,2,3,\cdots$$

$$x=12,60,300,1500,7500,\cdots,12\cdot 5^k,k=0,1,2,3,\cdots$$

给出。

我们将方程 $m(x)=x$ 的这些解称为本原数。

考虑数列 $m(n),m(m(n)),m(m(m(n))),\cdots$。如果 n 是任意正整数，那么数列 $m(n),m(m(n)),m(m(m(n))),\cdots$终止于一个本原数，这是斐波那契数的第二条引人注目的性质。

如果用图像来表示小模 $m(n)$ 这一函数，就会出现令人惊讶的画面。

因此设 n 是一个（给定的任意）数。于是，使得 $n\mid F_x$（其中 F_x 是一个斐波那契数）的最小下标 x 被称为 n 的**小模** $m(n)$。

初看起来，表 A.1 似乎相当"杂乱"，而且其图像也是如此（图 A.1）。

它看起来很像"苍蝇的粪便"——集中在这个象限的下半部分，位于从左下到右上的那条对角线下方。如果仅仅将这些点依次连起来（见图 A.2），就几乎无法识别出任何模式。

如果我们将表 A.1 延续到约 $n=3200$，就可以在图中识别出一些径向的直线——真的是一个令人惊讶的结果，这给了我们斐波那契数的第三条引人注目的性质（见图 A.3）。

因此你可以看到，如果一种模式没有立即出现，那么你只要再进一步观察，就可能发现这种模式。斐波那契数中蕴含着无穷的美，留待读者去发现其他的美。

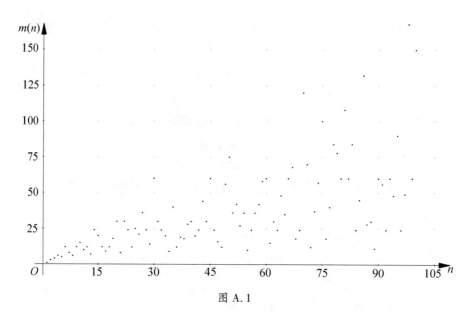

图 A. 1

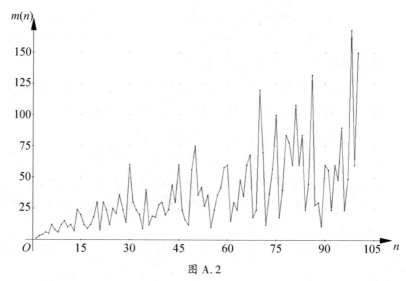

图 A. 2

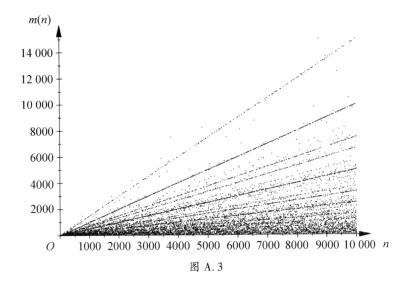

图 A.3

结语

在这篇跋中,我们讨论了斐波那契数的一些整除性质,并为此引入了小模 $m(n)$ 这一概念。这一研究引申出了一个问题:对于除以指定数 n 后留下固定余数 $r \neq 0$ 的那些斐波那契数,我们能发现些什么呢?欢迎读者自己去探索这个问题,并做出一些令人兴奋的发现。这项工作不容易,但会得到很好的回报。

当我愉快地读到这本内容丰富的书时,我找到了动力去寻找关于斐波那契数的一些新的数学关系,其中一些我刚刚介绍了。我总感觉自己的搜索不够全面,直到我将这些无处不在的数与晶体学领域联系起来。晶体学研究占据我职业生涯很大一部分,并且我的一些工作已经被认可,并获得诺贝尔奖。我的探索收获了以下结论:从数学上来说,晶体可以定义为三周期(或三周期函数、电子密度函数)点(原子)的阵列。一方面,它可能具有某些对称元素,例如对称中心、镜像平面、双重旋转轴等。另一方面,与它的三周期结构相一致的某些对称元素是禁止的——禁止对称的一个简单例子是五重对称元素。

不过,当人们在 1984 年观察到铝锰合金 Al_6Mn 晶体具有被视为禁止的五重对称性时,晶体学家陷入了两难境地。这一困境得以解决,是由于认识到这种合金构成了一种新的物质状态。这种物质状态此后被称为准晶体,它不仅具有晶体的某些特性,还具有非晶体物质(如玻璃)的其他特性。

准晶体可以用准晶格来描述。例如,在一维情况下,可以用相继规则为 $S_{n+1} = S_{n-1}S_n, n = 1, 2, 3, \cdots$ 的斐波那契晶格来描述。其中,$S_0 = a, S_1 = b$,$a = \phi b, \phi = \dfrac{\sqrt{5}+1}{2} = 1.618034\cdots$,长度 a 和 b 为该斐波那契晶格的两个基向量。

然后,容易验证,有

$$S_0 = a, S_1 = b, S_2 = ab, S_3 = ab^2, S_4 = a^2 b^3, S_5 = a^3 b^5, S_6 = a^5 b^8, \cdots$$

在与斐波那契数列的关系很密切的斐波那契晶格中,我们得到了斐波那契数的第四条引人注目的性质。

这个例子再次说明,最抽象的数学结构能多么频繁地,以何等意想不到的方式揭示出现实世界的现象。

对于一些读者来说,我在斐波那契数领域中的思考可能有点挑战性。不过,我希望每一位读者都能把这本好书看成一块跳板,去进一步研究斐波那契数,以及研究它们与读者感兴趣的领域之间的可能关系。这是一个无穷无尽的趣味源泉,也是进入数学这个美丽世界的一个入口。

豪普特曼

附录 一些斐波那契关系的证明

下面的一些证明涉及一种称为归纳法的数学方法,在这里将首先简要说明一下这种方法。

数学归纳法简介

假设一组多米诺骨牌有无穷多块,将它们图 F.1 所示的方式排列。

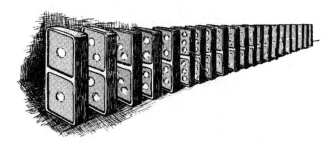

图 F.1

如果要求我们推倒所有的骨牌,那么我们可以考虑下列两种方法:
(1) 我们可以把每一块骨牌分别推倒;

（2）　如果我们确信任何一块骨牌被推倒后,都会自动推倒排在它后面的那块骨牌,那么我们就可以只推倒第一块骨牌。

第一种方法不仅效率低下,而且完全不能保证我们会把所有骨牌都推倒(因为可能永远都达不到终点)。第二种方法可以确保所有骨牌都被推倒。如果我们推倒了第一块骨牌,就可以确信这块骨牌以及任何被击倒的骨牌都会推倒它的后续骨牌。也就是说,第一块骨牌推倒第二块骨牌,第二块骨牌推倒第三块骨牌,第三块骨牌推倒第四块骨牌,以此类推。所有骨牌都会被推倒。

第二种方法可直接类比**数学归纳法的公理**：

一个涉及自然数 n 的命题,如果满足以下两个条件,那么这个命题对所有自然数都成立：

（a）　当 $n=1$ 时,该命题正确;

（b）　如果对于 n 的任何值 k,该命题正确,那么对于 $n=k+1$,该命题也正确。

现在来证明本书各章中凭直觉接受下来的一些关系。

第1章

斐波那契数的一些性质

1. 列出前几个斐波那契数除以 11 所得的余数,我们有

$$1,1,2,3,5,8,2,10,1,0,\underline{1,1,2,3,5,8,2,10,1,0},\cdots$$

我们看到,这些余数以长度为 10 的周期重复。正是将一个数除以 11 得出的余数决定了它是否能被 11 整除,因此我们所要做的就是检查这个数列:

$$1,1,2,3,5,8,2,10,1,0,1,1,2,3,5,8,2,10,1,0,\cdots$$

将上述数列中的任意 10 个相继数相加后,得到的和应该能被 11 整除。我们可以检查如下:由于这个数列的循环长度正好是 10,因此将这个数列中的任何 10 个相继的数字相加,总是会得到将 1,1,2,3,5,8,2,10,1,0 这个循环中的 10 个数字相加得出的同样结果。

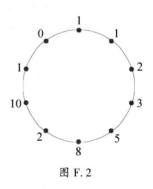

图 F.2

可以这样想象:这 10 个数围成一个圆,按顺时针排列,上面的这个数列是绕着这个圆一圈又一圈地移动得到的,如图 F.2 所示。于是你可以看到,如果求和是从一个循环的内部的某个地方开始的,那么在这个循环开始的数字前未计入的任何数字都会在下一个循环中重新获得。例如,求和 5+8+2+10+1+0+$\underline{1+1+2+3}$。这是因为无论你从这个圆上的哪里开始计数,绕着这个圆顺时针数 10 个数就相当于数完了全部这 10 个数,因为一共就只有 10 个数。

这 10 个数的和是 33,它确实能被 11 整除。

2. 我们用反证法证明 $F_1=1$ 和 $F_2=1$ 必然是互素的。现在,假设 F_k 和 F_{k+1} 是互素的(我们的假设)。如果 F_{k+1} 和 F_{k+2} 有一个除 1 以外的公因数,比如因数 b,那么由于 $F_k=F_{k+2}-F_{k+1}$,所以 F_k 也会有因数 b。但是这

样的话，F_k 和 F_{k+1} 就有公因数 b，这与我们设定的 F_k 和 F_{k+1} 互素的假设相矛盾。所以 F_{k+1} 和 F_{k+2} **不可能**有除 1 以外的任何公因数，这意味着它们也是互素的。这样就完成了我们的反证法。

3. 我们必须证明，除了第四个斐波那契数 $F_4 = 3$ 以外，凡是处于合数位置上的斐波那契数都是合数。

我们将证明，一般而言，如果 m 能被 n 整除，那么 F_m 就能被 F_n 整除。换言之，对于任何 n 和 k，F_{nk} 都能被 F_n 整除。

我们对 k 应用归纳法。对于 $k=1$，我们需要检查的是 $F_{n \cdot 1}$ 是否能被 F_m 整除，这当然是能整除的。现在假设 F_{np} 能被 F_n 整除（这是我们的归纳假设）。我们想对 $k=p+1$ 证明该命题，即 $F_{n(p+1)}$ 能被 F_n 整除。利用本附录第 8 条中的引理①

$$F_{m+n} = F_{m-1}F_n + F_m F_{n+1}$$

我们得到

$$F_{n(p+1)} = F_{np+n} = F_{np-1}F_n + F_{np}F_{n+1}$$

它能被 F_n 整除，这是因为 $F_{np-1}F_n$ 和 $F_{np}F_{n+1}$ 都能被 F_n 整除（根据归纳假设，F_{np} 能被 F_n 整除，因此 $F_{np}F_{n+1}$ 能被 F_n 整除）。这样就完成了归纳。

因此，基于以上推导可知，如果 n 是一个合数，也就是说，如果我们可以把它写成 $n=ab$，其中 a 和 b 都不为 1，那么我们就知道 F_n 能被 F_a 整除（而且同理也能被 F_b 整除）。现在，当 $n>2$ 时，F_n 大于它之前的任何斐波那契数（斐波那契数是递增的）。因此，既然 $n=4$（它大于 2）是第一个合数（合数必须有除了 1 和自身之外的其他因数），F_a 当然就不同于 F_n。现在，我们还需要确保 $F_a \neq 1$，以表明 F_n 是一个合数。现在，只有在 $a=1$ 或 $a=2$ 的情况下，才可能发生 $F_a = 1$。但是，我们已经假设了 a（和 b）不等于 1（因为 n 是一个合数），因此唯一的可能性是 $a=2$。那么，唯一的问题只可能发生在 $a=2$ 和 $b=2$ 时，即 $n=4$ 时。实际上，当 $n=4$ 时，$F_n=3$，它不是一个合数。

---

① 一条用来证明另一条命题的辅助命题，即一条协助定理。——原注

5. 我们采用数学归纳法。对于 $n=1$，我们需要检查的是 $F_2 = F_3 - 1$，而这确实是成立的（$1 = 2 - 1$）。现在假设该命题在 $n=k$ 时成立，即假设

$$F_2 + F_2 + \cdots + F_{2k} = F_{2k+1} - 1$$

然后我们需要检查当 $n=k+1$ 时的情况：

$$\left(F_2 + F_2 + \cdots + F_{2k} \right) + F_{2k+2}$$
$$= F_{2k+1} - 1 + F_{2k+2}$$
$$= \left(F_{2k+1} + F_{2k+2} \right) - 1$$
$$= F_{2k+3} - 1$$
$$= F_{2(k+1)+1} - 1$$

这正是该命题在 $n=k+1$ 时的形式。因此我们的归纳证明就完成了。

6. 我们再次采用数学归纳法。对于 $n=1$，我们需要检验的是 $F_1 = F_2$，而这当然是成立的（$1 = 1$）。现在假设这一命题对于 $n=k$ 的情况成立，即假设

$$F_1 + F_2 + \cdots + F_{2k-1} = F_{2k}$$

然后我们必须检验这对 $n=k+1$ 情况是否也成立：

$$\left(F_1 + F_2 + \cdots + F_{2k-1} \right) + F_{2k+1}$$
$$= F_{2k} + F_{2k+1}$$
$$= F_{2k+2}$$
$$= F_{2(k+1)}$$

这正是该命题在 $n=k+1$ 时的形式。因此我们的归纳证明就完成了。

7. 我们再次采用数学归纳法。对于 $n=1$，我们需要检验的是 $F_1^2 = F_1 F_2$，而这当然是成立的（$1^2 = 1 \times 1$）。现在假设这一命题对于 $n=k$ 的情况成立，即假设

$$F_1^2 + F_2^2 + \cdots + F_k^2 = F_k F_{k+1}$$

然后我们需要检验 $n=k+1$ 时的情况：

$$\left(F_1^2 + F_2^2 + \cdots + F_k^2 \right) + F_{k+1}^2$$

$$= F_k F_{k+1} + F_{k+1}^2$$

$$= F_{k+1}\left(F_k + F_{k+1} \right)$$

$$= F_{k+1} F_{k+2}$$

这正是该命题在 $n=k+1$ 时的形式。因此我们的归纳证明就完成了。

8. 利用因式分解（平方差公式），我们得到

$$F_k^2 - F_{k-2}^2$$

$$= \left(F_k - F_{k-2} \right)\left(F_k + F_{k-2} \right)$$

$$= F_{k-1}\left(F_k + F_{k-2} \right)$$

$$= F_{k-1} F_k + F_{k-1} F_{k-2}$$

$$= F_{k-1} F_{k-2} + F_k F_{k-1}$$

首先，我们要证明以下引理，这条以后会有用。

引理：$F_{m+n} = F_{m-1} F_n + F_m F_{n+1}$。

引理的证明

我们对 n 应用数学归纳法。（实际上，这是一种被称为"强归纳"的归纳形式，其中会假设命题在 $n=k-1$ 和 $n=k$ 时成立，从而证明 $n=k+1$ 时命题也成立。这也意味着我们需要的不仅仅是一种基本情况，而是两种基本情况，因此我们必须检验 $n=1$ 和 $n=2$ 时命题是否成立。）对于 $n=1$，我们必须检验 $F_{m+1} = F_{m-1} F_1 + F_m F_2$，或者说，由于 $F_1 = 1$、$F_2 = 1$，因此我们必须检验 $F_{m+1} = F_{m-1} + F_m$，而这显然是成立的，因为这正是我们定义斐波那契数的那个关系。对于 $n=2$，我们必须检验 $F_{m+2} = F_{m-1} F_2 + F_m F_3$，或者说，由于 $F_2 = 1$、$F_3 = 2$，因此我们必须检验 $F_{m+2} = F_{m-1} + 2F_m$，而这也是成立的，这一点可以通过下面的连等式证明：

$$F_{m-1} + 2F_m$$

$$= \left(F_{m-1} + F_m \right) + F_m$$

$$= F_{m+1} + F_m$$

$$= F_{m+2}$$

现在假设该命题对于 $n=k-1$ 和 $n=k$ 的情况成立，即假设

$$F_{m+k-1} = F_{m-1}F_{k-1} + F_mF_k$$

及

$$F_{m+k} = F_{m-1}F_k + F_mF_{k+1}$$

于是

$$F_{m-1}F_{k+1} + F_mF_{k+2}$$

$$= F_{m-1}(F_{k-1} + F_k) + F_m(F_k + F_{k+1})$$

$$= F_{m-1}F_{k-1} + F_{m-1}F_k + F_mF_k + F_mF_{k+1}$$

$$= F_{m-1}F_k + F_mF_{k+1} + F_{m-1}F_{k-1} + F_mF_k$$

$$= F_{m+k} + F_{m+k-1}$$

$$= F_{m+k+1}$$

即 $F_{m-1}F_{k+1} + F_mF_{k+2} = F_{m+k+1}$，而这正是该命题在 $n = k+1$ 时的形式。因此我们的归纳证明就完成了。

现在利用这条引理，我们看到（取 $m = k$ 和 $n = k-2$）

$$F_{k-1}F_{k-2} + F_kF_{k-1} = F_{k+k-2} = F_{2k-2}$$

因此 $F_k^2 - F_{k-2}{}^2 = F_{2k-2}$，于是证明完成。

9. $F_n^2 + F_{n+1}^2 = F_{2n+1}$，也就是说，第 n 位和第 $n+1$ 位（相继位置）上的两个斐波那契数的平方和等于第 $2n$ 位上的斐波那契数。

利用上面第 8 条的引理，我们来证明我们原来的命题。在这条引理中，令 $m = n+1$ 和 $n = n$。于是我们得到 $F_{2n+1} = F_nF_n + F_{n+1}F_{n+1}$，换言之，即 $F_{2n+1} = F_n^2 + F_{n+1}^2$，这正是我们所要求的等式。

10. 证明 $F_{n+1}^2 - F_n^2 = F_{n-1}F_{n+2}$

由公式 $[a^2 - b^2 = (a+b)(a-b)]$ 和斐波那契数的定义，立即可以得出

$$F_{n+1}^2 - F_n^2 = (F_{n+1} + F_n)(F_{n+1} - F_n) = F_{n+2}F_{n-1}$$

11. 证明 $F_{n-1}F_{n+1} = F_n^2 + (-1)^n$，其中 $n \geqslant 1$。

根据数学归纳法，

对于 $n = 1$，有

$$P(1): F_0F_2 = F_1^2 + (-1)^1$$

$$0 \times 1 = 1^2 - 1 = 0$$

对于 $n=k$，有

$$P(k): F_{k-1}F_{k+1} = F_k^2 + (-1)^k，其中 k \geqslant 1$$

对于 $n=k+1$，有

$$P(k+1)：要检验对于 k+1 是否成立。$$

$$
\begin{aligned}
F_{k+2}^2 - F_{k+1}^2 &= (F_k + F_{k+1})^2 - F_{k+1}^2 \\
&= F_k^2 + 2F_{k+1}F_k + F_{k+1}^2 - F_{k+1}^2 \\
&= F_k(F_k + 2F_{k+1}) \\
&= F_k\big[(F_k + F_{k+1}) + F_{k+1}\big] \\
&= F_k(F_{k+2} + F_{k+1}) \\
&= F_k F_{k+3}
\end{aligned}
$$

如果我们接下来能证明在 $n=k$ 时，形式 $F_{k-1}F_{k+1} - F_k^2 = (-1)^k$ 成立，我们通过数学归纳法就完成了证明。

$$P(k+1)：要检验对于 k+1，F_k F_{k+2} - F_{k+1}^2 = (-1)^{k+1} 是否成立。$$

$$
\begin{aligned}
F_k F_{k+2} - F_{k+1}^2 &= F_k(F_{k+1} + F_k) - F_{k+1}^2 \\
&= F_k F_{k+1} + F_k^2 - F_{k+1}^2 \\
&= F_k^2 + F_{k+1}(F_k - F_{k+1}) \\
&= F_k^2 + F_{k+1}(-F_{k-1}) \\
&= F_k^2 - F_{k+1}F_{k-1} \\
&= (-1)(F_{k+1}F_{k-1} - F_k^2) \\
&= (-1)(-1)^k = (-1)^{k+1}
\end{aligned}
$$

因此，$P(k+1)：F_k F_{k+2} - F_{k+1}^2 = (-1)^{k+1}$，或 $F_k F_{k+2} = F_{k+1}^2 + (-1)^{k+1}$。

12. 我们必须证明，对于任何 n 和 m，F_{mn} 都能被 F_m 整除。我们对 n 应用数学归纳法。

对于 $n=1$，我们需要检验 $F_{1 \cdot m}$ 是否能被 F_m 整除，这当然是能整除的。现在假设 F_{mp} 能被 F_m 整除（这是我们的归纳假设——$m=p$ 时的命题）。我们想证明 $n=p+1$ 时的命题，即 $F_{m(p+1)}$ 能被 F_m 整除。使用第 8 条中的引理，我们得到

$$F_{m(p+1)} = F_{mp+m} = F_{mp-1}F_m + F_{mp}F_{m+1}$$

它能被 F_m 整除,因为其中的两个加数 $F_{mp-1}F_m$ 和 $F_{mp}F_{m+1}$ 都能被 F_m 整除(根据归纳假设,F_{mp} 能被 F_m 整除),因此 $F_{m(p+1)}$ 也能被 F_m 整除。这样就完成了归纳。

14. 我们再次采用数学归纳法。对于 $n=1$,我们需要检验 $L_1 = L_3 - 3$,这当然是成立的($1 = 4-3$)。现在假设该命题对于 $n=k$ 的情况成立,即假设

$$L_1 + L_2 + \cdots + L_k = L_{k+2} - 3$$

然后我们必须检验在 $n=k+1$ 时,这是否成立:

$$L_1 + L_2 + \cdots + L_k + L_{k+1} = L_{k+3} - 3$$

对此我们有

$$L_1 + L_2 + \cdots + L_k + L_{k+1}$$
$$= L_{k+2} - 3 + L_{k+1}$$
$$= L_{k+1} + L_{k+2} - 3$$
$$= L_{k+3} - 3$$

这正是该命题在 $n=k+1$ 时的形式。因此我们的归纳证明就完成了。

15. 我们再次采用数学归纳法。对于 $n=1$,我们需要检验 $L_1^2 = L_1 L_2 - 2$,这当然是成立的($1^2 = 1 \times 3 - 2 = 1$)。现在假设该命题在 $n=k$ 时成立,即假设

$$L_1^2 + L_2^2 + \cdots + L_k^2 = L_k L_{k+1} - 2$$

然后我们必须检验这在 $n=k+1$ 时是否成立:

$$L_1^2 + L_2^2 + \cdots + L_k^2 + L_{k+1}^2 = L_{k+1} L_{k+2} - 2$$

对此我们有

$$L_1^2 + L_2^2 + \cdots + L_k^2 + L_{k+1}^2$$
$$= L_k L_{k+1} - 2 + L_{k+1}^2$$
$$= L_{k+1}(L_k + L_{k+1}) - 2$$
$$= L_{k+1} L_{k+2} - 2$$

这正是该命题在 $n=k+1$ 时的形式。因此我们的归纳证明就完成了。

第4章

用海伦方法作黄金分割(图4.4)

$$AB = r, BC = CD = \frac{r}{2}, AD = AE = x$$

对 $\mathrm{Rt}\triangle ABC$ 应用毕达哥拉斯定理,有

$$AC^2 = AB^2 + BC^2$$

因此 $(AD+CD)^2 = \left(x+\frac{r}{2}\right)^2 = x^2+rx+\frac{r^2}{4} = r^2+\left(\frac{r}{2}\right)^2$,即

$$x^2+rx-r^2 = 0$$

由此解得

$$x_{1,2} = -\frac{r}{2}\pm\sqrt{\frac{r^2}{4}+r^2} = -\frac{r}{2}\pm\sqrt{\frac{5r^2}{4}} = -\frac{r}{2}\pm\frac{r}{2}\sqrt{5} = -\frac{r}{2}(1\pm\sqrt{5})$$

因为 x 必须是正的,所以我们舍去 $x = -\frac{r}{2}(1+\sqrt{5})$,从而

$$x = -\frac{r}{2}(1-\sqrt{5}) = \frac{\sqrt{5}-1}{2}\cdot r = \frac{1}{\phi}\cdot r$$

即 $x \approx 0.618\,033\,988\cdot r$。

再者,从

$$\frac{AE}{BE} = \frac{x}{r-x}$$

$$= \frac{\dfrac{\sqrt{5}-1}{2}\cdot r}{r-\dfrac{\sqrt{5}-1}{2}\cdot r}$$

$$= \frac{(\sqrt{5}-1)\cdot r}{(2-\sqrt{5}+1)\cdot r}$$

$$= \frac{\sqrt{5}-1}{3-\sqrt{5}}$$

$$= \frac{\sqrt{5}+1}{2}$$

$$= \phi \approx 1.618\ 033\ 988$$

$$AB=r, BC=CD=\frac{r}{2}, AD=AE=x=\frac{\sqrt{5}-1}{2} \cdot r$$

按照图 4.5 作黄金分割

$$AB=a, AC=\frac{a}{2}, BC=CD, AD=AE=x$$

对 Rt$\triangle ABC$ 应用毕达哥拉斯定理,有

$$BC^2=AB^2+AC^2$$

因此 $BC=CD=\sqrt{\dfrac{5a^2}{4}}=\dfrac{\sqrt{5}}{2}a$,即

$$x=AE=AD=CD-AC=\frac{\sqrt{5}}{2}a-\frac{a}{2}=a \cdot \frac{\sqrt{5}-1}{2}$$

$$BE=a-x=a \cdot \frac{3-\sqrt{5}}{2}$$

$$AE:BE=x:(a-x)=\frac{a \cdot \dfrac{\sqrt{5}-1}{2}}{a \cdot \dfrac{3-\sqrt{5}}{2}}=\frac{\sqrt{5}-1}{3-\sqrt{5}}$$

$$=\frac{\sqrt{5}-1}{3-\sqrt{5}}\times\frac{3+\sqrt{5}}{3+\sqrt{5}}=\frac{3\sqrt{5}+5-3-\sqrt{5}}{9-5}=\frac{2\sqrt{5}+2}{4}=\frac{2(\sqrt{5}+1)}{4}$$

$$=\frac{\sqrt{5}+1}{2}=\phi$$

$$\approx 0.618\ 033\ 988$$

$$AB=a, AC=\frac{a}{2}, BC=CD, AD=AE=x=a \cdot \frac{\sqrt{5}-1}{2}$$

按照图 4.6 作黄金分割

首先作 Rt△ABC，其中 $AB = 2$ cm，$BC = 1$ cm。

根据勾股定理，我们得到 $AC = \sqrt{5}$ cm。

利用三角形的角平分线将其对边分成的两条线段与另两边成比例的定理，我们得到（第一个关系式）

$$\frac{AP}{PB} = \frac{\sqrt{5}}{1}$$

又因为角平分线 CQ 将边 AB（延长线）分成的两条线段与角的两边成比例，所以我们得到（第二个关系式）

$$\frac{AQ}{QB} = \frac{\sqrt{5}}{1}$$

我们现在的任务是要证明点 P 将线段 AB 分成黄金分割（或其倒数）。

根据上面建立的关系，我们得到

$$\frac{1}{\sqrt{5}} = \frac{PB}{AP} = \frac{PB}{AB-PB} = \frac{PB}{2-PB}$$

$$\sqrt{5}\,PB = 2 - PB$$

$$PB = \frac{2}{\sqrt{5}+1} = \frac{\sqrt{5}-1}{2}$$

这就黄金分割比的倒数（$PB = \frac{1}{\phi}$）。

我们可以证明，QB 给出黄金分割比 ϕ。从上面的第二个关系式可以得到

$$\frac{1}{\sqrt{5}} = \frac{QB}{AQ} = \frac{QB}{AB+QB} = \frac{QB}{2+QB}$$

$$\sqrt{5}\,QB = 2 + QB$$

$$QB = \frac{2}{\sqrt{5}-1} = \frac{\sqrt{5}+1}{2}$$

这正是黄金分割比(ϕ)。

你可能会注意到,在右边的 $\triangle PCQ$ 中,CB 是 PB 与 QB 的比例中项,因此

$$\frac{CB}{PB} = \frac{QB}{CB}$$

$$\frac{1}{\dfrac{\sqrt{5}-1}{2}} = \frac{\dfrac{\sqrt{5}+1}{2}}{1}$$

这当然是成立的!

第6章

每个正整数 n 都可以表示为一些互不相同的斐波那契数的有限和。

证明：

设 F_k 为 $\leqslant n$ 的最大斐波那契数。于是 $n = F_k + n_1$，其中 $n_1 \leqslant F_k$。设 F_{k_1} 为 $\leqslant n_1$ 的最大斐波那契数。于是 $n = F_k + F_{k_1} + n_2$，其中 $n \geqslant F_k > F_{k_1}$。

这样继续，我们就会得到 $n = F_k + F_{k_1} + F_{k_2} + \cdots$，其中 $n \geqslant F_k > F_{k_1} > F_{k_2} \cdots$。由于这个正整数序列 $F_k, F_{k_1}, F_{k_2}, \cdots$ 是递减的，因此它必然会终止，因此结果得证。

用斐波那契数生成毕达哥拉斯三元数的证明

假设 a, b, c, d 构成一个斐波那契数列。于是我们得到 $c = a + b, d = c + b = a + b + b = a + 2b$。也就是说，$a, b, a + b, a + 2b$ 构成一个斐波那契数列。

在毕达哥拉斯三元数生成程序中规定的操作包括：

$$A = 2bc = 2b(a+b) = 2ab + 2b^2$$

$$B = ad = a(b + a + b) = a^2 + 2ab$$

$$C = b^2 + c^2 = b^2 + (a+b)^2 = a^2 + 2ab + 2b^2$$

计算出 A^2, B^2, C^2，再看看 A, B, C 这三个数是否符合毕达哥拉斯定理：

$$A^2 = (2ab + 2b^2)^2 = 4a^2b^2 + 8ab^3 + 4b^4$$

$$B^2 = (a^2 + 2ab)^2 = a^4 + 4a^3b + 4a^2b^2$$

$$C^2 = (a^2 + 2ab + 2b^2)^2 = a^4 + 4a^3b + 8a^2b^2 + 8ab^3 + 4b^4$$

$$A^2 \qquad + \qquad B^2 \qquad = \qquad C^2$$

$$(4a^2b^2 + 8ab^3 + 4b^4) + (a^4 + 4a^3b + 4a^2b^2) = (a^4 + 4a^3b + 8a^2b^2 + 8ab^3 + 4b^4)$$

更一般地说，要找到一个平方数，它在增大 d 或减少 d 后仍然是一个平方数，那么我们就必须找到三个平方数，它们构成一个公差为 d 的等差数列。

这些数的平方为

$$(a^2-2ab-b^2)^2=a^4-4a^3b+2a^2b^2+4ab^3+b^4$$

$$(a^2+b^2)^2=a^4+2a^2b^2+b^4$$

$$(a^2+2ab-b^2)^2=a^4+4a^3b+2a^2b^2-4ab^3+b^4$$

它们构成一个等差数列,其公差为

$$d=4a^3b-4ab^3=4ab(a^2-b^2)$$

如果 $a=5,b=4$,那么 $d=720$,于是我们有三个平方数 $(a^2+b^2)^2=41^2$,$41^2-720=31^2$,$41^2+720=49^2$。

将以上各式两边都除以 12^2,我们就得到了斐波那契的解①。

我们可从任何一组解构成无穷多组其他解。因此,如果我们取 $a=41^2=1681$ 和 $b=720$,那么就得到了另一组解:

$$d=5\times(24\times41\times49\times31)^2=11\,170\,580\,662\,080$$

$$(a^2+b^2)^2=11\,183\,412\,793\,921$$

于是构成等差数列的三个平方数就是 $x-5,x,x+5$,其中

$$x=\left(\frac{11\,183\,412\,793\,921}{2\,234\,116\,132\,416}\right)^2$$

证明 89 的性质

$$10^{n+1}=89(F_1\cdot10^{n-1}+F_2\cdot10^{n-2}+\cdots+F_{n-1}\cdot10+F_n)+10F_{n+1}+F_n\quad(\text{Ⅵ})$$

我们已经证明了(Ⅵ)在 $n=1$ 时成立:

$$10^{1+1}=89(F_1\cdot10^{1-1})+10F_{1+1}+F_1=89\times(1\times1)+10\times1+1=100$$

即

$$10^2=89+10+1\qquad\qquad(\text{Ⅰ})$$

① 对于一个平方数 γ^2,若某个正整数 d 满足 $\gamma^2\pm d$ 都是平方数,那么这个 d 就称为"同余数",而同余数又恰好是边长为有理数的直角三角形的面积。斐波那契指出 5 和 7 是同余数,他还猜想 1、2、3 不是同余数,但未给出证明。其中 5 即此处所证明的,因为 $41^2-720=31^2$ 两边都除以 12^2,得 $\left(\frac{41}{12}\right)^2-5=\left(\frac{31}{12}\right)^2$,$41^2+720=49^2$ 两边都除以 12^2,得 $\left(\frac{41}{12}\right)^2+5=\left(\frac{49}{12}\right)^2$,而 5 又是边长为 $\frac{3}{2}$,$\frac{20}{3}$,$\frac{41}{6}$ 的直角三角形的面积。——译注

假设对于某个固定整数 $k \geqslant 1$, 有

$$10^{k+1} = 89(F_1 \cdot 10^{k-1} + F_2 \cdot 10^{k-2} + \cdots + F_{k-1} \cdot 10 + F_k) + 10F_{k+1} + F_k$$

然后将上式乘 10, 再次代入 (I), 得到

$$10^{k+2} = 89(F_1 \cdot 10^k + F_2 \cdot 10^{k-1} + \cdots + F_k \cdot 10) + 10^2 \cdot F_{k+1} + 10F_k$$

$$= 89(F_1 \cdot 10^k + F_2 \cdot 10^{k-1} + \cdots + F_k \cdot 10) + (89+10+1)F_{k+1} + 10F_k$$

$$= 89(F_1 \cdot 10^k + F_2 \cdot 10^{k-1} + \cdots + F_k \cdot 10 + F_{k+1}) + 10F_{k+1} + F_{k+1} + 10F_k$$

$$= 89(F_1 \cdot 10^k + F_2 \cdot 10^{k-1} + \cdots + F_k \cdot 10 + F_{k+1}) + 10(F_{k+1} + F_k) + F_{k+1}$$

$$= 89(F_1 \cdot 10^k + F_2 \cdot 10^{k-1} + \cdots + F_k \cdot 10 + F_{k+1}) + 10F_{k+2} + F_{k+1}$$

其中最后一步是由于 $F_{k+2} = F_{k+1} + F_k$。

这表明如果 (VI) 在第 k 种情况下成立, 那么它在第 $(k+1)$ 种情况下成立。

既然我们已经知道它对于 $n=1$ 的情况成立, 那么它对于每个正整数 n 都成立。

将 (VI) 的两边除以 $89 \cdot 10^{n+1}$, 得到

$$\frac{1}{89} = \frac{F_1}{10^2} + \frac{F_2}{10^3} + \frac{F_3}{10^4} + \cdots + \frac{F_{n-1}}{10^n} + \frac{F_n}{10^{n+1}} + \frac{10F_{n+1} + F_n}{10^{n+1}} + \cdots$$

其中 $\displaystyle\lim_{n \to \infty} \frac{10F_{n+1} + F_n}{10^{n+1}} = 0$。

第 9 章

证明求斐波那契数的比奈公式

要证明比奈公式 $F_n = \dfrac{1}{\sqrt{5}}\left[\phi^n - \left(-\dfrac{1}{\phi}\right)^n\right]$，就需要找到 ϕ^n 和 $\dfrac{1}{\phi^n}$ 的表达式。在表 4.2 中，我们列出 ϕ^n，$n=1,2,3,\cdots$ 的表达式。这些计算表明存在着这样一个公式：

$$\phi^n = F_n\phi + F_{n-1} \tag{1}$$

我们通过数学归纳法来证明这个公式。对于 $n=2$ 的情况，该公式表明 $\phi^2 = F_2\phi + F_1 = \phi + 1$，这是成立的。

假定（归纳假设）这个公式在 $n=k$ 的情况下成立，即

$$\phi^k = F_k\phi + F_{k-1} \tag{2}$$

然后我们来证明它对于 $n=k+1$ 的情况也成立，即

$$\phi^{k+1} = F_{k+1}\phi + F_k$$

将式（2）的两边都乘 ϕ，得到 $\phi^{k+1} = F_k\phi^2 + F_{k-1}\phi$。

因为 $\phi^2 = \phi + 1$，所以我们得到

$$\phi^{k+1} = F_k\phi^2 + F_{k-1}\phi = F_k(\phi+1) + F_{k-1}\phi = (F_k + F_{k-1})\phi + F_k = F_{k+1}\phi + F_k$$

我们的证明就完成了。

我们可以用类似的方法证明

$$\frac{1}{\phi^n} = (-1)^n\left(F_{n-1} - F_n \cdot \frac{1}{\phi}\right) \tag{3}$$

首先，让我们计算出 $\dfrac{1}{\phi^2}$。将公式 $\phi^2 = \phi + 1$ 使用两次，我们就能得出

$$\frac{1}{\phi^2} = \frac{1}{\phi+1} = \frac{1}{\phi+1}\cdot\frac{\phi-1}{\phi-1} = \frac{\phi-1}{\phi^2-1} = \frac{\phi-1}{(\phi+1)-1} = \frac{\phi-1}{\phi} = 1 - \frac{1}{\phi}$$

现在我们来证明式（3）对于 $n=2$ 的情况成立：

$$(-1)^2\left(F_1 - F_2 \cdot \frac{1}{\phi}\right) = 1 - \frac{1}{\phi} = \frac{1}{\phi^2}$$

其中最后一个等式是我们刚刚得出的。

归纳假设,对 $n=k$,按假定,

$$\frac{1}{\phi^k}=(-1)^k\left(F_{k-1}-F_k\cdot\frac{1}{\phi}\right)\qquad(4)$$

然后我们要证明

$$\frac{1}{\phi^{k+1}}=(-1)^{k+1}\left(F_k-F_{k+1}\cdot\frac{1}{\phi}\right)$$

将式(4)的两边都乘 $\frac{1}{\phi}$,得到

$$\frac{1}{\phi^{k+1}}=(-1)^k\left(F_{k-1}\cdot\frac{1}{\phi}-F_k\cdot\frac{1}{\phi^2}\right)$$

因为 $\frac{1}{\phi^2}=1-\frac{1}{\phi}$,所以我们得到

$$\frac{1}{\phi^{k+1}}=(-1)^k\left[F_{k-1}\cdot\frac{1}{\phi}-F_k\cdot\left(1-\frac{1}{\phi}\right)\right]$$

$$=(-1)^k\left[(F_{k-1}+F_k)\cdot\frac{1}{\phi}-F_k\right]$$

$$=(-1)^k\left(F_{k+1}\cdot\frac{1}{\phi}-F_k\right)$$

$$=(-1)^{k+1}\left(F_k-F_{k+1}\cdot\frac{1}{\phi}\right)$$

于是对式(3)的证明就完成了。

为了推导出比奈公式,我们将式(3)的两边同时乘 $(-1)^n$,于是我们就能将它改写为

$$\frac{(-1)^n}{\phi^n}=\left(-\frac{1}{\phi}\right)^n=(-1)^{2n}\left(F_{n-1}-F_n\cdot\frac{1}{\phi}\right)=F_{n-1}-F_n\cdot\frac{1}{\phi}$$

(因为 -1 的偶次幂是 $+1$。)

综上所述,我们可把式(1)和式(3)的改写如下:

$$\phi^n=F_n\phi+F_{n-1}$$

$$\left(-\frac{1}{\phi}\right)^n=F_{n-1}-F_n\cdot\frac{1}{\phi}$$

如果我们将上面两个等式相减,就得到

$$\phi^n-\left(-\frac{1}{\phi}\right)^n=F_n\phi+F_n\cdot\frac{1}{\phi}=F_n\left(\phi+\frac{1}{\phi}\right)$$

因为 $\phi+\dfrac{1}{\phi}=\sqrt{5}$,所以最后一个等式可以改写为

$$\phi^n-\left(-\frac{1}{\phi}\right)^n=\sqrt{5}\,F_n$$

将两边都除以 $\sqrt{5}$,我们的证明就完成了。

求一个特定斐波那契数的另一种方法(使用计算器或计算机)

我们必须证明 $F_{2n}=F_n(2F_{n-1}+F_n)$ 。

我们会利用以下引理:

$$F_{m+n}=F_{m-1}F_n+F_mF_{n+1}$$

(在第 1 章第 8 条的证明中也用过这条引理。)

我们在其中取 $m=n$,于是等式的左边变成

$$F_{m+n}=F_{n+n}=F_{2n}$$

而等式的右边变成

$$F_{m-1}F_n+F_mF_{n+1}=F_{n-1}F_n+F_nF_{n+1}=F_n\left(F_{n-1}+F_{n+1}\right)$$

此外,有

$$F_{2n}=F_n\left(F_{n-1}+F_{n+1}\right)$$

因为 $F_{n+1}=F_{n-1}+F_n$,所以我们得到

$$F_{2n}=F_n\left(F_{n-1}+F_{n+1}\right)=F_n\left(F_{n-1}+F_{n-1}+F_n\right)=F_n\left(2F_{n-1}+F_n\right)$$

参考文献

[1] Alfred, Brother U. *An Introduction to Fibonacci Discovery*. San Jose, CA: Fibonacci Association, 1965.

[2] Beutelspacher, Albrecht, and Bernhard Petri. *Der Goldene Sc hnitt*. Mannheim, BI-Wiss. -Verl., 1995.

[3] Bicknell, Marjorie, and Verner E. Hoggath Jr., eds. *A Primer for the Fibonacci Numbers*. San Jose, CA: Fibonacci Association, 1973.

[4] Blecke, Nathan. *Finding Fibonacci in Fractals*. MA thesis, Central Michigan University, 2001.

[5] Boyer, Carl B. *A History of Mathematics*. New York: Wiley, 1991.

[6] Burton, David M. *The History of Mathematics*. 3rd ed. New York: McGraw Hill, 1997.

[7] Crownover, Richard M. *Introduction to Fractals and Chaos*. Boston, MA: Jones and Bartlett, 1995.

[8] Dunlap, Richard A. *The Golden Ratio and Fibonacci Numbers*. River Edge, NJ: World Scientific Publishing, 1997.

[9] Eatwell, John, Murray Milgate, and Peter Newman. *The New Palgrave: A Dictionary of Economics*. 4 vol. London: Basingstoke, 1987.

[10] Eves, Howard. *An Introduction to the History of Mathematics*. Philadel-

phia: Saunders College Publishing, 1990.

[11] Falconer, K. J. *The Geometry of Fractal Sets.* New York: Cambridge University Press, 1985.

[12] Garland, Trudi Hammel. *Fascinating Fibonaccis: Mystery and Magic in Numbers.* Palo Alto, CA: Dale Seymour, 1987.

[13] Ghyka, Matila. *The Geometry of Art and Life.* New York: Dover, 1977.

[14] Heath, Sir Thomas L. *Manual of Greek Mathematics.* Oxford: Clarendon Press, 1931.

[15] Herz-Fischler, Roger. *A Mathematical History of the Golden Number.* New York: Dover, 1998.

[16] Hoggatt, Verner E., Jr. *Fibonacci and Lucas Numbers.* Boston: Houghton Mifflin, 1969.

[17] Huntley, H. E. *The Divine Proportion.* New York: Dover, 1970.

[18] Koshy, Thomas. *Fibonacci and Lucas Numbers with Applications.* New York: Wiley, 2001.

[19] Mandelbrot, Benoît B. *The Fractal Geometry of Nature.* San Francisico: W. H. Freeman, 1982.

[20] Mandelbrot, Benoît B. "A Multifractal Walk Down Wall Street." *ScientificAmerican*, February 1999.

[21] Posamentier, Alfred S. *Advanced Euclidean Geometry.* Emeryville, CA: Key College Publishing, 2002.

[22] Posamentier, Alfred S. *Math Charmers: Tantalizing Tidbits for the Mind.* Amherst, NY: Prometheus Books, 2003.

[23] Posamentier, Alfred S., and Ingmar Lehmann. π: *A Biography of the World's Most Mysterious Number.* Amherst, NY: Prometheus Books, 2004.

[24] Prechter, Robert R., Jr. R. N. *Elliott's Masterworks: The Definitive Collection.* Gainesville, GA: New Classics Library, 1994.

[25] Rasmussen, Steen Eiler. *Experiencing Architecture.* Cambridge, MA:

MIT Press, 1964.

[26] Rowley Kevin. "Fractals and Their Dimension." Plan B paper, Central Michigan University, 1996.

[27] Runion, Garth E. *The Golden Section and Related Curiosa*. Glenview, IL: Scott Foresman, 1972.

[28] Shishikura, M. "The Boundary of the Mandelbrot Set Has Hausdorff Dimension Two." *Astérisque* 222, no. 7 (1999): 389−405.

[29] Sigler, Laurence. *The Book of Squares*. New York: Academic Press, 1987.

[30] Sigler, Laurence. *Fibonacci's Liber Abaci*. New York: Springer-Verlag, 2002.

[31] Vorobiev, Nicolai N. *Fibonacci Numbers*. New York: Blaisdell, 1961. Basel, Switzerland: Birkhäuser Verlag, 2002.

[32] Walser, Hans. *The Golden Section*. Washington, DC: Mathematical Association of America, 2001.